面向“十二五”高职高专规划教材
高等职业教育骨干校课程改革项目研究成果

煤化工实训指导

主　编　李星海　庞丽纹
副主编　张丽娟　王　艳

北京理工大学出版社
BEIJING INSTITUTE OF TECHNOLOGY PRESS

内 容 提 要

本书以典型煤化工产品——甲醇的生产工艺流程为主线，遵循国家职业标准与生产岗位需求相结合的原则编写而成。全书内容主要包括：煤化工生产安全与环保、煤浆制备工段操作实训、煤气化工段操作实训、变换工段操作实训、净化工段操作实训、甲醇合成工段操作实训、甲醇精馏工段操作实训、硫回收工段操作实训八个项目，分别介绍了各生产工段的基本知识、主要设备结构、工艺流程、主要操作指标、实训操作步骤与操作要点、常见故障与处理方法以及 DCS 控制系统的基础知识及系统的实时监控操作，并安排了知识目标、能力目标、素质目标和项目测评等。本书将理论和生产实际有机地结合在一起，内容全面、新颖、实用。

本书是培养学生工程知识的指导用书，既可以作为高职高专煤化工专业实践教材，也可作为相关煤化工生产企业的培训教材。

图书在版编目（CIP）数据

煤化工实训指导/李星海，庞丽纹主编．—北京：北京理工大学出版社，2015.4

ISBN 978－7－5682－0409－5

Ⅰ.①煤…　Ⅱ.①李…②庞…　Ⅲ.①煤化工　Ⅳ.①TQ53

中国版本图书馆 CIP 数据核字（2015）第 069296 号

出版发行／北京理工大学出版社有限责任公司
社　　址／北京市海淀区中关村南大街 5 号
邮　　编／100081
电　　话／（010）68914775（总编室）
　　　　　82562903（教材售后服务热线）
　　　　　68948351（其他图书服务热线）
网　　址／http：//www. bitpress. com. cn
经　　销／全国各地新华书店
印　　刷／保定市中画美凯印刷有限公司
开　　本／710 毫米×1000 毫米　1/16
印　　张／19.5
字　　数／326 千字
版　　次／2015 年 4 月第 1 版　2015 年 4 月第 1 次印刷
定　　价／42.00 元

责任编辑／封　雪
文案编辑／封　雪
责任校对／周瑞红
责任印制／王美丽

前　言

本书以典型煤化工产品——甲醇的生产工艺流程为主线，以新型60万t煤气化制甲醇流程工艺为背景，以生产岗位工作任务为载体，从完成工作任务需要掌握的技能出发，讲解了甲醇生产岗位员工和煤化工专业学生需要具备的专业知识和专业技能。本书重点讲解生产过程的剖析、工艺条件的优化、工艺流程的组织、主要设备的结构分析、典型生产操作的控制、常见故障的排除等实际生产操作，同时加强了对新工艺、新技术、新设备的介绍，力求集应用性、实用性、综合性和先进性于一体，着力体现工学结合的内涵要求。

全书的编排结构力争体现煤化工生产的工作过程，突出能力目标，培养学生分析问题和解决问题的能力，强调知识的应用和操作性。学生通过在模拟的企业环境中模拟企业的工作过程学到实际知识和技能，使所学知识和岗位工作融会贯通，做到与化工企业要求零距离对接。

本书内容如下：项目一为煤化工生产安全与环保，介绍了煤化工生产的特点、危险性因素、煤化工生产安全管理及安全分析与评价；项目二至项目七为煤浆制备工段操作实训、煤气化工段操作实训、变换工段操作实训、净化工段操作实训、甲醇合成工段操作实训、甲醇精馏工段操作实训、硫回收工段操作实训，分别介绍了各工段的基础知识及开车操作、稳定生产及常见故障的判断与处理操作、停车操作技能训练，与职业培训相互渗透，突出高职教育特色，能较好地满足实践教学需要。

本书由内蒙古化工职业学院李星海和庞丽纹任主编，张丽娟和王艳任副主编。全书由李星海（项目一）、邓久艳（项目二）、赵艳芳（项目三）、庞丽纹（项目四、项目八）、王艳（绪论和项目五）、吴鹏超（项目六）、张丽娟（项目七）编写，由李星海、庞丽纹统稿。

本书在编写的过程中得到了杭州言实科技有限公司相关技术人员的大力支持，在此表示衷心的感谢！

由于编者的水平有限，书中不妥之处在所难免，敬请读者指正和谅解。

编　者

2015年1月

目 录

绪　论

高职高专煤化工类专业开设煤化工操作实训，旨在系统地、全面地强化煤化工专业学生掌握有关煤化工产品生产的操作技能和基本技术，熟悉煤化工产品生产过程操作规范，培养学生理论联系实际、实事求是的学风，让学生学会从实践中发现问题、解决问题，提升分析问题和解决问题的能力。本书主要介绍新型煤化工——煤制甲醇生产全过程，包括煤浆制备、煤气化、CO 变换、净化、甲醇合成及精馏等工段的中控室及现场实训操作。

一、煤化工操作实训的目的与任务

煤化工操作实训是以新型 60 万 t 煤气化制甲醇流程工艺为背景，结合煤化工实训操作的岗位要求，进行甲醇生产基本操作技能训练的一门课程。通过实训操作，达到以下目的：

（1）使学生初步了解常见煤化工产品生产操作的基本知识、操作要求和安全规范，理论联系实际，增强工程观念。

（2）使学生了解典型煤化工设备的结构、特点及常用仪表的正确操作方法，熟悉工程数据的采集和处理方法。

（3）使学生了解中控室职能及操作。

（4）在技能训练的过程中，通过动手操作以及对基本操作原理的进一步认识，培养学生科学的思维方法。

（5）通过对操作中出现问题的思考及数据处理结果的分析，培养学生分析问题、解决问题的能力。

（6）使学生建立安全操作意识，增强安全观念，养成严格遵守操作规程的良好习惯和严谨的工作态度，从而具备工程技术人员的基本工作素养。

二、煤化工操作实训的要求

1. 对预习的要求

煤化工操作实训具有明显的工程特点，装置较复杂，有诸多问题需要预先思考、分析，因此，充分准备是成功的关键。具体预习要求如下：

（1）认真阅读实训指导书，明确训练项目的目的、内容、要求及注意事项。

（2）依据训练项目的具体任务，积极思考实训操作和理论根据，分析要进行哪些操作并调节哪些工艺。

（3）实训前到实训现场结合实训指导书，仔细查看设备流程、主要设备的构造、仪表种类、安装位置等，并写出预习报告。预习报告一般包括：实训项目名称、实训目的、简要原理、实训装置或流程示意图、实训操作步骤要点（考虑注意事项）、操作原始数据记录的相关表格及操作现象的观察记录。

（4）安排好实训小组名单。

2. 实训操作应注意的事项

（1）实施训练项目前，认真检查实训设备，确认正常。实训前的准备工作完毕，经教师检查允许后方可按实训步骤和操作规范组织实施。实施过程中应严格按操作规程进行。实训中不得随意开、关某个阀门或按钮。要做到动手准备，细致观察，勤于思考。

（2）操作中要分工配合，严守自己的岗位，关心和注意整个实训的进行，随时观察仪表指示情况，保证实训在稳定的条件下进行。发现设备或仪表出现问题，应立即按操作步骤停车，同时报告指导教师。

（3）原始记录交指导教师审阅并签字后方可离开实训室。

三、实训报告的撰写

针对实训的具体内容，实训结束后要及时进行总结，并撰写规范、完整的实训报告。撰写实训报告是对操作过程及工艺条件进行分析，对操作结果进行处理，从中找出客观规律和内在联系的过程。撰写实训报告对高职高专学生来说是一种拟写科技论文的训练，强化写好科技论文的意识，训练综合、分析和概括问题的能力。

实训报告的撰写要简洁明了，数据和图标要完整，条件清楚，结论正确，有讨论和分析比较。一份完整的实训报告通常涵盖以下内容：

（1）实训项目名称。实训项目名称又称标题，列于报告的最前面，要求简洁、鲜明、准确。

（2）实训目的。简要概述为什么训练该实训项目，实训过程要解决的问题等。

（3）实训的理论依据。要求准确、充分地概述实训依据的基本原理，包括实训涉及的主要概念、工艺条件的分析与确定、生产操作过程等。

（4）实训装置流程图。要求简单地画出实训装置流程示意图和测试点的位置及主要设备、仪表的名称。标出设备、仪器仪表及调节阀的标号，在流程图的下面写出图的名称和与标号相应的设备仪器的名称。

（5）实训操作步骤和注意事项。根据实际操作程序，按时间的先后划分若干步骤，并标写好序号。实训过程的叙述要求简洁、明了。

（6）数据记录。实训数据的有效数字位数应根据仪表的精度而定，读数的方法要正确，记录数据要准确。一般是将数据先记在原始记录表格上。原始数据表格需附在报告的后面。

（7）实训结论。实训结论应依据相关理论，从客观实际出发，对实训结果做出最后的正确判断。

（8）实训结果的分析与讨论。对实训结果的讨论只限于与本训练项目有关的内容；对实训中的异常现象分析讨论，查找原因；总结实训结果在工程上的价值和意义；由结果出发，提出下一步研究的方向或对实训方法及装置改进提出建议等。

四、实训的考核与成绩评定

实训教学质量的检查，应突出操作技能的考核，要对每一个学生应掌握的各项技能的规范、熟练程度逐项考核、评分。

1. 操作技能考核

关于煤化工操作实训技能的考核，可根据实际情况，针对规定的训练项目制定出考核评分细则，主要考核内容一般包括以下几方面：

（1）实训前准备是否充分，预习报告书写是否认真。

（2）实训开始前的装置设备检查是否到位。

（3）实训操作是否规范、准确、熟练，所做训练项目能否独立完成。

（4）实验记录是否是原始数据。

（5）实训报告是否达到要求。

（6）是否能综合应用所学理论和操作技能判断并排除运行中的故障。

（7）实训态度，安全、环保、节能意识和实训纪律等情况。

2. 实训成绩的评定标准

煤化工操作实训课的评定，以训练项目预习情况、实训前的设备检查、操作规范程度、独立实训的能力、环保和节能意识及工作态度为主，成绩的评定分为优秀、良好、中等、及格和不及格 5 个等级。

（1）优秀。高度重视训练项目，实训前能认真写出预习报告，能认真细致地检查、调试装置设备，实训时对整个内容心中有数，操作规范、原始记录规范、团队合作能力强，实训后独立完成实训报告，报告书写工整、整洁、实事求是，安全、环保、节能意识强，操作考核成绩90分以上，自觉遵守实训室纪律和规章制度，全勤、无事故。

（2）良好。对训练项目较重视，能按时写好预习报告，检查、调试装置设备较熟练，在老师的指导下能够做好规定实训项目，操作较规范，能完成实训报告，结论基本正确，有安全、环保、节能意识，操作考核成绩80分以上，遵守纪律，全勤、无事故。

（3）中等。对训练项目较重视，能按时写好预习报告，检查、调试装置设备不太熟练，在老师的指导下基本能够做好规定实训项目，操作基本规范，能完成实训报告，结论基本正确，有安全、环保、节能意识，操作考核成绩70分以上，遵守纪律，缺勤累计不超过1天，无事故。

（4）及格。对训练项目重视度不够，预习报告准备不够充分，检查、调试装置设备不熟练，对训练项目大体清楚，在老师指导和同学帮助下能完成训练任务，独立工作能力较差，实训报告按时完成，安全、环保、节能意识不强，操作考核成绩60分以上，缺勤累计不超过2天，无操作事故。

（5）不及格。对训练项目不重视，实训前未做好准备工作，预习报告照抄教材内容，不能独立完成实训项目，操作不规范，实训报告不能按时完成，原始记录不规范，有伪造数据行为，操作考核成绩60分以下，缺勤累计超过2天，有操作事故或责任事故。

项目一

煤化工生产安全与环保

学习目标

<table>
<tr><td colspan="2">总体技能目标</td><td>能够根据生产要求正确分析和处理安全技术方面的问题；能严格执行各项安全技术规程和制度；能实现文明、安全的生产</td></tr>
<tr><td rowspan="3">具体目标</td><td>能力目标</td><td>（1）能按安全操作规程操作；
（2）掌握防火、防爆、防毒、检修安全、压力容器安全等的自救工作；
（3）能熟练处理日常的安全隐患</td></tr>
<tr><td>知识目标</td><td>（1）掌握煤化工的特点及危害因素；
（2）了解煤化工生产安全分析与评价；
（3）掌握煤化工生产安全管理规范；
（4）掌握防火、防爆、防毒、检修安全、压力容器安全等方面的安全技术以及安全技术管理、事故应急救援的知识</td></tr>
<tr><td>素质目标</td><td>（1）具有团队精神和与人合作能力；
（2）具有自我学习和自我提高能力；
（3）具有发现问题、分析问题和解决问题的能力；
（4）具有创新能力</td></tr>
</table>

项目导入

煤化工生产过程中，存在着易燃易爆物、毒物、压力容器、电气火花、高温、机械车辆等很多不安全因素。为做好个人防护，应把设备工艺流程设计好、安装好、操作好，设备做定期检修，有科学的生产方案，就可避免火灾、爆炸、中毒、机械伤害等事故的发生。因此，煤化工从业人员应不断加强安全生产知识的学习，掌握防火、防爆、防毒、检修安全、压力容器安全等方面的安全技术以及安全技术管理，事故应急救援的知识。

任务一　煤化工生产的特点及危险性因素分析

一、案例

某德士古水煤浆加压气化装置煤化工企业氧气管线爆炸事故。

1. 事故经过

9 月 17 日 20：00 左右，德士古水煤浆加压气化装置作业区三台德士古气化炉正平稳运行，总氧量 43 800 m^3/h 左右，其他各项参数均在正常范围之内，之前 1#气化炉在 18：18 和 18：34 接总调度通知升负荷，氧阀开度由 23.1% 逐步开至 24.6%，氧量由 14 400 m^3/h 升至 15 400 m^3/h 左右，其他未做操作。大约在 20：04，中控人员听到气化炉方向传来一声爆鸣声，随即中控发现 1#炉氧量高超，2#、4#气化炉氧量在迅速下降，当班值班长马上走至模拟屏处准备停车，20：05：07，2#、4#炉氧量相继降至跳车值并报警跳车，值班长亦于 20：05：08，手动将 1#炉停车，事后从中控记录数据显示，1#炉停产按钮动作后，九楼氧气切断阀（XV35106，XV35107）等联锁阀门均动作正常，爆鸣发生后，1#炉氧量迅速由 15 400 m^3/h 升至高超，PI35108 由 5.6 MPa 降至 2.1 MPa，1 分钟后再降至 1.2 MPa 左右并稳定，气化炉炉口压力 PI35110 由 4.7 MPa 降至 0。

停车后当班值班长立刻汇报了相关人员，并在厂内化学应急救援人员陪同下将 1#、2#、4#炉八楼氧气手动阀关闭，至九楼发现 1#炉氧气调节阀已严重烧坏并断落在地，断口处发红，整个 1#炉九楼氧气管线冒热气，烧嘴及部分单向阀损坏，其他均按正常停产程序操作。

2. 事故原因分析

9 月 17 日 1#气化炉氧气管道爆炸事故从现场损坏的状态来看，主要表现在三个方面：第一，氧气管道（ϕ108 mm × 7 mm），在轴侧图上的位置就是氧气调节阀 FC35115 处 90°弯头有缺陷；第二，氧气 FC35115 阀阀体本体贯穿了大约 200 mm × 200 mm 的大洞，执行机构在爆炸中被砸断；第三，氧气管道上附属的单向阀和切断阀都受到了不同程度的损坏。

从这三方面损坏的情况综合判断分析可能的原因，可以做如下分析：该氧气管道从轴侧图上的分布状态来看，存在薄弱的部位，主要有三处，即氧气 08 阀放空处三通（焊接）、FC35115 阀（套筒阀）本身、氧气管道处弯头，从氧气管道使用的工况上看，由于氧量的变化及操作的变化对上述三处部位均可能形成冲刷，但根据现场损坏的状态看，如果是弯头处引起的缺陷，那么该断裂面的状态不符合烧穿爆炸的迹象；如果是 08 阀三通处缺陷引起爆炸，则 FC35115 阀体本身的烧穿现象无法解释；而根据 FC35115 阀部位钢平台处有一块 110 mm × 60 mm 的熔渣，并且靠近阀体的下半部位，以这个点作为分析的依据，基本上可以判断 FC35115 阀阀体本身存在缺陷造成先对 MONEL 的阀体材料的燃烧，最终形成爆炸，气浪拉断 ϕ108 mm × 7 mm 氧气管道。这与现场的情况也基本上是吻合的。

FC35115 阀本身缺陷构成的原因主要可从两方面来分析。由于该氧阀属套筒式调节阀（结构上是低进高出），故在该阀的调节阀阀芯处氧气的流速相对是比较高的。对该部位的冲刷也是存在的；另外，该阀的阀体采用的是浇铸件，相对于锻件其存在缺陷的可能性大得多，如砂眼等缺陷也是可能存在的。在运行近十年的时候，原来的缺陷出现贯穿，最终引起燃烧，也可以认为存在这种情况。

3. 事故总结

综上所述，本次爆炸事故初步分析可认为是氧气调节阀 FC35115 阀体本身出现故障后造成的。

二、煤化工生产的特点分析

煤炭是中国的主要化石能源，也是许多重要化工品的主要原料，随着社会经济持续、高速发展，近年来中国能源、化工品的需求也出现较高的增长速度，煤化工在中国能源、化工领域中已占有重要地位。2007 年以来，在国际油价急剧震荡、全球对替代化工原料和替代能源的需求越发迫切的背景下，中国的煤化工行业以其领先的产业化进度成为中国能源结构的重要组成部分。我国根据自身能源结构特点，实行以煤为主的能源政策。但煤是一种低效高污染的能源，在煤加工生产过程中产生的“三废”远比其他能源（石油 、天然气）高得多，因此若不能有效解决污染问题，我国煤化工发展将受到制约。

产业应选用成熟的清洁生产技术，认真实行清洁生产制度。

1. 以清洁能源为主要产品

新型煤化工以生产洁净能源和可替代石油化工产品为主，如柴油、汽油、航空煤油、液化石油气、乙烯原料、聚丙烯原料、替代燃料（甲醇、二甲醚）、电力、热力等，以及生产煤化工独具优势的特有化工产品，如芳香烃类产品。

2. 煤炭—能源化工一体化

新型煤化工是未来中国能源技术发展的战略方向，紧密依托于煤炭资源的开发，并与其他能源、化工技术结合，形成煤炭—能源化工一体化的新兴产业。

3. 高新技术及优化集成

新型煤化工根据煤种、煤质特点及目标产品不同，采用不同煤转化高新技术，并在能源梯级利用、产品结构方面对不同工艺优化集成，提高整体经济效益，如煤焦化—煤直接液化联产、煤焦化—化工合成联产、煤气化合成—电力联产、煤层气开发与化工利用、煤化工与矿物加工联产等。同时，新型煤化工可以通过信息技术的广泛利用，推动现代煤化工技术在高起点上迅速发展和煤化工技术的产业化建设。

4. 建设大型企业和产业基地

新型煤化工发展将以建设大型企业为主，包括采用大型反应器和建设大型现代化单元工厂，如百万吨级以上的煤直接液化、煤间接液化工厂以及大型联产系统等。在建设大型企业的基础上，形成新型煤化工产业基地及基地群。每个产业基地包括若干不同的大型工厂，相近的几个基地组成基地群，成为国内新的重要能源产业。

5. 有效利用煤炭资源

新型煤化工注重煤的洁净、高效利用，如用高硫煤或高活性低变质煤作为化工原料煤，在一个工厂用不同的技术加工不同煤种并使各种技术得到集成和互补，使各种煤炭达到物尽其用，充分发挥煤种、煤质特点，实现不同质量煤炭资源的合理、有效利用。新型煤化工强化对副产煤气、合成尾气、煤气化及燃烧灰渣等废物和余能的利用。

6. 环境友好

通过资源的充分利用及污染的集中治理，新型煤化工能够减少污染物排放，实现环境友好。

三、煤化工生产危险性分析

发展煤化工工业对促进化工生产、巩固国防和改善人民生活等方面都有重要作用。但是化工生产较其他工业部门具有较普遍、较严重的危险。煤化工生产涉及高温、高压、易燃、易爆、腐蚀、剧毒等状态和条件，与矿山、建筑、交通等同属事故多发行业。但化工事故往往因波及空间广、危害时间长、经济损失巨大而极易引起人们的恐慌，影响社会的稳定。

1. 危险因素的类型

1）工厂选址和工厂布局

（1）工厂选址：①易遭受地震、洪水、暴风雨等自然灾害；②水源不充足；③缺少公共消防设施的支援；④有高湿度、温度变化显著等气候问题；⑤受邻近危险性大的工业装置影响；⑥邻近公路、铁路、机场等运输设施；⑦在紧急状态下难以把人和车辆疏散至安全地。

（2）工厂布局：①工艺设备和储存设备过于密集；②有显著危险性和无危险性的工艺装置间的安全距离不够；③昂贵设备过于集中；④对不能替换的装置没有有效的防护；⑤锅炉、加热器等火源与可燃物工艺装置之间距离太小；⑥有地形障碍。

2）结构

（1）支撑物、门、墙等不是防火结构。

（2）电气设备无防护措施。

（3）防爆通风换气能力不足。

（4）控制和管理的指示装置无防护措施。

（5）装置基础薄弱。

3）对加工物质的危险性认识不足

（1）在装置中原料混合，在催化剂作用下自然分解。

（2）对处理的气体、粉尘等在其工艺条件下的爆炸范围不明确。

（3）没有充分掌握因误操作、控制不良而使工艺过程处于不正常状态时的物料和产品的详细情况。

4）化工工艺和物料输送

（1）化工工艺：①没有足够的有关化学反应的动力学数据；②对有危险的副反应认识不足；③没有根据热力学研究确定爆炸能量；④对工艺异常情况检测不够。

（2）物料输送：①各种单元操作时对物料流动不能进行良好控制；②产品的标示不完全；③送风装置内的粉尘爆炸；④废气、废水和废渣的处理；⑤装置内的装卸设施。

5）误操作

（1）忽略关于运转和维修的操作教育。

（2）没有充分发挥管理人员的监督作用。

（3）开车、停车计划不适当。

（4）缺乏紧急停车的操作训练。

（5）没有建立操作人员和安全人员之间的协作体制。

6）设备缺陷

（1）因选材不当而引起装置腐蚀、损坏。

（2）设备不完善，如缺少可靠的控制仪表等。

（3）材料的疲劳。

（4）对金属材料没有进行充分的无损探伤检查或没有经过专家验收。

（5）结构上有缺陷，如不能停车而无法定期检查或进行预防维修。

（6）设备在超过设计极限的工艺条件下运行。

（7）对运转中存在的问题或不完善的防灾措施没有及时改进。

（8）没有连续记录温度、压力、开停车情况及中间罐和受压罐内的压力波动。

7）防灾计划不充分

（1）没有得到管理部门的大力支持。

（2）责任分工不明确。

（3）装置运行异常或故障仅由安全部门负责，只是单线起作用。

（4）没有预防事故的计划，或即使有也很差。

（5）遇有紧急情况未采取得力措施。

（6）没有实行由管理部门和生产部门共同进行的定期安全检查。

（7）没有对生产负责人和技术人员进行安全生产的继续教育和必要的防灾培训。

2. 统计结果

瑞士再保险公司统计了化学工业和石油工业的 102 起事故案例，分析了上述危险因素所起的作用，表 1－1 为统计结果。

表 1－1　化学工业和石油工业的危险因素统计结果

类别	危险因素	危险因素的比例/%	
		化学工业	石油工业
1	工厂选址	3.5	7.0
2	工厂布局	2.0	12.0
3	结构	3.0	14.0
4	对加工物质的危险性认识不足	20.2	2.0
5	化工工艺	10.6	3.0
6	物料输送	4.4	4.0
7	误操作	17.2	10.0
8	设备缺陷	31.1	46.0
9	防灾计划不充分	8.0	2.0

由表 1－1 可知，设备缺陷问题是第一位的危害，若能消除此项危害因素，则安全就能获得有效改善。一般来说，由于煤化工生产存在诸多危险性，其发生泄漏、火灾、爆炸等重大事故的可能性及其严重后果比其他行业要大。重大事故教训充分说明，在煤化工生产中如果没有完善的安全防护设施和严格的安全管理，即使有先进的生产技术和现代化的设备，也难免发生事故。而一旦发生事故，人民的生命和财产将遭到重大损失，生产也无法进行下去，甚至整个装置会毁于一旦。因此，安全工作在煤化工生产中有着非常重要的作用，是煤化工生产的前提和保障。

四、煤化工生产及其地位

煤化工生产是经化学方法将煤炭转换为气体、液体和固体产品或半产品，而后进一步加工成化工、能源产品的工业。包括焦化、电石化学、煤气化等。随着世界石油资源不断减少，煤化工有着广阔的前景。

以煤为原料，经化学加工使煤转化为气体、液体和固体燃料以及化学品的过程。主要包括煤的气化、液化、干馏，以及焦油加工和电石乙炔化工等。

在煤化工可利用的生产技术中，炼焦是应用最早的工艺，并且至今仍然是化学工业的重要组成部分。

煤的气化在煤化工中占有重要地位，用于生产各种气体燃料，是洁净的能源，有利于提高人民生活水平和环境保护；煤气化生产的合成气是合成液体燃料等多种产品的原料。煤直接液化，即煤高压加氢液化，可以生产人造石油和化学产品。在石油短缺时，煤的液化产品将替代目前的天然石油。煤化工开始于18世纪后半叶，19世纪形成了完整的煤化工体系。进入20世纪，许多以农林产品为原料的有机化学品多改为以煤为原料生产，煤化工成为化学工业的重要组成部分。第二次世界大战以后，石油化工发展迅速，很多化学品的生产又从以煤为原料转移到以石油、天然气为原料，从而削弱了煤化工在化学工业中的地位。煤中有机质的化学结构，是以芳香族为主的稠环为单元核心，由桥键互相连接，并带有各种官能团的大分子结构，通过热加工和催化加工，可以使煤转化为各种燃料和化工产品。焦化是应用最早且至今仍然最重要的方法，其主要目的是制取冶金用焦炭 ，同时副产煤气和苯、甲苯、二甲苯、萘等芳烃。煤气化在煤化工中也占有重要的地位，用于生产城市煤气及各种燃料气，也用于生产合成气；煤低温干馏、煤直接液化及煤间接液化等过程主要生产液体燃料。

知识拓展

中国煤化工概况

从总量上来看，2006年在建煤化工项目有30项，总投资达800多亿元，新增产能为甲醇850万t，二甲醚90万t，烯烃100万t，煤制油124万t。而已备案的甲醇项目产能3 400万t，烯烃300万t，煤制油300万t。2006年，国家发改委出台了政策并利用各种渠道广泛征求意见，以期规范和扶持煤化工产业的发展。2006年中国自主知识产权的煤化工技术也取得了很大的进展，开始从实验室走向生产。

2007年是中国煤化工产业稳步推进的一年，在国际油价一度冲击百元大关、全球对替代化工原料和替代能源的需求越发迫切的背景下，中国的煤化工行业以其领先的产业化进度成为中国能源结构的重要组成部分。煤化工行业的投资机遇仍然受到国际国内投资者的高度关注，煤化工技术的工业放大不断取得突破、大型煤制油和煤制烯烃装置的建设进展顺利、二甲醚等相关的产品标准相继出台。

新型煤化工以生产洁净能源和可替代石油化工的产品为主，如柴油、汽油、航空煤油、液化石油气、乙烯原料、聚丙烯原料、替代燃料（甲醇、二甲醚）等，它与能源、化工技术结合，可形成煤炭—能源化工一体化的新兴产业。煤炭—能源化工产业将在中国能源的可持续利用中扮演重要的角色，是今后20年的重要发展方向，这对于中国减轻燃煤造成的环境污染、降低中国对进口石油的依赖均有着重大意义。可以说，煤化工行业在中国面临着新的市场需求和发展机遇。

任务二　煤化工生产安全分析与评价

安全技术是人们为了预防或消除对工人健康有害的影响和各类事故的发生，改善劳动条件而采取的各种技术措施和组织措施。

安全生产是各类企业永恒的主题，对煤化工生产中的危险性与安全进行分析预测是十分重要的。

一、案例

某化工企业德士古水煤浆加压气化装置气化炉B炉水洗塔带水事故。

1. 事故经过

2005年8月30日夜班接班后，因系统压力缓慢升高，德士古水煤浆加压气化装置气化炉氧煤比偏低，气化岗位不断地开大氧气调节阀引（加）氧。1：00变换V0901液位LICA0902突然上涨（由0快速上涨，最高至75.3%），迅速通知气化岗位，气化岗位操作工经检查气化炉、水洗塔压力、温度、液位等各运行参数无异常，气化岗位适当降低水洗塔液位（由58%降至52%）。此时变换R0901进口温度波动大，造成R0901床层热点温度TIA0909大幅波动，最高升至458℃，最低降至386℃。后经检查趋势发现，在此段时间B炉水洗塔出口工艺气流量FI0715B波动较大，由0：56时112 948 m^3/h增至1：10时的121 282 m^3/h，同时B炉水洗塔出口工艺气压差（PI0707B－PICA0711B）由85 kPa左右升高到105 kPa左右。1：26时V0901液位排尽，R0901温度逐步恢复稳定。

2. 事故分析

（1）这是一起因气化炉 B 炉水洗塔带水造成变换炉温度波动的工艺事故。

（2）水洗塔出口工艺气带水，对于变换岗位的影响。

（3）将造成触媒粉化，床层阻力增加。

（4）将使变换触媒活性降低，变换率降低，变换气 CO 含量升高，威胁正常生产。严重时触媒将会失去活性，导致系统停车。

3. 原因分析

经过车间相关人员分析讨论，认为这次带水事故有可能是以下方面因素造成的：

（1）氧煤比波动，气化炉温度升高，热负荷增加，造成气量（湿气量增加）波动，水洗塔出口流量波动，产生带水。这可能是这次事故的主要原因。

（2）水洗塔液位可能偏高，产气量波动时，出口工艺气带水。

（3）系统压力突然下降，造成水洗塔气体流速突然增大，造成带水。

（4）水洗塔塔盘加水量过大，造成液泛，工艺气带水。

（5）气化炉、水洗塔压力突然增大，冲坏塔盘，造成带液。

4. 防范措施或处理方案

（1）加减负荷、调节氧煤比必须缓慢，减少压力、温度、流量波动。

（2）水洗塔液位控制不能太高。

（3）前后系统加强联系，减少因系统波动造成的影响。

（4）塔盘加水应稳定，同时根据负荷及时调整，满负荷时流量不超过 32 m^3/h。

（5）在 DCS（分散控制系统）增加水洗塔出口工艺气压差，并设高报值，便于及时发现压力变化情况。

二、安全工程的基本概念

1. 安全工程概念

安全工程是指在具体的安全存在领域中，运用的各种安全技术及其综合集成，以保障人体动态安全的方法、手段、措施。

安全工程依附于所处的生产领域和工作过程。为了在工程实践中实现其安全功能，安全工程都带有明显的行业特征，必须符合所处的生产领域和工作过程的技术、工艺、装备条件和运行规律。

任何具体的安全工程项目都具有双重的工程技术范畴，即特有安全工程技术和行业安全工程技术。

（1）特有安全工程技术包括系统安全工程、安全系统工程、安全控制工程、安全人机工程、消防工程、安全卫生工程、安全管理工程、安全价值工程等。

（2）行业安全工程技术包括化工安全工程、建筑安全工程、矿山安全工程、交通安全工程、电气安全工程、信息安全工程等。

化工生产的管理人员、技术人员及操作人员不仅要熟悉特有安全工程技术，还必须掌握行业安全工程技术。

2. 特有安全工程技术的主要内容

煤化工属于特种行业，其特有安全工程技术的主要内容如下：

（1）系统安全工程 ：是运用系统理论、风险管理理论、可靠性理论和工程技术手段进行辨别、评价，并采取措施使系统在可接受的性能、时间、成本范围内达到最佳安全程度。其内容包括：危险源辨识、危险性评价、危险源控制。

（2）安全系统工程：是应用系统工程的原理和方法，分析、评价及消除系统中的各种危险，实现系统安全的一整套管理程序和方法体系。其内容包括：系统安全分析、系统安全预测、系统安全评价、安全管理措施。

（3）安全控制工程：应用控制论的一般原理和方法解决安全控制系统的调节与控制规律。其内容：绘制安全系统框图、建立安全控制系统模型、对模型进行计算和决策、综合分析与验证。

（4）安全人机工程：是人机环境系统工程与安全工程的结合，保证系统中人、机、环境三者的最佳安全匹配，以确保人机环境系统高效、经济地运行。其内容包括：人机环境系统整体安全性能分析、设计和评价；人机环境系统的安全分析数学模型和物理模拟技术；虚拟现实技术在人、机、环境系统整体安全中的应用等。

（5）消防工程：是消火、防火工程的简称。消防工程是在对火灾现象、火灾影响、人们在火灾中的行为和反应的分析认识的基础上，运用科学和工程原理、规范以及专家判断，保护人员、财产和环境免受火灾的危害的工程和技术措施。

（6）安全卫生工程：从质和量两方面来阐明职业性危害因素与劳动者健康水平的关系，从技术上改善劳动条件，防止职业病，保护劳动者的安全和健康，提高其作业能力，促进生产的发展和劳动生产率的提高。其内容包括：职业性危害因素及其检测、劳动卫生标准、职业性危害防治技术。

（7）安全管理工程：是管理者运用管理工程学的理论和方法对安全生产进行的计划、组织、指挥、协调和控制的一系列技术、组织和管理活动。其内容包括：作为管理工程的重要分支、遵循管理工程的普遍规律性、服从管理工程的基本原理。

（8）安全价值工程：是运用价值工程的理论和方法，依靠集体智慧和有组织的活动，通过对某种措施进行安全功能分析，力图用最低安全寿命周期投资，实现必要的安全功能，从而提高安全价值的安全技术经济方法。其内容包括：实现最佳安全投资策略、追求安全功能与安全投入的最佳匹配。

三、危险性预先分析与安全预测

1. 危险性预先分析

预先危险性分析（Preliminary Hazard Analysis，PHA）也称初始危险分析，是安全评价的一种方法。是在每项生产活动之前，特别是在设计的开始阶段，对系统存在危险类别、出现条件、事故后果等进行概略地分析，尽可能评价出潜在的危险性。

1）危险性分析的步骤

（1）确定系统，明确所分析系统的功能及分析范围。

（2）调查、收集资料。

（3）系统功能分解。

（4）分析、识别危险性，确定危险类型、危险来源、初始伤害及其造成的危险性，对潜在的危险点要仔细判定。

（5）确定危险等级，在确认每项危险之后，都要按其效果进行分类。

（6）制定措施。根据危险等级，从软件（系统分析、人机工程、管理、规章制度等）、硬件（设备、工具、操作方法等）两方面制定相应的消除危险性的措施和防止伤害的办法。

2）危险性预先分析应注意的问题

（1）由于在新开发的生产系统或新的操作方法中，对接触到的危险物质、工具和设备的危险性还没有足够的认识，因此为了使分析获得较好的效果，应采取设计人员、操作人员和安技干部三结合的形式。

（2）根据系统工程的观点，在查找危险性时，应将系统进行分解，可以防止漏项。

（3）为了使分析人员有条不紊地、合理地从错综复杂的结构关系中查出潜在的危险因素，可采取迭代法或抽象法，先保证在主要危险因素上取得结果。

（4）在可能条件下，最好事先准备一个检查表，指出查找危险性的范围。

2. 安全预测

安全预测或称危险性预测是对系统未来的安全状况进行预测，预测有哪些危险及其危险程度，以便做到对事故进行预报和预防。

安全预测就其预测对象来讲，可分为宏观预测和微观预测。宏观预测是研究一个企业或部门未来一个时期伤亡事故的变化趋势，微观预测是具体研究某厂或某矿的某种危险源能否导致事故、事故发生概率及其危险度。微观预测可以综合应用各种安全系统分析方法，参照安全评价的某些方法，只要将表明基本事件状态的变量由现在的改为未来可能发生的，就可以达到预期的目的。

按所应用的原理，预测可分为以下几种：

（1）白色理论预测。用于预测的问题与所受影响因素已十分清楚的情况。

（2）灰色理论预测。指既含有已知信息又含有未知信息（非确知的信息或称黑色的信息）的系统。安全生产活动本身就是一个灰色系统。

（3）黑色理论预测。也称黑色系统预测。这种系统中所含的信息多为未知的。

在进行预测时，应参照以下几项原则：

（1）惯性原则。过去的行为不仅影响现在而且也影响未来。尽管过去、现在和未来时间内有可能在某些方面存在差异，但总的情况是，对于一个系统的状况（如安全状况），今天是过去的延续，而明天是今天的发展。

（2）类推原则。把先发展事物的表现形式类推到后发展的事物上去。利用这一原则的首要条件是两事物之间的发展变化有类似性。只要有代表性，也可由局部去类推整体，但应注意这个局部的特征能否反映整体的特征。

（3）相关原则。预测之前，首先应确定两事物之间是否有相关性，如机械工业的产品需要量与我国工业总产值就有相关关系。

（4）概率推断原则。当推断的结果能以较大概率出现时，就可以认为这个预测结果是成立的、可用的。一般情况下，要对多种可能出现的结果，都分别给出概率。

四、危险性评价方法

1. 危险性评价

危险性评价也称危险度评价或风险评价，它以实际系统安全为目的，应用安全系统工程原理和工程技术方法，对系统中固有或潜在的危险性进行定性和定量分析，掌握系统发生危险的可能性及其危害程度，从而为制定防治措施和管理决策提供科学依据。危险性评价定义有三层意义。

（1）对系统中固有的或潜在的危险性进行定性和定量分析，这是危险性评价的核心。

（2）掌握企业发生危险的可能性及其危害程度之后，就要用指标来衡量企业安全工作，即从数量上说明分析对象安全性的程度。评价指标可以是指数、概率值或等级。

（3）危险性评价的目的是寻求企业的事故率最低，损失最小，安全投资效益最优。

2. 危险性评价方法

危险性评价包括确认危险性和评价危险程度两方面的问题。前者在于辨识危险源，定量来自危险源的危险性；后者在于控制危险源，评价采取控制措施后仍然存在的危险源的危险性是否可以被接受。在实际安全评价过程中，这些工作不是截然分开、孤立进行的，而是相互交叉、相互重叠进行的。

根据危险性评价对应于系统寿命的响应阶段，把危险性评价区分为危险性预评价和现有系统危险性评价两大类。

1）危险性预评价

危险性预评价是在系统开发、设计阶段，即在系统建造前进行的危险性评价。安全工作最关心的是在事故发生之前预测到发生事故、造成伤害或损失的危险性。系统安全的优越性就在于能够在系统开发、设计阶段根除或减少危险源，使系统的危险性最小。进行危险性预评价时需要预测系统中的危险源及其导致的事故。

2）现有系统危险性评价

这是在系统建成以后的运转阶段进行的系统危险性评价。它的目的在于了解系统的现实危险性，为进一步采取降低危险性的措施提供依据。现有系统已经实实在在地存在着，并且根据以往的运转经验对其危险性已经有了一定的了解，因而与危险性预评价相比较，现有系统危险性评价的结果要更接近于实际情况。

现有系统危险性评价方法有统计评价和预测评价两种方法。

（1）统计评价。这种评价方法根据系统已经发生的事故的统计指标来评价系统的危险性。由于它是利用过去的资料进行的评价，因此它评价的是系统的“过去”的危险性。这种评价主要用于宏观地指导事故预防工作。

（2）预测评价。预测评价是在事故发生之前对系统危险性进行的评价，它在预测系统中可能发生的事故的基础上对系统的危险性进行评价，具体地指导事故预防工作。这种评价方法与危险性预评价方法是相同的，区别仅在于评价对象是处于系统寿命期间不同阶段的系统。

从本质上说，危险性评价是对系统的危险性定性的评价，即回答系统的危险性是可接受的还是不可接受的，系统是安全的还是危险的。

如果系统是安全的，则不必采取进一步控制危险源的措施；否则，必须采取改进措施，以实现系统安全。必要时，危险性评价还需把危险性指标进行量化处理。

3）定性危险性评价和定量危险性评价

（1）定性危险性评价。定性危险性评价是不对危险性进行量化处理而只做定性的比较。常采用与有关的标准、规范或安全检查表对比，判断系统的危险程度的方法，或根据同类系统或类似系统以往的事故经验指定危险性分类等级。定性评价比较粗略，一般用于整个危险性评价过程中的初步评价。

（2）定量危险性评价。定量危险性评价是在危险性量化基础上进行的评价，能够比较精确地描述系统的危险状况。

按对危险性量化处理的方式不同，定量危险性评价方法又分为概率的危险性评价方法和相对的危险性评价方法。

①概率的危险性评价方法是以某种系统事故发生概率计算为基础的危险性评价方法，目前应用较多的是概率危险性评价（PRA）。它主要采用定量的安全系统分析方法中的事件树分析、事故树分析等方法，计算系统事故发生的概率，然后与规定的安全目标相比较，评价系统的危险性。概率的危险性评价耗费人力、物力和时间，它主要适合于一次事故也不许发生的系统，其安全性受到世人瞩目的系统，一旦发生事故会造成多人伤亡或严重环境污染的系统，如核电站、宇宙航行、石油化工和化工装置等的危险性评价。

②相对的危险性评价方法是评价者根据以往的经验和个人见解规定一系列打分标准，然后按危险性分数值评价危险性的方法。相对的危险性评价方法又叫作打分法。这种方法需要更多的经验和判断，受评价者主观因素的影响较大。生产作业条件危险性评价法、火灾爆炸指数法等都属于相对的危险性评价方法。

五、危险源与重大危险源

1. 危险及危险源

危险是系统中存在导致发生不期望后果的可能性超过了人们的承受程度。危险度是事故发生的可能性与严重性的二元函数，是两者的结合。

危险源是可能造成人员伤害、疾病、财产损失、作业环境破坏或其他损失的根源或状态。

2. 重大危险源

长期地或者临时地生产、搬运、使用或者储存危险物品，且危险物品的数量等于或者超过临界量的单元（包括场所和设施）。

说明：危险物品指易燃易爆物品、危险化学品、放射性物品等能够危及人身安全和财产安全的物品。

3. 重大危险源辨识

1）辨识依据

重大危险源的辨识依据是物质的危险特性及其数量。

2）重大危险源的分类

重大危险源分为生产场所重大危险源和储存区重大危险源两种。

3）生产场所重大危险源

根据物质不同的特性，生产场所重大危险源按爆炸性物质名称及临界量、易燃物质名称及临界量、活性化学物质名称及临界量、有毒物质名称及临界量4类物质的品名［品名引用《危险货物品名表》（GB 12268—1990）］及其临界量加以确定。

六、危险化学品

《危险化学品安全管理条例》已经2011年2月16日国务院第144次常务会议修订通过，修订后的《危险化学品安全管理条例》自2011年12月1日起施行。

1. 危险化学品分类

常用危险化学品按其主要危险特性分为8类：

1）第1类　爆炸品

本类化学品指在外界作用下（如受热、受压、撞击等），能发生剧烈的化学反应，瞬时产生大量的气体和热量，使周围压力急骤上升，发生爆炸，对周围环境造成破坏的物品，也包括无整体爆炸危险，但具有燃烧、抛射及较小爆炸危险的物品。

2）第2类　压缩气体和液化气体

本类化学品系指压缩、液化或加压溶解的气体，并应符合下述两种情况之一者：

（1）临界温度低于50 ℃，或在50 ℃时，其蒸气压力大于294 kPa的压缩或液化气体；

（2）温度在21.1 ℃时，气体的绝对压力大于275 kPa，或在54.4 ℃时，气体的绝对压力大于715 kPa的压缩气体；或在37.8 ℃时，雷德蒸气压力大于275 kPa的液化气体或加压溶解的气体。

3）第3类　易燃液体

本类化学品系指易燃的液体、液体混合物或含有固体物质的液体，但不包括由于其危险特性已列入其他类别的液体。其闭杯试验闪点等于或低于61 ℃。

4）第4类　易燃固体、自燃物品和遇湿易燃物品

易燃固体系指燃点低，对热、撞击、摩擦敏感，易被外部火源点燃，燃烧迅速，并可能散发出有毒烟雾或有毒气体的固体，但不包括已列入爆炸品的物品。自燃物品系指自燃点低，在空气中易发生氧化反应，放出热量，而自行燃烧的物品。遇湿易燃物品系指遇水或受潮时，发生剧烈化学反应，放出大量的易燃气体和热量的物品。有的不需明火，即能燃烧或爆炸。

5）第5类　氧化剂和有机过氧化物

氧化剂系指处于高氧化态，具有强氧化性，易分解并放出氧和热量的物质。包括含有过氧基的无机物，其本身不一定可燃，但能导致可燃物的燃烧，与松软的粉末状可燃物能组成爆炸性混合物，对热、震动或摩擦较敏感。有机过氧化物系指分子组成中含有过氧基的有机物，其本身易燃易爆，极易分解，对热、震动或摩擦极为敏感。

6）第6类　有毒品

本类化学品系指进入肌体后，累积达一定的量，能与体液和器官组织发生生物化学作用或生物物理学作用，扰乱或破坏肌体的正常生理功能，引起某些器官和系统暂时性或持久性的病理改变，甚至危及生命的物品。经口摄取半数致死量：固体 $LD50 \leqslant 500$ mg/kg，液体 $LD50 \leqslant 2\ 000$ mg/kg；经皮肤接触24 h，半数致死量：$LD50 \leqslant 1\ 000$ mg/kg；粉尘、烟雾及蒸气吸入半数致死量：$LC50 \leqslant 10$ mg/L 的固体或液体。

7）第7类　放射性物品

本类化学品系指放射性比活度大于 7.4×10^4 Bq/kg 的物品。

8）第8类　腐蚀品

本类化学品系指能灼伤人体组织并对金属等物品造成损坏的固体或液体。与皮肤接触在4 h内出现可见坏死现象，或温度在55 ℃时，对20号钢的表面均匀年腐蚀率超过6.25 mm/年的固体或液体。

对于未列入分类明细表中的危险化学品，可以参照已列出的化学性质相似、危险性相似的物品进行分类。

2. 对危险化学品的生产、储存、使用、经营、运输实施安全监督管理

对危险化学品的生产、储存、使用、经营、运输实施安全监督管理的有关规定：

（1）安全生产监督管理部门负责危险化学品安全监督管理综合工作，组织确定、公布、调整危险化学品目录，对新建、改建、扩建生产、储存危险

化学品（包括使用长输管道输送危险化学品，下同）的建设项目进行安全条件审查，核发危险化学品安全生产许可证、危险化学品安全使用许可证和危险化学品经营许可证，并负责危险化学品登记工作。

（2）公安机关负责危险化学品的公共安全管理，核发剧毒化学品购买许可证、剧毒化学品道路运输通行证，并负责危险化学品运输车辆的道路交通安全管理。

（3）质量监督检验检疫部门负责核发危险化学品及其包装物、容器（不包括储存危险化学品的固定式大型储罐，下同）生产企业的工业产品生产许可证，并依法对其产品质量实施监督，负责对进出口危险化学品及其包装实施检验。

（4）环境保护主管部门负责废弃危险化学品处置的监督管理，组织危险化学品的环境危害性鉴定和环境风险程度评估，确定实施重点环境管理的危险化学品，负责危险化学品环境管理登记和新化学物质环境管理登记；依照职责分工调查相关危险化学品环境污染事故和生态破坏事件，负责危险化学品事故现场的应急环境监测。

（5）交通运输主管部门负责危险化学品道路运输、水路运输的许可以及运输工具的安全管理，对危险化学品水路运输安全实施监督，负责危险化学品道路运输企业、水路运输企业驾驶人员、船员、装卸管理人员、押运人员、申报人员、集装箱装箱现场检查员的资格认定。铁路主管部门负责危险化学品铁路运输的安全管理，负责危险化学品铁路运输承运人、托运人的资质审批及其运输工具的安全管理。民用航空主管部门负责危险化学品航空运输以及航空运输企业及其运输工具的安全管理。

（6）卫生主管部门负责危险化学品毒性鉴定的管理，负责组织、协调危险化学品事故受伤人员的医疗卫生救援工作。

（7）工商行政管理部门依据有关部门的许可证件，核发危险化学品生产、储存、经营、运输企业营业执照，查处危险化学品经营企业违法采购危险化学品的行为。

（8）邮政管理部门负责依法查处寄递危险化学品的行为。

负有危险化学品安全监督管理职责的部门依法进行监督检查，可以采取下列措施：

（1）进入危险化学品作业场所实施现场检查，向有关单位和人员了解情况，查阅、复制有关文件、资料。

（2）发现危险化学品事故隐患，责令立即消除或者限期消除。

（3）对不符合法律、行政法规、规章规定或者国家标准、行业标准要求的设施、设备、装置、器材、运输工具，责令立即停止使用。

(4) 经本部门主要负责人批准，查封违法生产、储存、使用、经营危险化学品的场所，扣押违法生产、储存、使用、经营、运输的危险化学品以及用于违法生产、使用、运输危险化学品的原材料、设备、运输工具。

任务三　煤化工生产安全管理

化工企业要做好安全生产工作，首先要建立健全安全生产管理制度，并在生产过程中严格执行。此外，还要严格执行化学工业部颁布的安全生产禁令。

一、案例

安徽淮化因停车处理不当造成回火烧坏德士古水煤浆加压气化装置气化炉烧嘴事故。

1. 厂家

安徽淮化。

2. 时间

2002 年 4 月 23 日。

3. 事故性质

重大工艺事故。

4. 事故经过

2002 年 4 月 23 日，德士古水煤浆加压气化装置气化炉 2#炉因 XV1318B 阀检飘移联锁跳车，在停车处理过程中，制浆操作工在未联系的情况下，将煤浆清洗盲板前手阀打开，而此时煤浆清洗盲板刚刚倒通，而且蒸汽清洗尚未进行，煤浆气化炉炉头阀未关，炉内还有 2.0 MPa 压力，造成炉内高压高温气体经气化炉烧嘴反窜回煤浆管线，烧坏气化炉烧嘴。

5. 事故原因

(1) 制浆工业务不熟悉，需加强学习。

(2) 联系不及时，要勤联系。

6. 事故后果

2#烧嘴烧坏。

7. 经验教训与防范措施

(1) 加强业务学习。

（2）加强现场管理，保持先联系后操作的良好职业习惯。

二、安全管理规范

1. 煤化工企业安全生产管理制度

1）安全生产责任制

《中华人民共和国安全生产法》第四条明确规定："生产经营单位必须遵守本法和其他有关安全生产的法律、法规，加强安全生产管理，建立、健全安全生产责任制度，完善安全生产条件，确保安全生产。"对于化工企业必须严格遵守《化工企业安全生产禁令》。

安全生产责任制是企业中最基本的一项安全制度，是企业安全生产管理规章制度的核心。企业内各级各类部门、岗位均要制定安全生产责任制，做到职责明确，责任到人。

2）安全教育

《中华人民共和国安全生产法》第二十一条规定：生产经营单位应当对从业人员进行安全生产教育和培训，保证从业人员具备必要的安全生产知识，熟悉有关的安全生产规章制度和安全操作规程，掌握本岗位的安全操作技能。未经安全生产教育和培训合格的从业人员，不得上岗作业。第二十二条规定：生产经营单位采用新工艺、新技术、新材料或者使用新设备，必须了解、掌握其安全技术特性，采取有效的安全防护措施，并对从业人员进行专门的安全生产教育和培训。第五十条规定：从业人员应当接受安全生产教育和培训，掌握本职工作所需的安全生产知识，提高安全生产技能，增强事故预防和应急处理能力。

目前我国化工企业中开展的安全教育的主要形式包括入厂教育（三级安全教育）、日常教育和特殊教育三种形式。

（1）入厂教育：新入厂人员（包括新工人、合同工、临时工、外包工和培训、实习、外单位调入本厂人员等），均须经过厂、车间（科）、班组（工段）三级安全教育。

①厂级教育（一级）。由劳资部门组织，安全技术、工业卫生与防火（保卫）等部门负责。教育内容包括：党和国家有关安全生产的方针、政策、法规、制度及安全生产重要意义，一般安全知识，本厂生产特点，重大事故案例，厂规厂纪以及入厂后的安全注意事项，工业卫生和职业病预防等知识，经考试合格，方准分配车间及单位。

②车间级教育（二级）。由车间主任负责。教育内容包括：车间生产特点、工艺及流程、主要设备的性能、安全技术规程和制度、事故教训、

防尘防毒设施的使用及安全注意事项等，经考试合格，方准分配到工段、班组。

③班组（工段）级教育（三级）。由班组（工段）长负责。教育内容包括：岗位生产任务、特点、主要设备结构原理、操作注意事项、岗位责任制、岗位安全技术规程、事故安全及预防措施、安全装置和工（器）具、个人防护用品、防护器具和消防器材的使用方法等。

每一级的教育时间，均应按化学工业部颁发的《关于加强对新入厂职工进行三级安全教育的要求》中的规定执行。厂内调动（包括车间内调动）及脱岗半年以上的职工，必须对其再进行二级或三级安全教育，其后进行岗位培训，考试合格，成绩记入“安全作业证”内，方准上岗作业。

（2）日常教育：即经常性的安全教育，企业内的经常性安全教育可按下列形式实施。

①可通过举办安全技术和工业卫生学习班，充分利用安全教育室，采用展览、宣传画、安全专栏、报纸杂志等多种形式，以及先进的电化教育手段，开展对职工的安全和工业卫生教育。

②企业应定期开展安全活动，班组安全活动确保每周一次。

③在大修或重点项目检修，以及重大危险性作业（含重点施工项目）时，安全技术部门应督促指导各检修（施工）单位进行检修（施工）前的安全教育。

④总结发生事故的规律，有针对性地进行安全教育。

⑤对于违章及重大事故责任者和工伤复工人员，应由所属单位领导或安全技术部门进行安全教育。

（3）特殊教育：国家标准《特种作业人员安全技术考核管理规则》（GB 5306—85）规定，对操作者本人，尤其对他人和周围设施的安全有重大危害因素的作业，称特种作业。直接从事特种作业者，称为特种作业人员。特种作业范围包括电工作业、锅炉司炉、压力容器操作、起重机械作业、爆破作业、金属焊接（气割）作业、煤矿井下瓦斯检验、机动车辆驾驶、机动船舶驾驶、轮机操作、建筑登高架设作业以及符合特种作业基本定义的其他作业。

标准规定从事特种作业的人员，必须进行安全教育和安全技术培训。经安全技术培训后，必须进行考核，经考核合格取得操作证者，方准独立作业。特种作业人员在进行作业时，必须随身携带“特种作业人员操作证”。

对特种作业人员，按各业务主管部门的有关规定的期限组织复审。取得操作证的特种作业人员，必须定期进行复审。复审期限两年进行一次，机动车辆驾驶和机动船舶驾驶、轮机操作人员，按国家有关规定执行。

3）安全检查

《中华人民共和国安全生产法》对安全检查工作提出了明确要求和基本原则，其中第三十八条规定：生产经营单位的安全生产管理人员应当根据本单位的生产经营特点，对安全生产状况进行经常性检查；对检查中发现的安全问题，应当立即处理；不能处理的，应当及时报告本单位有关负责人。检查及处理情况应当记录在案。

安全检查应贯彻领导与群众相结合的原则，除进行经常性的检查外，每年还应进行群众性的综合检查、专业检查、季节性检查和日常检查。

（1）综合检查。分厂、车间、班组三级，厂级（包括节假日检查）每年不少于四次；车间级每月不少于一次；班组（工段）级每周一次。

（2）专业检查。应分别由各专业部门的主管领导组织本系统人员进行，每年至少进行两次，内容主要是对锅炉及压力容器、危险物品、电气装置、机械设备、厂房建筑、运输车辆、安全装置以及防火防爆、防尘防毒工作等进行专业检查。

（3）季节性检查。分别由各业务部门的主管领导，根据当地的地理和气候特点组织本系统人员对防火防爆、防雨防洪、防雷电、防暑降温、防风及防冻保暖工作等进行预防性季节检查。

（4）日常检查。分岗位工人检查和管理人员巡回检查。

各种安全检查均应编制相应的安全检查表，并按检查表的内容逐项检查。

安全检查后，各级检查组织和人员，对查出的隐患都要逐项分析研究，并落实整改措施。

4）安全技术措施计划的编制

（1）计划编制。安全技术措施计划的编制应依据国家发布的有关法律、法规和行业主管部门发布的制度及标准等，根据本单位目标及实际情况进行可行性分析论证。安全技术措施计划范围主要包括：①以防止火灾、爆炸、工伤事故为目的的一切安全技术措施；②以改善劳动条件、预防职业病和职业中毒为目的的一切工业卫生技术措施；③安全宣传教育、技术培养计划及费用；④安全科学技术研究与试验、安全卫生检测等。

（2）计划审批。由车间或职能部门提出车间年度安全技术措施项目，指定专人编制计划、方案报安全技术部门审查汇总。安全技术部门负责编制企业年度安全技术措施计划，报总工程师或主管厂长审核。

主管安全生产的厂长或经理（总工程师），应召开工会、有关部门及车间负责人会议，研究确定年度安全技术措施项目、各个项目的资金来源、计划单位及负责人、施工单位及负责人、竣工或投产使用日期等。

经审核批准的安全技术措施项目，由生产计划部门在下达年度计划时一并下达。车间每年应在第三季度开始着手编制出下一年度的安全技术措施计划，报企业上级主管部门审核。

(3) 项目验收。安全技术措施项目竣工后，经试运行三个月，使用正常后，在生产厂长或总工程师领导下，由计划、技术、设备、安全、防火、工业卫生、工会等部门会同所在车间或部门，按设计要求组织验收，并报告上级主管部门。必要时，邀请上级有关部门参加验收。使用单位应对安全技术措施项目的运行情况写出技术总结报告，对其安全技术及其经济技术效果和存在问题做出评价。安全技术措施项目经验收合格投入使用后，应纳入正常管理。

5）事故调查分析

(1) 事故调查。对各类事故的调查分析应本着“三不放过”的原则，即事故原因不清不放过，事故责任人没有受到教育不放过，防范措施不落实不放过。事故调查中应注意以下几点：

①保护现场。事故发生后，要保护好现场，以便获得第一手资料。

②广泛了解情况。调查人员应向当事人和在场的其他人员以及目击者广泛了解情况，弄清事故发生的详细情节，了解事故发生后现场指挥、抢救与处理情况。

③技术鉴定和分析化验。调查人员到达现场应责成有关技术部门对事故现场检查的情况进行技术鉴定和分析化验工作，如残留物组成及性质、空间气体成分、材质强度及变化等。

④多方参加。参加事故调查的人员组成应包括多方人员，分工协作，各尽其职，认真负责。

(2) 事故原因分析。事故发生的原因主要有以下几方面：

①组织管理方面。劳动组织不当，环境不良，培训不够，工艺操作规程不合理，防护用具缺陷，标志不清等。

②技术方面。工艺过程不完善，生产过程及设备没有保护和保险装置，设备缺陷、设备设计不合理或制造有缺陷，作业工具不当、操作工具使用不当或配备不当等。

③卫生方面。生产厂房空间不够，气象条件不符合规定，操作环境中照明不够或照明设置不合理，由于噪声和振动造成操作人员心理上的变化，卫生设施不够，如防尘、防毒设施不完善等。

2. 安全生产责任制

在我国，推行全员安全管理的同时，实行安全生产责任制。所谓安全生产责任制就是各级领导应对本单位安全工作负总的领导责任，以及各级工程技术人员、职能科室和生产工人在各自的职责范围内，对安全工作应负的责任。

1）企业各级领导的责任

企业安全生产责任制的核心是实现安全生产的“五同时”，即在计划、布置、检查、总结、评比中，生产和安全同时进行。安全工作必须由行政一把手负责，厂、车间、班、工段、小组的各级一把手都是第一责任人。

在制定安全生产职责时，各级领导职责要明确。如厂长的安全生产职责、分管生产安全工作的副厂长的安全生产职责、其他副厂长的安全生产职责、总工程师的安全生产职责、车间主任的安全生产职责、工段长的安全生产职责、班组长的安全生产职责等。

各级领导根据各自分管业务工作范围负相应的责任。如果发生事故，视事故后果的严重程度和失职程度，由行政机关进行行政处理，乃至司法机关追究法律责任。

2）各业务部门的职责

企业单位中的生产、技术、设计、供销、运输、教育、卫生、基建、机动、情报、科研、质量检查、劳动工资、环保、人事组织、宣传、外办、企业管理、财务等有关专职机构，都应在各自工作业务范围内，对实现安全生产的要求负责。

同理，在制定安全生产职责时，各业务部门的职责也必须明确。如安全技术部门的安全生产职责、生产计划部门的安全生产职责、技术部门的安全生产职责、设备动力部门的安全生产职责、人力资源部门的安全生产职责等。

3）生产操作工人的安全生产职责

生产操作工人在生产第一线，是安全生产核心。在制定安全生产职责时，要从遵守劳动纪律，执行安全规章制度和安全操作规程，不断学习，增强安全意识，提高操作技术水平，积极开展技术革新，及时反映、处理不安全问题，拒绝接受违章指挥，提合理化建议，在改善作业环境和劳动条件等方面提出要求。

三、安全目标管理

目标管理是让企业管理人员和工人参与制定工作目标，并在工作中实行自我控制，努力完成工作目标的管理方法。

安全目标管理是目标管理在安全管理方面的应用，是企业确定在一定时期内应该达到的安全生产总目标，并分解展开、落实措施、严格考核，通过组织内部自我控制达到安全生产目的的一种安全管理方法。它以企业总的安全管理目标为基础，逐级向下分解，使各级安全目标明确、具体，各方面关系协调、融洽，把企业的全体职工都科学地组织在目标之内，使每个人都明确自己在目标体系中所处的地位和作用，通过每个人的积极努力来实现企业安全生产目标。

1. 安全管理目标的制定

制定安全管理目标要有广大职工参与，领导与群众共同商定切实可行的工作目标。安全目标要具体，根据实际情况可以设置若干个，例如事故发生率指标、伤害严重度指标、事故损失指标或安全技术措施项目完成率等。但是，目标不宜太多，以免力量过于分散。应将重点工作首先列入目标，并将各项目标按其重要性分成等级或序列。各项目标应能数量化，以便考核和衡量。

企业制定安全管理目标的主要依据：

（1）国家的方针、政策、法令。

（2）上级主管部门下达的指标或要求。

（3）同类兄弟厂的安全情况和计划动向。

（4）本厂情况的评价，如设备、厂房、人员、环境等。

（5）历年本厂工伤事故情况。

（6）企业的长远安全规划。

安全管理目标确定之后，还要把它变成各科室、车间、工段、班组和每个职工的分目标。安全管理目标分解过程中，应注意下面几个问题：

（1）要把每个分目标与总目标密切配合，直接或间接地有利于总目标的实现。

（2）各部门或个人的分目标之间要协调平衡，避免相互牵制或脱节。

（3）各分目标要能够激发下级部门和职工的工作欲望和充分发挥其工作能力，应兼顾目标的先进性和实现的可能性。

安全管理目标展开后，实施目标的部分应该对目标中各重点问题编制一个“实施计划表”。实施计划表中，应包括实施该目标时存在的问题和关键、必须采取的措施项目、要达到的目标值、完成时间、负责执行的部门和人员以及项目的重要程度等。

安全管理目标确定之后，为了使每个部门的职工明确工厂为实现安全目标需要采取的措施，明确各部门之间的配合关系，厂部、车间、工段和班组都要绘制安全管理目标展开图，以及班组安全目标图。

2. 安全管理目标的实施

目标实施阶段其主要工作内容包括以下三部分。

（1）明确目标。根据目标展开情况相应地对下级人员授权，使每个人都明确在实现总目标的过程中自己应负的责任，行使这些权力，发挥主动性和积极性去实现自己的工作目标。

（2）加强领导和管理。实施过程中，采用控制、协调、提取信息并及时反馈的方法进行管理，加强检查与指导。

（3）严格实施。严格按照实施计划表上的要求来进行工作，使每一个工作岗位都能有条不紊、忙而不乱地开展工作，从而保证完成预期的整体目标。

3. 成果的评价

在达到预定期望或目标完成后，上下级一起对完成情况进行考核，总结经验和教训，确定奖惩实施细则，并为设立新的循环做准备。成果的评价必须与奖惩挂钩，使达到目标者获得物质的或精神的奖励。要把评价结果及时反馈给执行者，让他们总结经验教训。评价阶段是上级进行指导、帮助和激发下级工作热情的最好时机，也是发扬民主管理、群众参加管理的一种重要形式。

四、企业安全文化建设

1. 企业安全文化建设的内涵

安全文化作为一个概念是1986年国际原子能机构在总结切尔诺贝利事故中人为因素的基础上提出的，定义为“存在于单位和个人的种种特性和态度的总和”。“安全文化”概念的提出及被认同标志着安全科学已发展到一个新的阶段，同时又说明安全问题正受到越来越多的人的关注和认识。“企业安全文化建设”的落脚点应是“人的安全意识以及与之相应的安全生产制度和安全组织机构的建设”。

2. 企业安全文化建设的必要性和重要性

开展企业安全文化建设的最终目的是实现企业安全生产，降低事故率。开展企业安全文化建设，一方面，将企业安全生产问题提高到一个新的认识高度，使之成为企业搞好自身安全生产的内在动力；另一方面，搞好企业安全文化建设也是贯彻“安全第一，预防为主”方针的重要途径。

同时，企业安全文化建设的另一个重要任务就是要提高企业全员的安全意识，形成正确的企业安全价值观。安全意识的高低将直接影响安全的效果。如20世纪80年代我国哈尔滨市一著名宾馆发生特大火灾时，多数日本人能死里逃生，而与其同住的其他国家的人包括很多中国人却多数遇难。这正是日本人从小接受防火教育，安全意识强，逃生能力强的结果。据此，企业安全文化的建设尤显重要。

3. 企业安全文化建设过程中应注意的问题

企业安全文化建设的内容是非常丰富的，由于不同的企业各具特点，企业安全文化建设应该因地制宜、因人制宜、因时制宜；正确认识开展企业安全文化建设对解决企业事故高发问题的作用，企业安全文化建设有助于安全事故的降低，但没有遏止的功能；同时应真正树立“安全第一”意识，必须确立“人是最宝贵的财富”“人的安全第一”的思想；树立“全员参与”意识，尤其是使一线工人真正关注并积极参与其中；进一步强化安全教育等。

五、安全管理知识

1. 安全生产十大理念

安全核心理念：以人为本，关爱生命，珍视健康。

安全管理理念：制度至上，执行第一，精细精准，重抓落实。

安全行为理念：循规蹈矩，遵章守纪，按制度办事。

生命价值理念：惜命胜金，珍视健康，生命高于一切。

安全道德理念：以确保安全为荣，以发生事故为耻；以严格标准为荣，以简化作业为耻；以遵章守纪为荣，以违章违纪为耻。

安全目标理念：零事故不是我们追求的目标，零风险才是我们永远的目标。

安全责任理念：责任重于安全，责任决定安全。

安全培训理念：内化思想，外化行为，塑造本质安全型人。

安全生产理念：安全第一，生产第二，不安全不生产，先安全后生产。

安全意识理念：安全只有起点，没有终点；安全生产只有更好，没有最好。

2. 消除安全管理中人的不安全因素

在安全管理工作中，人既是实施管理的主体，又是执行各项安全制度和操作规程的主体，是构成安全管理工作中首要和决定性的因素，也是决定安全管理工作是否科学有效的主要因素。美国杜邦公司200多年的安全管理经验明确认定：引发事故的根源，96%来自于人的不安全行为。同时认真分析近年来发生的一些事故，大多都是由于员工的安全意识不强、违章操作，从而导致了悲剧的发生。管理经验和事故明确告诉我们：要抓好安全管理，就首先要抓好每一个人的安全。

六、生产安全事故等级划分及责任追究制度

为了加强公司生产安全管理，明确各级领导安全生产职责，落实生产安全事故责任追究制度，防止和减少生产安全事故的发生，根据《中华人民共和国安全生产法》、国务院《生产安全事故报告和调查处理条例》等有关规定，特制定本办法。

1. 组织领导

为了使生产安全事故责任划分公平、公正，责任追究严肃认真，吸取事故教训深刻，特成立生产安全事故责任划分及追究处理领导小组。

2. 生产安全事故责任分类

（1）直接责任者：指其行为与事故的发生有直接关系的人员。

（2）主要责任者：指对事故的发生起主要作用的人员。有下列情况之一时，应由肇事者或有关人员负直接责任或主要责任：①违章指挥或违章作业、冒险作业造成事故的；②违反安全生产责任制和操作规程，造成伤亡事故的；③违反劳动纪律、擅自开动机械设备或擅自更改、拆除、毁坏、挪用安全装置和设备，造成事故的。

（3）领导责任者：指对事故的发生负有领导责任的人员。有下列情况之一时，有关领导应负领导责任：①由于安全生产责任制、安全生产规章制度和操作规程不健全，职工无章可循，造成伤亡事故的；②未按规定对职工进行安全教育和技术培训，或职工未经考试合格上岗操作造成伤亡事故的；③机械设备超过检修期限或超负荷运行，或因设备有缺陷又不采取安全防护措施，造成伤亡事故的；④作业环境不安全，又未制定详细的作业规程和安全技术措施，造成伤亡事故的；⑤新建、改建、扩建工程项目的安全设施不与主体工程同时设计、同时施工、同时投入生产和使用，造成伤亡事故的。根据事故责任的大小，对事故责任者进行不同程度的处罚，处罚的形式有行政处罚、经济处罚和刑事处罚。

3. 生产安全责任追究

（1）通报批评：分管范围的工作存在严重隐患和问题。出现干部违章指挥或没有按规定履行自己的职责，员工违章作业、违反劳动纪律的现象，但没有造成损失和不良后果的。

（2）罚款：分管范围的工作存在隐患和问题。发现干部违章指挥或没有按规定履行自己的职责，员工违章作业、违反劳动纪律的现象，经通报批评仍没有按时整改的，或因隐患和问题整改不及时，造成直接经济损失 10 万元以上 50 万元以下的。由公司相关部门组织有关人员进行分析，对主要责任人

提出罚款意见，报分管副总经理和总经理批准。

（3）严重警告：分管范围的工作存在严重隐患和问题没有及时整改，造成重大侥幸事故或造成直接经济损失50万元以上100万元以下的。由分管副总经理和相关部门组织有关人员进行分析，对主要责任人提出处理意见，报总经理批准。

（4）撤职：分管范围发生死亡事故或造成直接经济损失100万元以上的。由分管副总经理和相关部门组织有关人员进行分析，对主要责任人提出处理意见，报总经理批准。

（5）追究刑事责任：分管范围发生较大伤亡事故的。由司法机关追究刑事责任。

4. 生产安全事故责任划分

（1）公司副总经理、部门经理、矿长对分管的工作全面负责。

（2）公司副总经理对分管的工作出现安全问题，负主要领导责任。

（3）部门经理对分管的工作出现安全问题，负主要监管责任。

（4）矿长对分管的工作出现安全问题，负直接领导责任。

5. 安全生产责任制

（1）总经理是本企业安全生产的第一责任人，对本企业安全生产负宏观管理责任。宣传国家的安全生产方针、政策，贯彻执行国家的安全生产方针、政策、法律、法规和各项规章制度。

（2）要求分管领导和有关部门，制定本企业安全生产各项规章制度和各工种操作规程，建立健全本企业的安全生产责任制。

（3）主持召开公司安全生产办公会议，研究解决存在的生产安全问题及事故隐患，要求分管领导和有关部门，制定切实可行的解决办法及措施，并限期完成。安全生产办公会议应形成例会制，每旬至少召开一次；同时，应根据需要，不定期地召开安全生产专题会议。

（4）要求分管领导和有关部门，经常性地组织安全生产监察。对监察中发现的安全问题及事故隐患，指定专人负责，进行分类处理；能立即解决的，立即处理解决；难以立即解决的，组织进行研究，限期整改，并在人、财、物方面予以保证。

（5）根据公司实际，要求分管领导和有关部门，负责制订本企业年度安全技术措施计划，并组织实施。同时保证企业有足够的安全资金投入。

（6）要求定期组织职工学习安全规程、作业规程、操作规程及有关的安全知识；对新工人进行入井前安全教育和培训。组织副矿长、安全管理人员和特种作业人员参加上级有关部门组织的培训。

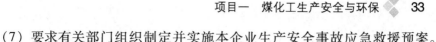

（7）要求有关部门组织制定并实施本企业生产安全事故应急救援预案。根据本企业实际，组织有关管理人员和专业技术人员，认真研究本企业可能出现的事故类型，制定出符合实际、操作性强的救援预案。同时，组织各职能部门认真学习，并进行“反事故演练”。

（8）发生事故时，应立即赶赴现场，迅速采取有效措施，组织抢救。同时，迅速向上级有关部门报告。

（9）外出期间必须明确专人代行安全管理职权。

项目测评

思考题

1. 煤化工生产中存在哪些不安全因素？
2. 如何实施安全目标管理？
3. 如何理解安全生产责任制的内涵？
4. 危险化学品按其危险性质划分为哪几类？
5. 确定重大危险源的依据有哪些？
6. 如何理解企业安全管理的重要性？

案例分析

根据下列案例，试分析其事故产生的原因或指定应对措施。

【案例】1983 年 10 月 8 日一日本室素石化公司五井工厂的第二套聚丙烯装置发生爆炸，造成 4 人死亡、9 人受伤，损毁了 23 台泵、9 台鼓风机、7 台压缩机、2 台聚合釜、10 台挤压机、232 台电机、5 台干燥机、3 台冷却器及若干管线、仪表等，烧掉丙烯等气体 40 多吨，氢气 1 500 m^3，另外对附近 9 家居民的门窗墙壁等有所损坏。

该案例按我国的《生产安全事故等级划分及责任追究制度》进行事故等级划分可以划分为：较大事故。较大事故是指：造成 3 人以上 10 人以下死亡，或者 10 人以上 50 人以下重伤，或者 1 000 万元以上 5 000 万元以下直接经济损失的事故。

这次事故是因紧急停电时的操作错误引起丙烯爆炸。五井工厂第二套聚丙烯装置共有 4 台聚合釜。1983 年 10 月 8 日晚，4 号聚合釜的辅助冷却器发生故障，便用溶剂进行清洗，在清洗开始后，因变压器油浸开关的绝缘老化致使该装置照明停电，这时停止向冷却器送洗涤溶剂，并拟打开4号聚合釜下部的切断阀将溶剂放出，但因黑暗，操作工错误地开启了正在聚合操作的6号聚合釜下部切断阀的控制阀，使6号聚合釜中的丙烯流出，由于丙烯和己烷（聚合溶剂）的密度大，被风吹至下风的造粒车间，因造粒车间是一般性非防爆车间，电器开关的继电器火花引起了丙烯爆炸。

这次事故除紧急停电时阀门操作失误这一直接原因外，与日常设备维修不善和安全管理薄弱等有着密切关系。

教训：事故造成严重的经济损失，而相关部门的管理漏洞也暴露明显，因此完善管理制度，严格操作章程，避免习惯性违章，成为工作的重中之重。

项目二

煤浆制备工段操作实训

学习目标

<table>
<tr><td colspan="2">总体技能目标</td><td>能够根据生产要求正确分析工艺条件；能进行本工段所属动静设备的开停、置换、正常运转、常见生产事故处理、日常维护保养和有关设备的试车及配合检修，具备岗位操作的基本技能；能初步优化生产工艺过程</td></tr>
<tr><td rowspan="3">具体目标</td><td>能力目标</td><td>(1) 能根据生产任务查阅相关书籍与文献资料；
(2) 能进行本工段所属动静设备的开车、置换、正常运转、停车操作；
(3) 能对生产中的异常现象进行分析诊断，具有对事故进行判断与处理的技能；
(4) 能正确操作与维护相关设备、仪表</td></tr>
<tr><td>知识目标</td><td>(1) 掌握煤浆制备工艺过程；
(2) 掌握煤浆制备工段主要设备的工作原理与结构组成；
(3) 熟悉工艺参数对生产操作过程的影响，能进行工艺条件的选择；
(4) 掌握影响煤浆制备过程主要因素；
(5) 了解岗位相关设备、仪表的操作与维护知识</td></tr>
<tr><td>素质目标</td><td>(1) 具有团队精神和与人合作能力；
(2) 具有自我学习和自我提高能力；
(3) 具有发现问题、分析问题和解决问题的能力；
(4) 具有创新能力</td></tr>
</table>

项目导入

料浆制备是以一种或多种的含碳固态物质为原料（煤），经一次湿磨制成气化料浆，浆体呈非牛顿型流体中的假塑性流体特征，料浆性能稳定，易于泵送。其为气化工段输送合格的水煤浆。

任务一　开车前准备工作

一、料浆制备工段的基础知识

1. 料浆制备的岗位任务

料浆制备是以一种或多种的含碳固态物质为原料（煤），经一次湿磨制成气化料浆，浆体呈非牛顿型流体中的假塑性流体特征，料浆性能稳定，易于泵送。

2. 料浆制备工段的工艺原理及工艺过程

气化原料煤先送入原煤仓，再经过破碎、振动筛分、除铁后，得到合格的煤粉送入原料煤储斗内（V1102），后经煤称重进料机（M1101）计量送入磨机（H1201）。

1）助熔剂添加系统

料浆制备过程中加入助熔剂以改善多元料浆灰渣熔融性能。助熔剂通过风力输送到助熔剂料仓（V1101），之后再经助熔剂圆盘喂料机（M1103）、助熔剂 1#螺旋给料机（A1104）、助熔剂 2#螺旋给料机（A1105）与原料煤一起送入磨机（H1201）。

2）料浆添加剂系统

多元料浆制备系统为改善料浆中固体的分散性能和料浆流动性能，降低料浆黏度，提高料浆浓度，增设了料浆添加剂系统。料浆添加剂来自添加剂制备槽（V1206），送入添加剂槽（V1204），料浆添加剂溶液经添加剂计量给料泵（P1202）计量后送入磨机中。

3）料浆 pH 值调节系统

设置料浆 pH 值调节系统。以氢氧化钠水溶液作为 pH 值调节剂。用 pH 值调节剂计量给料泵（P1204）将 pH 值调节剂从 pH 值调节剂槽（V1205）送往磨机，保持料浆 pH 值在 7 ~ 9。

4）料浆制备工艺过程

原料在磨机（H1201）中与水、添加剂、pH 值调节剂共磨制浆，达到要求的粒度分布，制得料浆浓度为 66% ~ 68%。磨机溢流出的料浆经圆筒筛除去料浆中的大颗粒后，依靠重力流入磨机出口槽（V1207），磨机出口槽搅拌器（M1202）使料浆均化并保持悬浮状态。料浆再通过低压料浆泵（P1205）送入气化系统的料浆储槽（V1301）供气化用。

制浆用水由制浆水泵（P1201）将水由制浆水槽（V1203）经计量后送入磨机。制浆用水由变换工段的冷凝液、其他工段废水供给，不足部分根据需要，用原水进行补充。

制浆区域的各种排放、冲洗及泄漏都汇集到废浆池。

3. 煤料制备工段控制流程

煤浆制备工段控制流程如图 2 - 1 所示。

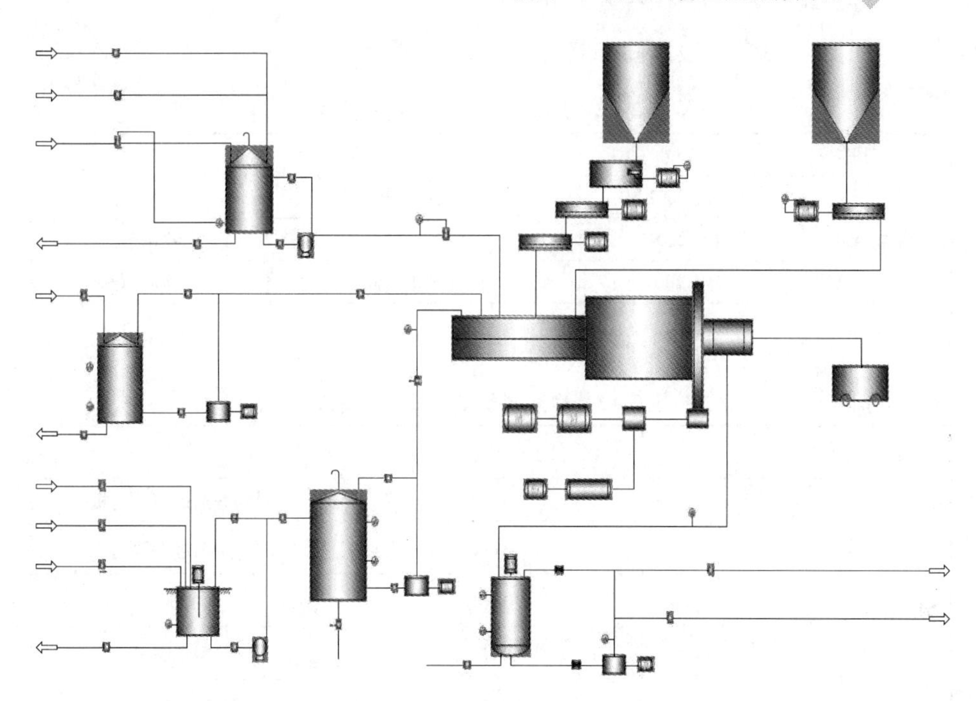

图 2－1　煤浆制备工段控制流程

4. 煤浆制备工段点位表

（1）煤浆制备工段工艺指标一览表如表 2－1 所示。

表 2－1　煤浆制备工段工艺指标一览表

工段	位号	稳态值	单位	报警低限	报警高限
煤浆制备	AI12001	55.950	%	/	/
	AI12002	55.950	%	55	70
	FI11001	38.140	t/h	/	
	FI11002	0.020	t/h	/	/
	FI12005	0.800	m^3/h	/	/
	FIC12004	31.230	m^3/h	/	/
	LI12004	48.830	%	25	70
	LI12005	49.960	%	45	70
	LI12006	0.000	%	/	/
	LI12007	49.960	%	/	/
	LIC12002	50.000	%	/	/
	TI12001	28.800	℃	/	/
	TI12002	30.000	℃	/	/
	TI12003	49.880	℃	/	/

（2）煤浆制备工段阀门一览表如表2－2所示。

表2－2　煤浆制备工段阀门一览表

工段	点位	描述	属性
煤浆制备	LV12002	制浆水槽液位控制阀	可控调节阀
	FV12004	浆液进料阀	可控调节阀
	MV12001	添加剂进料阀	手动调节阀

（3）煤浆制备工段设备一览表如表2－3所示。

表2－3　煤浆制备工段设备一览表

工段	位号	描述
煤浆制备	A1104	1#助熔剂进料输送机
	A1105	2#助熔剂进料输送机
	H1201	磨机
	M1101	原料进料机
	M1103	助熔剂进料机
	M1201	添加剂制备槽搅拌器
	M1202	磨机出口槽搅拌器
	V1101	原料仓
	V1102	料仓
	V1203	制浆水槽
	V1204	添加剂槽
	V1205	pH值调节剂槽
	V1206	添加剂制备槽
	V1207	磨机出口槽
	P1201	制浆水泵
	P1202	添加剂计量给料泵
	P1203	添加剂制备泵
	P1204	pH值调节剂计量给料泵
	P1205	低压料浆泵

任务二　煤浆制备工段开车操作技能训练

一、煤浆制备工段开车操作员分工

煤浆制备的开车操作相对简单，容易控制，需要2名操作员。根据操作员的操作内容不同，分为煤浆制备操作员和现场操作员。煤浆制备操作员负责对中控室煤浆制备工段DCS界面的自动阀和自动开关进行操作；现场操作员负责对煤浆制备工段工艺现场部分的手动阀及现场开关进行操作。

二、煤浆制备工段开车操作注意事项

（1）煤浆制备工段开车前，需确认设备检修是否完成，现场有无检修人员，有无杂物，安全通道是否畅通。

（2）开车所需的工艺水、煤、助溶剂、添加剂、pH值调节剂是否齐全，各电源指示灯是否正常，各仪表指示是否正常、准确。

（3）开车时，为防止煤堵塞磨机入料管，先进行水、添加剂和pH值调节剂的进料，后加煤、加助溶剂石灰石。

三、煤浆制备工段开车操作

1. 画面图

煤浆制备工段画面如图2－2和图2－3所示。

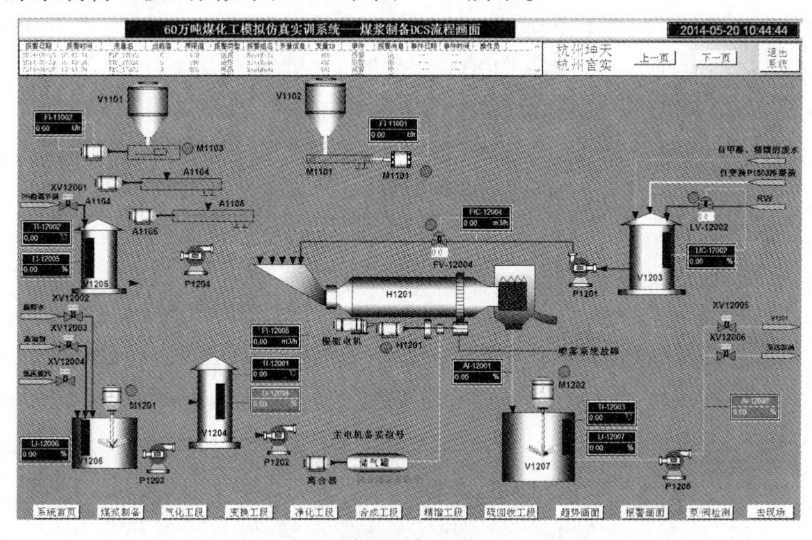

图2－2　煤浆制备DCS流程画面

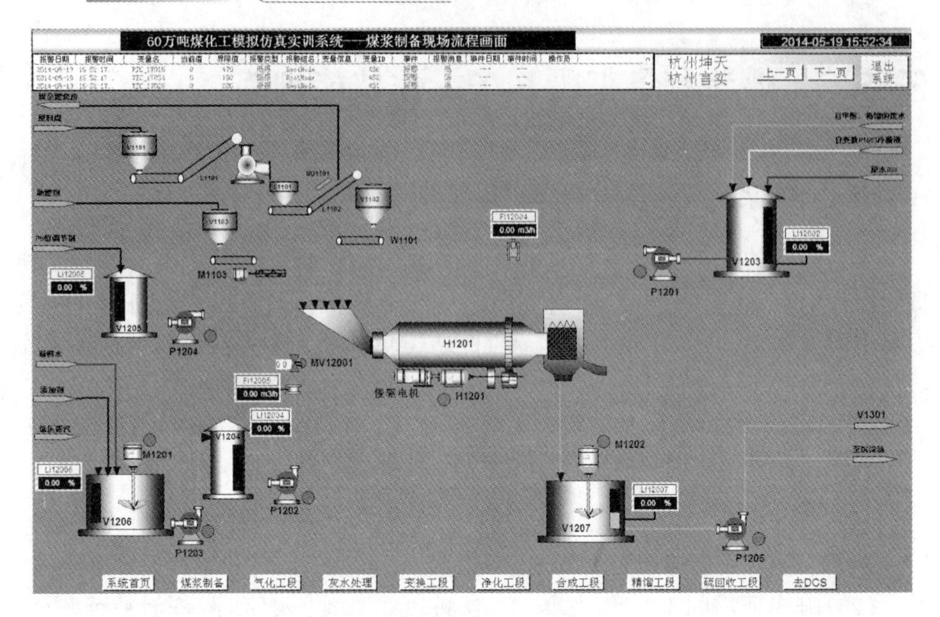

图 2－3　煤浆制备现场流程画面

2. 操作步骤

具体操作步骤如下：

（1）制备操作员打开煤浆制备 DCS 流程画面，开阀 LV12002，开度设为 50%，向制浆水槽内灌液。

（2）制备操作员打开煤浆制备 DCS 流程画面，等待制浆水槽 V1203 液位 LIC12002 达到 50% 后，关闭 LV12002，停止灌液。

（3）制备操作员打开煤浆制备 DCS 流程画面，开启新鲜水补充开关 XV12002 和添加剂补充开关 XV12003，向添加剂制备槽灌液。

（4）制备操作员打开煤浆制备 DCS 流程画面，等待添加剂制备槽 V1206 液位 LI12006 达到 60%。

（5）现场操作员在煤浆制备现场，待液位建立后，打开添加剂制备电动机 M1201，进行搅拌。

（6）制备操作员打开煤浆制备 DCS 流程画面，关闭新鲜水补充开关 XV12002 和添加剂补充开关 XV12003。

（7）制备操作员打开煤浆制备 DCS 流程画面，打开 pH 值调节剂补充开关 XV12001，向 pH 值调节剂槽输入 pH 值调节剂。

（8）制备操作员打开煤浆制备 DCS 流程画面，等待 pH 值调节剂槽 V1205 液位 LI12005 达到 50%，关闭 pH 值调节剂补充开关 XV12001。

（9）制备操作员打开煤浆制备 DCS 流程画面，打开阀 FV12004，开度设为 50%，同时 LV12002 开度也设为 50%，向磨煤机内供水。

（10）现场操作员在煤浆制备现场，启动制浆水泵 P1201，将浆液运至磨机。

（11）现场操作员在煤浆制备现场，待磨煤机灌水溢流（即磨煤机出料槽 V1207 液位 LI12007 大于 0）后，开启主电机 H1201。

（12）制备操作员打开煤浆制备 DCS 流程画面，关小阀 FV12004，开度设为 25%，同时关小 LV12002，开度设为 25%，在之后操作中通过 LV12002 来控制制浆水槽 V1203 液位 LIC12002 维持在 50%。

（13）现场操作员在煤浆制备现场，启动添加剂制备泵 P1203，给建立添加剂槽 V1204 建立液位。

（14）现场操作员在煤浆制备现场，等待添加剂槽 V1204 液位 LI12004 到 30%时，开阀 MV12001，开度设为 25%，启动添加剂计量给料泵 P1202，向磨煤机提供添加剂。

（15）现场操作员在煤浆制备现场，等待添加剂槽 V1204 液位 LI12004 到 50%时，关闭添加剂制备泵 P1203 以及添加剂制备电动机 M1201。

注意：在之后操作中，时刻观察 V1204 的液位 LI12004，如果液位小于 25%，按第（3）、（4）、（5）、（6）和（13）步中的方法利用添加剂制备槽 V1206 来对添加剂槽 V1204 补充添加剂，待液位升至 50%后停止。

（16）现场操作员在煤浆制备现场，启动 pH 值调节剂泵 P1204，向磨煤机提供 pH 值调节剂。

注意：在之后操作中，时刻观察 V1205 的液位 LI12005，如果液位小于 25%，按第（7）、（8）步中对调节剂槽 V1205 补充调节剂，待液位升至 50%后停止。

（17）制备操作员打开煤浆制备 DCS 流程画面，启动煤称量给料机 M1101，向磨煤机内提供原料煤。

（18）制备操作员打开煤浆制备 DCS 流程画面，启动圆盘喂料机 M1103，向磨煤机内提供助溶剂。

（19）现场操作员在煤浆制备现场，注意观察磨煤机出料槽 V1207 的液位 LI12007，待其液位升至 30%后，打开出料槽搅拌器 M1202。

（20）制备操作员打开煤浆制备 DCS 流程画面，打开低压煤浆泵出口至沉渣池球阀 XV12006。

（21）现场操作员在煤浆制备现场，开启低压煤浆泵 P1205，运输煤浆。

（22）制备操作员打开煤浆制备 DCS 流程画面，当低压煤浆泵出口煤浆浓度 AI12002 达到 55%后，关闭至沉渣池球阀 XV12006，打开进煤浆槽 V1301 前球阀 XV12005，将煤浆排入煤浆槽内。

任务三　煤浆制备工段停车操作技能训练

一、煤浆制备工段开停操作员分工

煤浆制备的停车操作相对简单，容易控制，需要2名操作员。根据操作员的操作内容不同，分为煤浆制备操作员和现场操作员。煤浆制备操作员负责对中控室煤浆制备工段DCS界面的自动阀和自动开关进行操作；现场操作员负责对煤浆制备工段工艺现场部分的手动阀及现场开关进行操作。

二、煤浆制备工段开车操作

煤浆制备长期停车时，应将煤给料机上原料排净，并清洗磨煤机。具体操作步骤如下：

（1）制备操作员打开煤浆制备DCS流程画面，关闭煤称量给料机M1101，停止向磨煤机内供原料煤。

（2）制备操作员打开煤浆制备DCS流程画面，关闭圆盘喂料机M1103，停止向磨煤机内供助溶剂。

（3）制备操作员打开煤浆制备DCS流程画面，确认新鲜水补充开关XV12002、添加剂补充开关XV12003和低压蒸汽补充开关XV12004的状态为关闭。

（4）现场操作员在煤浆制备现场，确认添加剂制备槽电动机M1201的状态为关闭，关闭添加剂给料泵P1202，停止向磨煤机内供添加剂。

（5）现场操作员在煤浆制备现场，关闭加料泵P1202出口阀MV12001，停止向磨机供料。

（6）制备操作员打开煤浆制备DCS流程画面，确认pH值调节剂补充开关XV12001的状态为关闭。

（7）现场操作员在煤浆制备现场，关闭pH值调节剂泵P1204，停止向磨煤机H1201内供pH值调节剂。

（8）制备操作员打开煤浆制备DCS流程画面，当磨煤机出料槽V1207内液位LI12007降至30%时，打开低压煤浆泵出口至沉渣池球阀XV12006，关闭煤浆泵出口管线进煤浆槽V1301前球阀XV12005，将煤浆排至沉渣池。

（9）制备操作员打开煤浆制备DCS流程画面，将FIC12004调至手动，开大阀FV12004，开度设为55%，对磨煤机进行冲洗置换。

（10）制备操作员打开煤浆制备DCS流程画面，当磨煤机出口液体中煤

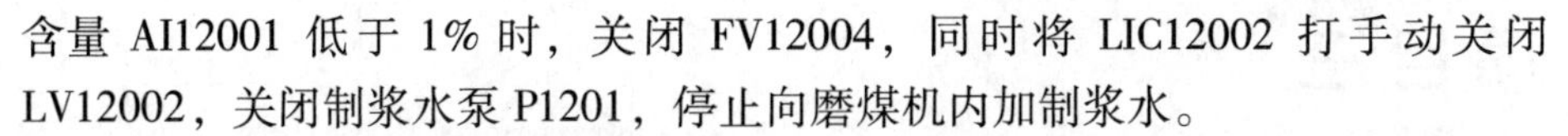

含量 AI12001 低于 1% 时，关闭 FV12004，同时将 LIC12002 打手动关闭 LV12002，关闭制浆水泵 P1201，停止向磨煤机内加制浆水。

（11）现场操作员在煤浆制备现场，当磨煤机出料口处无水溢出且磨煤机出料槽 V1207 液位 LI12007 降至 30% 时，停主电动机 H1201。

（12）现场操作员在煤浆制备现场，当磨煤机出料槽 V1207 的液位 LI12007 降至 20% 以下时，停出料槽搅拌器 M1202。

（13）现场操作员在煤浆制备现场，当磨煤机出料槽 V1207 的液位 LI12007 降至 10% 以下时，关闭低压煤浆泵 P1205，停止浆料运输。

（14）制备操作员打开煤浆制备 DCS 流程画面，关闭低压煤浆泵出口至沉渣池球阀 XV12006。

项目测评

一、填空题

1. 料浆制备是____。

2. 料浆制备过程中加入助熔剂以____________________性能。

3. 料浆 pH 值调节以__________作为 pH 值调节剂。

4. 为了改善多元料浆灰渣熔融性能，料浆制备过程中加入__________。

二、简答题

1. 简述料浆制备过程中，磨机的工作原理。

2. 为什么在料浆制备过程中要加入助熔剂？

3. 煤浆制备长期停车时，应将煤给料机上原料排净，并清洗磨煤机，这是为什么？

项目三

煤气化工段操作实训

学习目标

总体技能目标		能够根据德士古水煤浆气化原理及过程，确定合理工艺条件；能进行本工段所属动静设备的开停、正常运转、常见事故处理、日常维护保养和有关设备的试车及配合检修，具备岗位操作的基本技能；能初步优化生产工艺过程
具体目标	能力目标	（1）能根据生产任务查阅相关书籍与文献资料； （2）能进行工艺参数的选择、分析，具备操作过程中工艺参数调节能力； （3）能进行本工段所属动静设备的开车、置换、正常运转、停车操作； （4）能对生产中的异常现象进行分析诊断，具有事故判断与处理的技能； （5）能进行设备的日常维护保养和有关设备的试车及配合检修； （6）能正确操作与维护相关设备、仪表
	知识目标	（1）掌握煤气化原理及德士古水煤浆气化工艺过程； （2）掌握煤气化工段主要设备的工作原理与结构组成； （3）熟悉工艺参数对生产操作过程的影响，会进行工艺条件的选择； （4）掌握影响煤气化过程主要因素； （5）了解岗位相关设备、仪表的操作与维护知识
	素质目标	（1）培养学生自我学习能力和信息获取能力； （2）培养学生化工生产规范操作意识及观察力、判断力和紧急应变能力； （3）培养学生综合分析问题和解决问题的能力； （4）培养学生职业素养、安全生产意识、环境保护意识及经济意识； （5）培养学生沟通表达能力和团队精神

项目导入

甲醇是极其重要的有机化工原料和清洁液体燃料，是碳一化工的基础产品。目前，随着石油资源紧缺，油价上涨，煤制合成气生产甲醇成为工业化生产甲醇的主要方法。

德士古水煤浆气化技术是近年来国际上新开发的最成功的煤气化方法之一，它是将原料煤制成可以流动的水煤浆，用泵加压后喷入气化炉内，在高温下与氧气进行气化反应，生成 H_2+CO 含量大于75%的水煤气，其优点是原料煤种适应性强，碳转化率高，能耗低，生产强度大，污染少，排渣方便。

任务一 开车前准备工作

一、气化工段基础知识

1. 气化生产原理

多元料浆水煤浆加压气化是一种气流床加压气化技术，氧气和煤浆通过特制的工艺烧嘴混合后喷入气化炉（F1301）内。在炉内水煤浆和氧气发生不完全氧化还原反应产生水煤气，为达到较高的转化率，采用部分氧化释放热能，维持气化炉在煤灰熔点温度以上反应，以满足液态排渣的需要，这个反应温度根据煤种不同一般在 1 300 ℃ ~ 1 450 ℃。气化炉的操作压力在 6.5 MPa 左右。反应进行得非常迅速，煤粒在炉内停留时间一般仅数秒，反应生成的水煤气中甲烷含量较少，一般在 0.1% 以下，碳的转化率较高。由于反应温度较高，不会生成焦油、酚及高级烃等易凝聚的副产物，因此对环境的污染较小。

水煤浆在气化炉内的反应大致分成三个区域：

1）裂解和挥发区

主要发生水煤浆中水的蒸发和煤的热裂解反应，释放出挥发分，小煤粒变成煤焦。

2）燃烧和气化区

主要发生煤焦的燃烧反应。

3）气化区

主要发生煤焦和水蒸气、二氧化碳之间的氧化还原反应。

简单的综合反应式如下：

$$C_nH_m + \frac{n}{2}O_2 \longrightarrow nCO + \frac{m}{2}H_2$$

$$C_nH_m + nH_2O \longrightarrow nCO + \left(n + \frac{m}{2}\right)H_2$$

$$C + CO_2 \longrightarrow 2CO$$

$$C + H_2O \longrightarrow CO + H_2$$

$$C + 2H_2O \longrightarrow 2H_2 + CO_2$$

上述反应产物主要为 $CO + H_2$、CO_2 和少量的 H_2O（g）及 H_2S、CH_4、N_2 等气体。

2. 灰水处理原理

气化炉及洗涤塔底部出来的黑水经减压阀减压闪蒸，将溶解在水中的酸性气体释放出来，并因黑水压力的突然降低，使部分液态水汽化成蒸汽，以气态形式随闪蒸出来的酸性气体一并逸出，同时带走大量热能，进而降低黑水温度，增加黑水含固量。用闪蒸出来的闪蒸汽对灰水进行间接加热，充分回收利用闪蒸汽热能，以维持整个系统的热量平衡，做到热能的再次回收利用。

经三级减压闪蒸发生相变逸出的水蒸气，经多次换热，被冷凝回收，作为系统用水再循环。经絮凝沉降处理后的灰水，再次返回系统，作为维持整个灰水系统水平衡的主要来源。闪蒸出来的高闪酸性气体去火炬燃烧；低闪气送至除氧器作为灰水除氧热源；真闪气直接排向大气。

3. 气化过程的主要评价指标

反映煤气化过程经济性的主要评价指标有气化强度、单炉生产能力、气化效率、碳转化率、煤气产率、灰渣含碳量、热效率、水蒸气消耗量、水蒸气分解率等。

1）气化强度

所谓气化强度，即单位时间、单位气化炉截面积上处理的原料煤质量或产生的煤气量。

气化强度的两种表示方法如下：

$$q_1 = \frac{\text{消耗原料量}}{\text{单位时间} \times \text{单位炉截面积}}$$

$$q_2 = \frac{\text{产生煤气量}}{\text{单位时间} \times \text{单位炉截面积}}$$

气化强度一般常用处理煤量来表示。气化强度越大，炉子的生产能力越大。气化强度与煤的性质、气化剂供给量、气化炉炉型结构及气化操作条件有关。实际的气化生产过程中，要结合气化的煤种和气化炉确定合理的气化强度。

对于烟气气化时，可以适当采用较高的气化强度，因其在干馏段挥发物较多，所以形成的半焦化学反应性较好，同时进入气化段的固体物料也较少。

在气化无烟煤时，因其结构致密，挥发分少，气化强度就不能太大。以大同烟煤和阳泉无烟煤为例，大同烟煤的挥发分为 28% ~30%，阳泉无烟煤的挥发分为 8% ~9.5%，采用 13 ~50 mm 的煤粒度进行气化时的气化强度分别为 300 ~350 kg/(m^2 · h) 和 180 ~220 kg/(m^2 · h)。

对于较高灰熔点的煤气化时，可以适当提高气化温度，相应也提高了气化强度。

2）单炉生产能力

单炉生产能力是指单位时间内，一台炉子能生产的煤气量。它主要与气化炉内径、气化强度和煤气产率有关，计算公式如下：

$$V=\frac{\pi}{4}q_1D^2V_g$$

式中 V——单炉生产能力（$m^3\cdot h^{-1}$）；

D——气化炉内径（m）；

V_g——煤气产率［m^3/kg（煤）］；

q_1——气化强度［kg/（$m^2\cdot h$）］。

3）气化效率

煤炭气化过程实质是燃料形态的转变过程，即从固态的煤通过一定的工艺方法转化为气态的煤气。这一转化过程伴随着能量的转化和转移，通常是首先燃烧部分煤提供热量（化学能转化为热能），然后在高温条件下，气化剂和炽热的煤进行气化反应，消耗了燃烧过程提供的能量，生成可燃性的一氧化碳、氢气或甲烷等（这实际上是能量的一个转移过程）。由此可见，要制得煤气，即使在理想情况下，消耗一定的能量也是不可避免的，还有就是在氧化过程中必然会有热量的散失、可燃气体的泄漏等引起的损耗，也就是说，煤所能够提供的总能量并不能完全转移到煤气中，这种转化关系可以用气化效率来表示。

气化效率就是指所制得的煤气热值和所使用的燃料热值之比。用公式表示为：

$$\eta=\frac{Q'}{Q}\times100\%$$

式中 η——气化效率（%）；

Q'——1 kg 煤所制得煤气的热值（kJ/kg）；

Q——1 kg 煤所提供的热值（kJ/kg）。

4）碳转化率

碳转化率是指在气化过程中消耗的（参与反应的）碳量占入炉原料煤中总碳量的百分数。

不同气化炉的碳转化率一般为 90% ~99%，其中干粉煤进料气流床气化碳转化率最高。

5）煤气产率

煤气产率是气化单位质量原料煤所得到煤气的体积（标准状况），单位 m^3/kg。

煤气产率的高低取决于原料煤的水分、灰分、挥发分和固定碳含量，也与碳转化率有关。挥发分含量越高，煤气产率越低；而原料煤固定碳含量高，则煤气产率高。煤气产率通常由物料衡算得到。

6）灰渣含碳量（原料损失）

灰渣含碳量包括飞灰含碳量和灰渣含碳量。飞灰含碳量：煤气夹带着未反应碳粒出炉，使原煤能量转化造成损失。气流速度越大，造成损失越大。灰渣含碳量：未反应的原料被熔融的灰分包裹而不能与气化剂接触就随灰渣一起排出炉外损失的碳。灰渣含碳量与原料煤灰分含量、灰分的性质、操作条件及气化炉结构等有关。

灰渣含碳量用灰渣中碳所占的百分数表示，一般固定床和流化床气化炉排出的灰渣含碳量要求低于 10%，最好在 5% 以下。干法进料气流床灰渣含碳量一般为 1% 以下，水煤浆进料一般在 5% ~10%。一般从加压气化炉排出的灰渣中碳含量在 5% 左右，常压气化炉在 15% 左右，对于液态排渣的气化炉，灰渣中碳含量则在 2% 以下。

7）热效率

热效率是评价整个煤炭气化过程能量利用的经济技术指标。

气化效率偏重于评价能量的转移程度，即煤中的能量有多少转移到煤气中；而热效率则侧重于反映能量的利用程度。热效率计算公式如下：

$$\eta' = \frac{\sum Q_{\text{入}} - \sum Q_{\text{热损失}}}{\sum Q_{\text{入}}}$$

$$\sum Q_{\text{入}} = Q_{\text{煤气}} + \sum Q_{\text{热损失}}$$

式中 L——热效率（%）；

$Q_{\text{煤气}}$——煤气的热值（MJ）；

$\sum Q_{\text{入}}$——进入气化炉的总热量（MJ）；

$\sum Q_{\text{热损失}}$——气化过程的各项热损失之和（MJ）。

进入气化炉的热量有燃料带入热、水蒸气和空气等的显热。气化过程的热损失主要有通过炉壁散失到大气中的热量、高温煤气热损失、灰渣热损失、煤气泄漏热损失等。

8）水蒸气消耗量和水蒸气分解率

水蒸气消耗量和水蒸气分解率是煤炭气化过程经济性的重要指标。它关系到气化炉是否能正常运行，是否能够将煤最大限度地转化为煤气。

一般地，水蒸气消耗量是指气化 1 kg 煤所消耗蒸汽的量。水蒸气消耗量的差异主要是由原料煤的理化性质不同而引起的。

水蒸气分解率是指被分解掉的蒸汽与入炉水蒸气总量之比。水蒸气分解率越高，得到的煤气质量越好，粗煤气中水蒸气含量越低；反之，煤气质量越差，粗煤气中水蒸气含量越高。

9）汽氧比

汽氧比是指气化时加入气化剂中的水蒸气和氧气之比，单位为 kg/mol，也有的使用 kg/kg。汽氧比主要用于固定床和流化床，对于固态排渣的气化过程，如灰渣软化温度低，则需要采用高汽氧比控制炉温，防止结渣；对于液态排渣，因需要高温使灰渣熔化，因此采用低汽氧比。

10）氧煤比

氧煤比是指气化时单位干燥无灰基煤所消耗的氧气量，单位为 kg/kg。对纯氧气化，它是一个重要控制指标，氧煤比与气化炉型、煤种、排渣方式有关（气流床、流化床、固定床的氧煤比依次降低）反应性高的煤气化时可调低氧煤比，液态排渣时的氧煤比高于固态排渣。降低氧煤比，可减少氧耗，降低生产成本。

二、气化工段任务

（1）将来自空分的氧气和高压煤浆泵输送来的水煤浆，通过烧嘴送至气化炉燃烧室内高温下发生部分氧化反应产生水煤气，再将水煤气进行洗涤除尘后送往变换工序。

（2）气化系统中排出的黑水进行三级闪蒸，降温回收热量后进入澄清槽进行沉降处理，澄清的灰水经除氧返回系统再利用，沉降浓缩后的渣浆送往真空过滤系统脱水处理，滤饼送往界区外。

（3）气化过程产生的灰渣经破渣机破碎后再经锁斗收集，定时排放到渣池，渣池中的灰渣经捞渣机捞出后外运。

（4）保证系统设备平稳正常运转，并对运转设备进行正确的“开、停、并、倒”，执行好正常生产中的巡回检查制度，按时准确填写岗位报表，做好系统开停车及消除管线阀门的“跑、冒、滴、漏”。

（5）负责本岗位所属设备的操作维护、润滑管理及清洁文明工作。

三、气化工段主要设备及工艺流程

1. 气化工段主要设备

1）德士古气化炉

德士古气化炉是水煤浆加压气化的核心设备。如图 3－1 所示，气化炉由燃烧室和激冷室组成，如图3－2、图3－3所示。上部带拱形顶部和锥形底部的圆形空间为燃烧室，是气化反应的场所，由于反应剧烈，产生大量热，同时又有强还原性气体和熔渣存在，通常采用多种耐火材料来保温隔热。为了及时掌握气化炉耐火衬里的情况，燃烧室外面装有测温系统，通过每一块面积上的温度测量，可以迅速指出外表面的热点温度，从而可预示炉内衬里的腐蚀程度。下部为激冷室，主要是冷却燃烧产生的熔渣和合成气，并具有初步洗涤合成气的作用。激冷室安装有激冷环、下降管、上升管等内件，激冷环喷出的水沿下降管流下形成一个下降的水膜，这层水膜可避免由燃烧室带来的高温气体中夹带的熔融渣粒附着在下降管壁上，激冷室内保持相当高的液位，夹带着大量熔渣的高温气体，通过下降管直接与水接触，气体得到冷却，并为水汽所饱和，熔渣淬冷成粒化渣，从气体中分离出来，被收集到激冷室下部，由锁斗定期排出，气体沿上升管到激冷室上部，经挡板除沫后由侧面气体出口管去洗涤塔，进一步除尘。

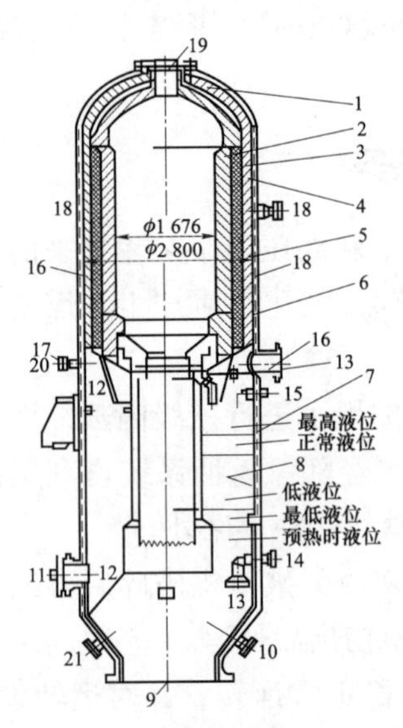

图3－1　德士古气化炉结构

1—浇注料；2—向火面砖；3—支撑砖；4—绝热砖；5—可压缩耐火材料；
6—燃烧室炉壳；7—淬冷段炉壳；8—堆积层；9—渣水出口；10—锁斗再循环；
11—人孔；12—液位指示联箱；13—仪表孔；14—排放水出口；15—冷淬水入口；
16—出气口；17—锥底温度计；18—热电偶；19—烧嘴口；20—吹氮口；21—再循环口

气化炉的顶端与工艺烧嘴相连，下端与破渣机相连，破渣机主要作用是破碎熔渣进入气化炉底部水浴后形成的大块固态渣以及老化脱落的耐火材料。

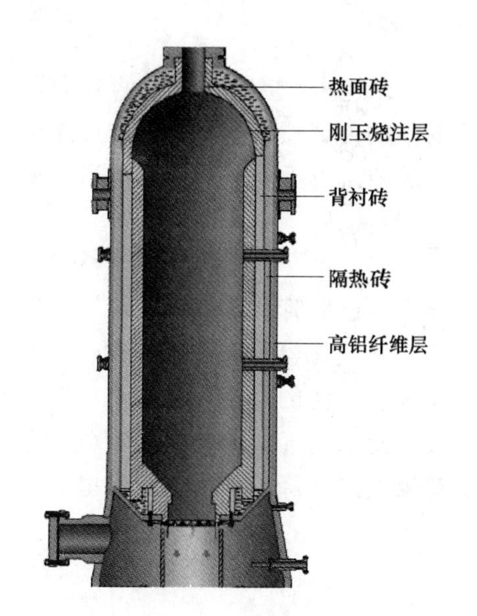

图3－2　燃烧室

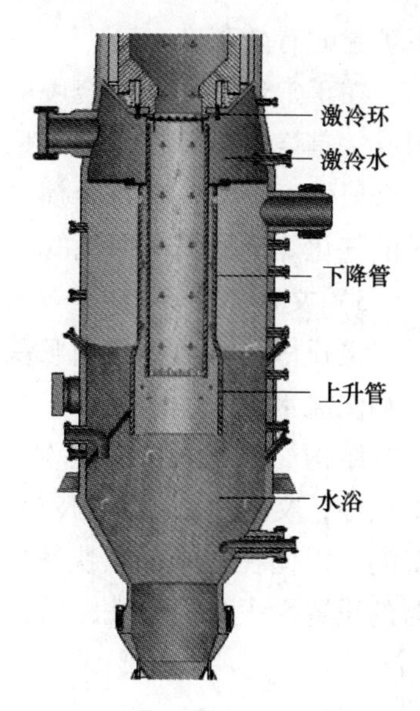

图3－3　激冷室

2）工艺烧嘴

工艺烧嘴是德士古的专利设备，其主要功能是借高速氧气流的动能，将水煤浆和氧气高度混合、雾化。

如图3－4所示，工艺烧嘴采用三流道设计，中心管和外环隙走氧气，中心管氧流量是总氧量的12%，中心氧能提高氧气和水煤浆的返混程度；而大部分氧气从外环隙通过，外环氧能减轻水煤浆对炉膛内壁的冲刷磨损。内环隙走水煤浆，为了保护工艺烧嘴，工艺烧嘴头部设有冷却盘管。

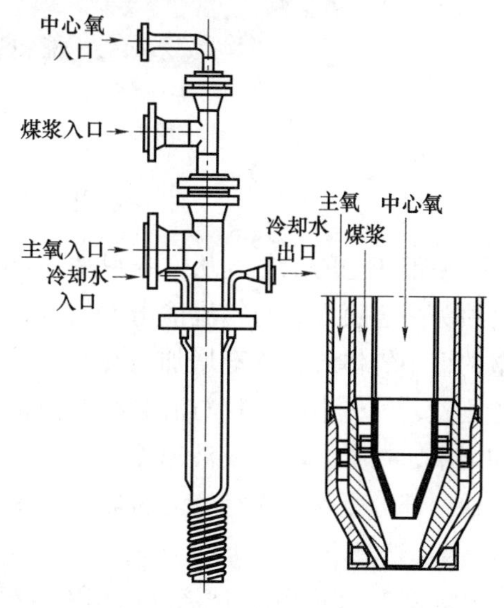

图3－4　工艺烧嘴

为了得到较好的雾化效果，气化剂在喷嘴内必须保持较高的流速，为此要产生一定压力下降，此压力降通常用喷嘴前后的物料压力的比值来表示，称作膨胀比。膨胀比增加，雾化效果好，但膨胀比过高将使氧气压缩功耗增加。水煤浆与氧气出喷口后的喷射角称雾化角，它决定了火焰的直径和长度，为了避免气流与火焰对气化炉内衬的直接冲刷，要求喷出火焰的直径必须小于气化炉膛直径，长度必须小于炉膛的有效高度。

在正常运行期间，烧嘴一般可使用1.5~2个月。烧嘴损坏有两方面原因：一是烧嘴喷口在一定温度固体煤颗粒的冲刷下，喷口产生磨损，且高温下金属硬度下降，喷口金属磨损加快；二是烧蚀，由于烧嘴雾化角不当而造成的气化炉内回流，回流的高温气体对烧嘴产生烧蚀。

3）文丘里洗涤器

文丘里洗涤器主要由喷头、收缩管、喉管、扩散管、气体进口、气液出口和洗涤水进口等组成。如图3-5所示，文丘里洗涤器是一种投资省、效率高、结构简单的湿法净化设备，在化工行业有着广泛的应用，在德士古气化工艺中，文丘里洗涤器的作用是增湿工艺气，使工艺气夹带的固体颗粒完全湿润，以便在洗涤塔内快速去除，同时也对煤气进行降温作用，文丘里洗涤器的设置大大降低了洗涤塔的负荷。

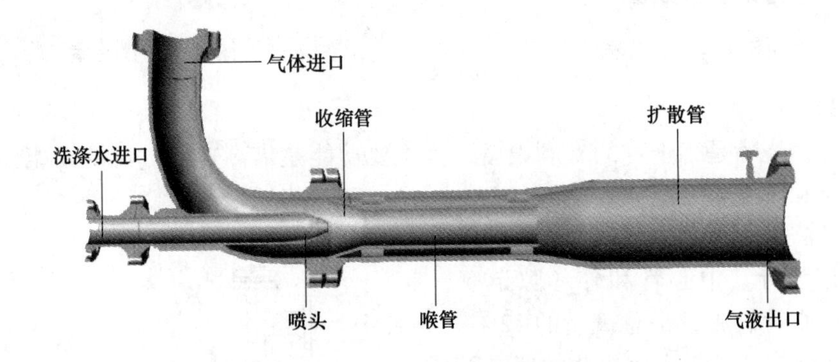

图3-5 文丘里洗涤器

夹带灰尘的工艺气从文丘里洗涤器气体进口进入，洗涤水在收缩管前通过喷头高速喷入，与气流撞击大量雾化，气体和水汽进入到收缩管后随着管壁的缩小气体流速逐渐增加，在喉管内速度达到最大，随着流速的增加湍动越剧烈，气体中的尘粒与液滴接触而被湿润，同时尘粒与液滴发生激烈碰撞和凝聚，在扩散段，气液速度减小，压力回升，以尘粒为凝结核的凝聚作用加快，部分凝聚成直径较大的含尘液滴进入液面，其他进入洗涤塔洗涤。

4）洗涤塔

如图3-6所示，洗涤塔的作用对粗煤气进一步洗涤除尘，粗煤气进入洗涤塔进行鼓泡洗涤，洗涤后，气体再经撞击式高效塔盘，最终经除雾器使气体中含尘量小于1 mg/m^3。常用的洗涤塔有空塔、填料塔、筛板塔、喷淋塔、蒸发热水塔等。

为除去夹带的液滴，塔顶可设丝网除沫器（图 3 -7、图 3 -8）或垂直型折板除沫器。丝网除沫器可有效去除 3 ~5 μm 的雾滴；垂直型折板除沫器只能除去 50 μm 的微小液滴，但防堵塞性能好。

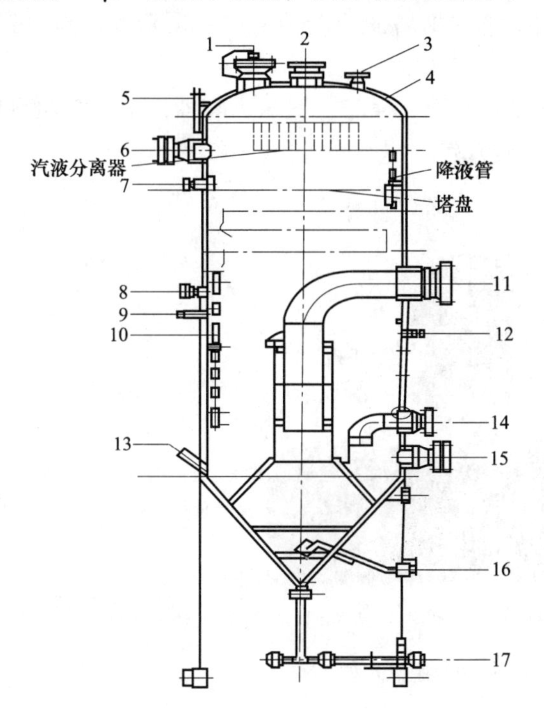

图 3 -6　洗涤塔

1，6，15—人孔；2—合成气出口；3—安全阀；4—封头；5—吊耳；7—冷凝液进口；8—灰水进口；9，13—液位变送器接口；10—挡液板；11—合成气进口；12—氮气口；14，16—黑水出口；17—排渣口

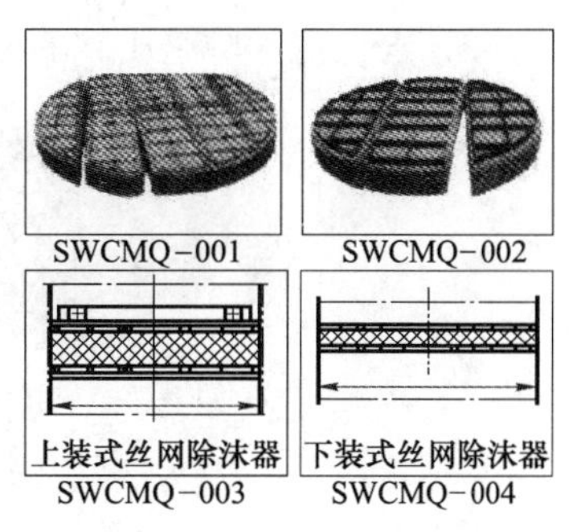

图 3 -7　丝网除沫器

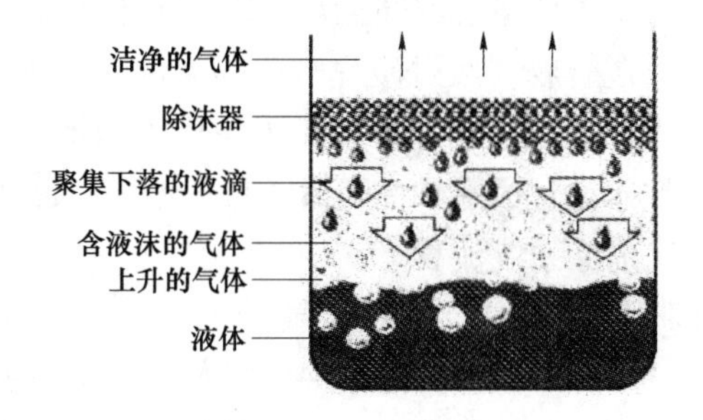

图 3 -8　丝网除沫器工作原理

5）脱氧水槽

脱氧水槽设置于灰水处理工段，利用热力除氧的方式，除去水中的溶解氧，避免氧和灰水中的酸性气体及硫化物结合生成酸性物质腐蚀管道，同时也能提高灰水的温度，并在此汇集汽提塔的冷凝液、蒸汽凝液、闪蒸汽等，有利于减少能耗。

如图 3－9 所示，脱氧水槽结构简单，属于一般压力容器，上部带填料层的是除氧塔，下部卧式容器是除氧水箱。

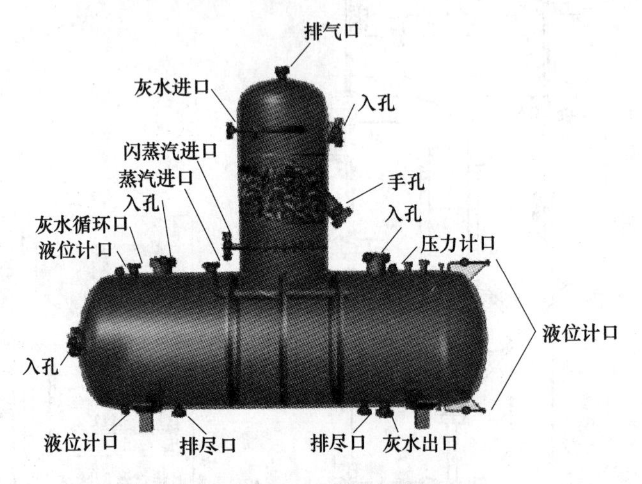

图 3－9　脱氧水槽

2. 气化工段工艺流程

德士古加压水煤浆气化技术是由美国德士古公司在重油气化的基础上开发成功的第二代煤气化技术，是一种以水煤浆为进料、氧气为气化剂的加压气流床并流式气化工艺，属于气流床湿法加料、液态排渣的加压气化技术。如图 3－10 所示，气化工艺的核心设备是德士古气化炉，以煤浆和氧气为原料送入气化炉气化生成熔渣和煤气的混合物，经过激冷水冷却排出煤气和渣水，煤气经过文丘里洗涤器和洗涤塔洗涤后送净化；渣水经锁斗排入渣池后经沉淀过滤得到炉渣和黑水，黑水经过黑水处理脱除酸性气体回收余热后送脱氧水处理系统。

1）气化及粗煤气洗涤系统流程

煤浆与氧进行部分氧化反应制得粗煤气。

由煤浆储槽（V1301）来的浓度约为 64% 煤浆经高压煤浆泵（P1301）加压至 7.8 MPa 后，连同空分送来的高压氧（8.3 MPa，30 ℃）通过工艺烧嘴喷入气化炉（F1301）。在气化炉中水煤浆与氧在 6.5 MPa、1 350 ℃～1 450 ℃ 发生部分氧化还原反应。反应瞬间完成，生成 CO、H_2、CO_2、H_2O 和少量 CH_4、H_2S 等气体。

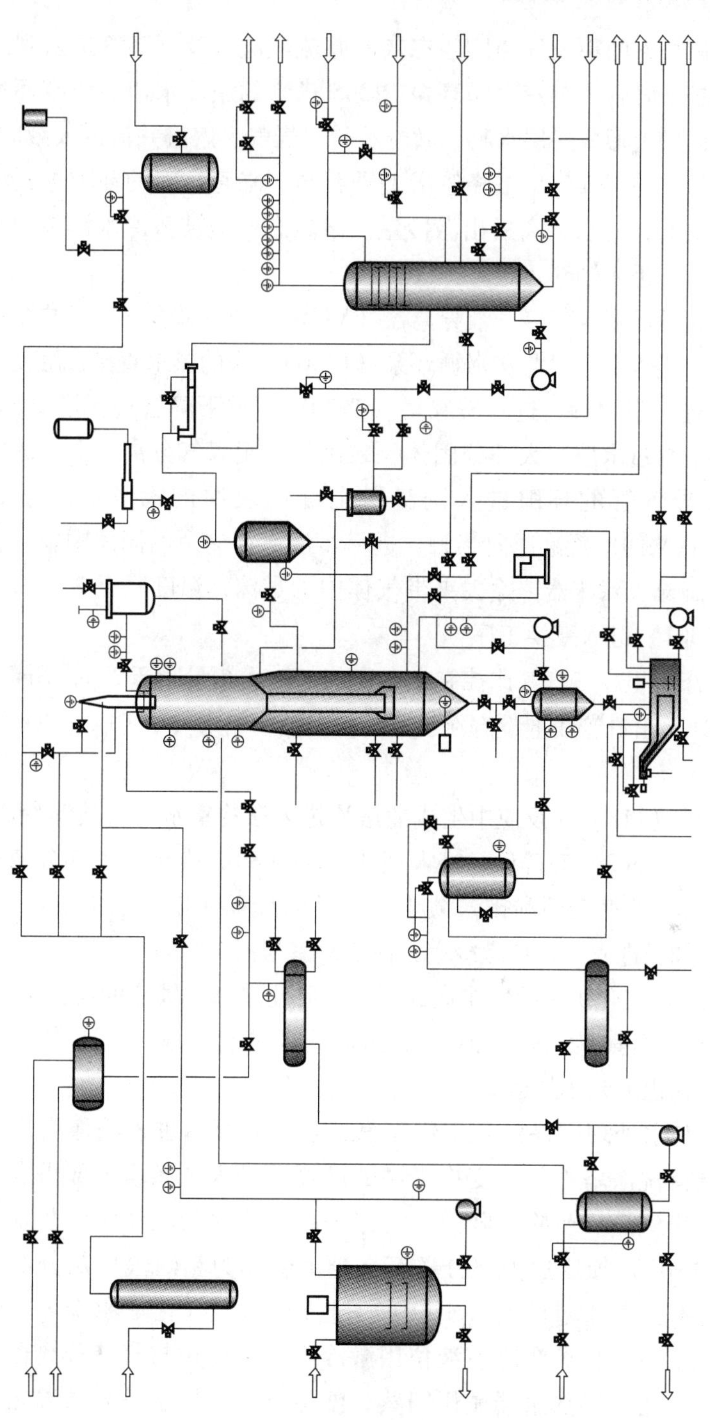

图3－10　气化工段工艺流程

离开燃烧室的粗煤气和熔融态灰渣并流经渣口及下降管进入到激冷室水浴。为保护下降管，自灰水循环泵 P1305 送来的激冷水通过激冷环均匀分布在下降管内壁上形成一层水膜。激冷水与粗煤气、熔渣并流进入激冷室液相，经初步洗涤后的粗煤气出下降管沿上升管与下降管之间的环隙进入激冷室上部的分离空间，气水分离后出激冷室。熔融态的渣被激冷水淬冷固化，经破渣机破碎后，进入锁斗，定时排放。

出气化炉的粗煤气经气液分离器（V1304）进一步分离气体中的夹带的细灰和液滴，进入文丘里与灰水循环泵（P1305）来的黑水直接接触使气体中夹带的细灰进一步增湿，进入洗涤塔（T1301），沿下降管进入塔底的水浴中。水煤气向上穿过水层，大部分固体颗粒沉降与粗煤气分离。上升的粗煤气沿下降管和导气管的环隙进入洗涤塔上部四块冲击式塔板，与冷凝液泵（P1501）送来的冷凝液逆向接触，进一步洗涤掉剩余的固体颗粒。在洗涤塔顶部经过旋流板除沫器，除去夹带气体中的雾沫，温度降至 242 ℃后离开洗涤塔（T1301）进入变换工序。

出洗涤塔粗煤气汽气比控制在 1.4 ~ 1.6，含尘量小于 1 mg/Nm^3。在洗涤塔（T1301）出口管线上设有在线分析仪，分析粗煤气中 CH_4、CO、CO_2、H_2 的含量。

气化炉（F1301）反应中生成的熔渣进入激冷室水浴后被淬冷成固态渣，经破渣机（Y1303）破碎后，排入锁斗（V1308），排出的大部分灰渣沉降在锁斗的底部。为使渣顺利排入锁斗，从锁斗上部抽出较清的水经锁斗循环泵（P1303）加压进入气化炉激冷室，使激冷室与锁斗之间形成黑水的强制流动，便于冲洗带出气化炉激冷室锥底的粗渣，防止堵塞。锁斗的运行由程序控制，其运行循环周期为 19 分钟，将粗渣排入渣池（V1310）内，由捞渣机（L1301）捞出后装车外运。

来自灰水处理工序的灰水经除氧器热力除氧后进入洗涤塔底部，用作冷却及维持洗涤塔液位，变换工序的冷凝液进入洗涤塔上部塔盘，作为洗涤水对粗煤气进一步除尘降温。洗涤塔中部排出的较清洁的灰水经灰水循环泵（P1305）加压后少部分送至文丘里管作为粗煤气中灰分的增湿增重用，大部分经黑水过滤器（S1301）过滤后送至气化炉激冷环，作为保护下降管及维持气化炉激冷室液位用激冷水。气化炉与气液分离器底部黑水一并进入气化高温热水器减压闪蒸；洗涤塔底部黑水进入高温热水器减压闪蒸。

2）烧嘴冷却水系统流程

为了保护气化炉内的工艺烧嘴，防止高温损坏，工艺烧嘴头部带有冷却水盘管。烧嘴冷却水槽（V1305）内的脱盐水，通过烧嘴冷却水泵（P1302）加压后经烧嘴冷却水换热器（E1301）用循环水冷却至35 ℃，经快速切断阀XV13018进入烧嘴冷却水盘管，对工艺烧嘴头部进行冷却，经切断阀XV13019出工艺烧嘴的冷却水温度上升至45 ℃，由烧嘴冷却水分离罐（V1306）进行汽液分离后返回到烧嘴冷却水槽循环使用。

烧嘴冷却水系统另设事故烧嘴冷却水槽（V1307），通入低压氮气，维持槽内压力在0.45 MPa，当两台烧嘴冷却水泵均出现故障时紧急补充烧嘴冷却水。

3）灰水处理

灰水处理主要包括高压闪蒸单元、低压闪蒸单元、真空闪蒸单元、黑水沉降澄清单元、细渣过滤单元及灰水除氧单元。

来自气化炉激冷室（F1301）底部黑水经过流量调节阀（FV13012）减压后与气液分离器（V1304）底部来的黑水汇合后再次经过减压阀（PV14001）减压至0.8 MPa，进入气化高温热水器（V1401），洗涤塔（T1301）底部黑水分别经流量调节阀（FV13004）及压力调节阀（PV14010）减压至0.8 MPa后进入高温热水器（V1402），气化高温热水器及高温热水器内压力均由压力调节阀（PV14002）控制在0.8 MPa。黑水经减压闪蒸后，一部分水被闪蒸为蒸汽，大量溶解在黑水中的酸性气解吸出来，同时黑水被浓缩，温度降低至179 ℃。

气化高温热水器（V1401）及高温热水器（V1402）顶部均设有3块筛板，变换汽提塔底的工艺冷凝液经气化高温热水器给水泵（P1502）加压后分别送至V1401和V1402顶部筛板，对闪蒸出来的气体进行洗涤。

从气化高温热水器及高温热水器顶部闪蒸出来的闪蒸汽经灰水加热器（E1401）与除氧水泵（P1407）送来的灰水换热冷却至172 ℃，再经水冷器（E1404）冷却后进入高压闪蒸分离罐（V1407），分离出的闪蒸汽送至变换汽提塔作汽提气用，冷凝液经液位调节阀（LV14004）进入除氧槽（V1411）循环使用。

气化高温热水器及高温热水器底部出来的黑水分别经液位调节阀（LV14001和LV14002）减压后，进入低温热水器（V1403）内闪蒸。黑水经闪蒸后，一部分水被闪蒸为蒸汽，少量溶解在黑水中的酸性气被解吸出来，同时黑水再次被浓缩，温度降低114 ℃。闪蒸汽大部分直接送至除氧器内作为除氧热源用，其余部分经过低压闪蒸气液分离器（E1406）冷凝后直接排入灰水槽（V1409）内循环使用。

低温热水器（V1403）底部黑水经过液位调节阀（LV14005）减压后，进入真空闪蒸罐（V1404）在 -0.08 MPa 下进一步闪蒸，黑水再次浓缩，经澄清槽进料泵（P1401）通过液位调节阀（LV14007）泵送至沉降槽（V1408）。

真空闪蒸罐（V1404）顶部出来的闪蒸汽经真空闪蒸冷凝器（E1402）冷凝后进入真空闪蒸分离罐（V1405），闪蒸汽经真空泵（P1403）抽取在保持真空度后排入大气，真空泵分离器（V1406）内液体经真空泵分离器出口冷却器（E1403）冷却后，通过液位调节阀（LV14009）送入真空闪蒸分离器（V1405），冷凝液经真空凝液泵（P1402）通过液位调节阀（LV14008）送至除氧器。

真空泵（P1403）的密封水由真空凝液泵（P1402）提供。

真空闪蒸罐（V1404）底部黑水经澄清槽进料泵（P1401）加压后在混合器（H1401）中与絮凝剂泵（P1409）送来的絮凝剂混合后，一并进入沉降槽（V1408）中，加速黑水中的固体悬浮物及颗粒的沉降。

在沉降槽（V1408）沉降下来的细渣由耙料器（A1401）刮入底部经过滤机给料泵（P1404）送至真空带式过滤机（M1401），过滤后的滤饼外运。过滤下来的清水流入滤液槽（V1410），经滤液泵（P1406）送至澄清槽（V1408）再次沉降。

澄清槽上部的澄清水加入分散剂后溢流到灰水槽（V1409），灰水槽中的灰水经低压灰水泵（P1405）加压后，分成四部分：大部分至脱氧水槽；一部分送气化工段作为渣池液位调节；一部分送至气化锁斗冲洗罐作冲渣清洗水；少部分（约 66 m^3/h）经废水冷却器（E1405）冷却至 40 ℃后送污水处理站进一步处理。

脱氧水槽采用低压闪蒸汽汽提，低压灰水由脱氧水槽顶部喷淋并与汽提气逆流而下，废蒸汽由顶部放空；正常生产后汽提气主要由低压闪蒸汽来提供。脱氧水槽控制压力 0.04 MPa。

脱氧后的灰水由除氧水泵（P1407）加压至 7.5 MPa 后，经灰水加热器（E1401）加热，温度升至 160 ℃，送至气化洗涤塔（T1301）。

除氧器内的水来源：大部分由低压灰水泵提供；还有部分来自系统回收的冷凝液，主要有变换汽提塔底部来的冷凝液、真空凝液泵提供的冷凝液、高压闪蒸分离罐冷凝液；还有一部分为原水，它与除氧器液位投自调，用以维持除氧器内液位的正常稳定。

液态分散剂储存在分散剂槽（V1412）中，由分散剂泵（P1408）加压并调节适当流量加入沉降槽溢流管道和低压灰水泵（P1405）出口管线及除氧水泵（P1407）入口管线，防止管道及设备结垢。

3. 气化工段点位表

（1）气化工段工艺指标一览表如表 3－1 所示。

表 3－1　气化工段工艺指标一览表

工段	位号	稳态值	单位	报警低限	报警高限
气化工段	AI13001	0. 10	%	/	/
	AI13002	32. 82	%	/	/
	AI13003	49. 16	%	/	/
	AI13004	17. 34	%	/	/
	AI13005	0. 00	%	/	/
	AI13006	0. 00	%	/	/
	FDI13025	0. 00	m^3/h	/	/
	FI13001	78. 04	m^3/h	46	94
	FI13002	78. 04	m^3/h	46	94
	FI13009	279. 58	m^3/h	132	284
	FI13013	59. 16	m^3/h	34	100
	FI13015	260 231. 66	Nm^3/h	/	/
	FI13019	28. 41	m^3/h	/	/
	FI13020	28. 41	m^3/h	/	/
	FI13021	0. 00	m^3/h	/	/
	FIC13003	97. 78	m^3/h	58	112
	FIC13004	29. 14	m^3/h	/	/
	FIC13007	39 611. 69	Nm^3/h	23 166	48 540
	FIC13010	401. 60	m^3/h	/	/
	FIC13012	142. 38	m^3/h	/	/
	FIC13014	148. 91	m^3/h	90	200
	FIC13016	0. 00	m^3/h	/	/
	FIC13017	70. 03	m^3/h	42	100
	FIC13023	0. 00	m^3/h	/	/
	LI13001	47. 62	%	/	/

续表

工段	位号	稳态值	单位	报警低限	报警高限
气化工段	LI13005	37.05	%	/	/
	LI13007	26.45	%	10	80
	LI13010	40.01	%	/	/
	LIC13005	37.02	%	/	/
	LIC13008	39.70	%	5	95
	LIC13011	36.37	%	/	/
	LIC13012	38.00	%	8	90
	LIC13015	41.21	%	8	92
	LS13006	41.01	%	/	/
	PDI13006	0.030	MPa	0.02	0.1
	PDI13009	6.499	MPa	/	/
	PDI13022	0.190	MPa	/	/
	PI13001	7.800	MPa	7.5	9
	PI13003	7.500	MPa	7	8
	PI13004	6.499	MPa	/	/
	PI13007	6.469	MPa	/	/
	PI13010	6.411	MPa	/	/
	PI13012	1.709	MPa	/	/
	PI13013	1.60	MPa	1	5
	PI13016	8.000	MPa	/	/
	PI13018	6.280	MPa	6	6.5
	PIC13011	6.270	MPa	5.95	6.57
	TI13003	1 444.48	℃	1 300	1 460
	TI13004	1 444.48	℃	1 300	1 460
	TI13005	1 444.50	℃	1 300	1 460
	TI13009	253.48	℃	160	265
	TI13010	253.48	℃	/	/
	TI13011	148.00	℃	/	/
	TI13012	148.00	℃	/	/
	TI13013	119.68	℃	/	/
	TI13014	241.58	℃	/	/
	TI13015	241.58	℃	/	/
	TI13016	183.71	℃	/	/
	TI13017	165.72	℃	/	/

续表

工段	位号	稳态值	单位	报警低限	报警高限
气化工段	TI13019	51.60	℃	/	/
	TI13020	252.03	℃	/	/
	TI13024	45.00	℃	/	/
	燃料流量	0.00	m^3/h	/	/
灰水处理	AI14001	0.00	%	/	/
	AI14002	0.00	%	/	/
	AI14003	11.99	%	/	/
	AI14004	27.65	%	/	/
	FI14004	98.75	m^3/h	70	200
	FI14006	448.71	m^3/h	/	/
	FI14007	4 773.68	kg/h	/	/
	FIC14001	10.97	m^3/h	/	/
	FIC14002	0.00	m^3/h	/	/
	FIC14003	213.42	m^3/h	140	230
	FIC14005	5 894.77	kg/h	/	/
	FIC14008	0.00	m^3/h	/	/
	LI14011	58.81	%	8	85
	LI14012	40.00	%	5	90
	LIC14001	34.26	%	5	60
	LIC14002	31.54	%	10	80
	LIC14004	59.75	%	25	80
	LIC14005	39.36	%	15	60
	LIC14007	49.10	%	10	80
	LIC14008	28.00	%	15	50
	LIC14009	34.88	%	20	60
	LIC14010	33.00	%	10	80
	PI14003	135.536	kPa	/	/
	PI14009	7.172	kPa	7	8
	PI14015	0.021	MPa	/	/
	PIC14001	0.848	MPa	3.8	4.2
	PIC14002	694.085	kPa	600	680
	PIC14004	-80.773	kPa	-100	-50
	PIC14007	41.934	kPa	/	/

续表

工段	位号	稳态值	单位	报警低限	报警高限
灰水处理	PIC14010	3.085	MPa	3.8	4.2
	TI14001	253.50	℃	/	/
	TI14002	172.13	℃	/	/
	TI14003	166.52	℃	/	/
	TI14004	125.71	℃	/	/
	TI14005	60.66	℃	/	/
	TI14006	170.07	℃	/	/
	TI14007	40.65	℃	/	/
	TI14009	107.74	℃	/	/
	TI14010	241.74	℃	/	/
	TI14013	99.88	℃	/	/

（2）气化工段阀门一览表如表3－2所示。

表3－2　气化工段阀门一览表

工段	位号	描述	属性
气化工段	XV13001	煤浆循环切断阀	电磁阀
	XV13002	煤浆进料切断阀	电磁阀
	XV13003	氧气进料第一道切断阀	电磁阀
	XV13004	氧气进料第二道切断阀	电磁阀
	XV13005	氧气管线放空阀	电磁阀
	XV13006	氮气保护阀	电磁阀
	XV13008	破渣机出口切断阀	电磁阀
	XV13009	锁斗渣水进口切断阀	电磁阀
	XV13010	锁斗出口切断阀	电磁阀
	XV13011	锁斗循环泵进口切断阀	电磁阀
	XV13012	锁斗循环泵保护阀	电磁阀
	XV13013	锁斗冲洗水切断阀	电磁阀
	XV13014	锁斗泄压管线冲洗水阀	电磁阀
	XV13015	锁斗泄压阀	电磁阀
	XV13016	事故烧嘴冷却水紧急补水阀	电磁阀
	XV13018	烧嘴冷却水进口切断阀	电磁阀
	XV13019	烧嘴冷却水出口切断阀	电磁阀
	XV13020	氧气管线氮气吹扫阀	电磁阀

续表

工段	位号	描述	属性
气化工段	XV13021	煤浆管线高压氮气吹扫阀	电磁阀
	FV13003	锁斗冲洗水罐加水调节阀	可控调节阀
	FV13004	洗涤塔底部黑水流量调节阀	可控调节阀
	FV13007	氧气进料流量调节阀	可控调节阀
	FV13010	洗涤塔进激冷室水流量调节阀	可控调节阀
	FV13012A	激冷室黑水去气化高温热水器调节阀	可控调节阀
	FV13012B	激冷室黑水去真空闪蒸罐调节阀	可控调节阀
	FV13014	入文丘里灰水流量调节阀	可控调节阀
	FV13016	入洗涤塔塔板流量调节阀	可控调节阀
	FV13017	入洗涤塔塔板补水流量调节阀	可控调节阀
	FV13023	洗涤塔液位调节阀	可控调节阀
	PV13011	煤气管线压力调节阀	可控调节阀
	LV13008	洗涤塔液位调节阀	可控调节阀
	LV13011	烧嘴冷却水槽液位调节阀	可控调节阀
	LV13012	渣池液位调节阀	可控调节阀
	LV13015	气液分离器液位调节阀	可控调节阀
	MV13001	气化炉补水阀	手动调节阀
	MV13002	激冷水切断阀	手动调节阀
	MV13003	渣池黑水切断阀	手动调节阀
	MV13004	洗涤塔出口调节阀	手动调节阀
	MV13005	烧嘴冷却水槽排净调节阀	手动调节阀
	MV13006	烧嘴冷却水槽水出口调节阀	手动调节阀
	MV13007	烧嘴冷却水进口调节阀	手动调节阀
	MV13008	事故烧嘴冷却水槽补水阀	手动调节阀
	MV13009	事故烧嘴冷却水槽充压阀	手动调节阀
	MV13010	烧嘴冷却水管线切断阀	手动调节阀
	MV13011	循环冷却水进口调节阀	手动调节阀
	MV13012	激冷水事故加水调节阀	手动调节阀
	MV13014	粗煤气出工段调节阀	手动调节阀
	MV13015	粗煤气管线压力调节阀	手动调节阀
	MV13016	中心氧气流量调节阀	手动调节阀
	MV13043	入开工抽引器蒸汽流量调节阀	手动调节阀
	MV14001	灰水槽补水阀	手动调节阀

续表

工段	位号	描述	属性
气化工段	MV14002	灰水槽出口阀	手动调节阀
	MV14003	灰水去渣池调节阀	手动调节阀
	MV14004	真空闪蒸分离器出口阀	手动调节阀
	MV14005	低压闪蒸冷却器进口阀	手动调节阀
	MV14006	灰水去锁斗冲洗水罐调节阀	手动调节阀
	MV14010	来自变换工段液体调节阀	手动调节阀
	MV14011	高压闪蒸分离液进口阀	手动调节阀
	MV14012	真空闪蒸冷凝器冷却水阀	手动调节阀
	MV14013	低压闪蒸汽进口阀	手动调节阀
	MV14014	补充蒸汽进口阀	手动调节阀
	MV14016	低压闪蒸罐排气阀	手动调节阀
	MV14017	供锁斗液体调节阀	手动调节阀
	MV14018	供洗涤塔液体调节阀	手动调节阀
	FV14001	变换冷凝液进气化高温热水器阀	可控调节阀
	FV14002	变换冷凝液进高温热水器阀	可控调节阀
	FV14003	滤液槽灰水进料阀	可控调节阀
	FV14005	低压蒸汽进料阀	可控调节阀
	FV14008	废水排液阀	可控调节阀
	LV14001	气化高温热水器液位控制阀	可控调节阀
	LV14002	高温热水器液位控制阀	可控调节阀
	LV14004	高压闪蒸分离器液位控制阀	可控调节阀
	LV14005	低温热水器液位控制阀	可控调节阀
	LV14007	真空闪蒸罐液位控制阀	可控调节阀
	LV14008	真空闪蒸分离器液位控制阀	可控调节阀
	LV14009	真空泵分离器液位控制阀	可控调节阀
	LV14010	滤水槽液位控制阀	可控调节阀
	PV14001	气化高温热水器进口管线压力调节阀	可控调节阀
	PV14002	闪蒸汽去变换汽提塔压力调节阀	可控调节阀
	PV14004A	真空闪蒸分离器压力调节阀	可控调节阀
	PV14004B	真空闪蒸分离器泄压阀	可控调节阀
	PV14007	滤液槽压力调节阀	可控调节阀
	PV14010	高温热水器进口管线压力调节阀	可控调节阀

（3）气化工段设备一览表如表3-3所示。

表3-3　气化工段设备一览表

工段	点位	描述
气化工段	E1301	烧嘴冷却水换热器
	E1302	冲洗水冷却器
	F1301	气化炉
	J1301	开工抽引器
	J1302	文丘里管
	M1304	灰水槽搅拌器
	M1301	料浆储槽搅拌器
	M1302	捞渣池搅拌器
	M1303	破渣机搅拌器
	P1301	高压煤浆泵
	P1302	烧嘴冷却水泵
	P1303	锁斗循环泵
	P1304	渣池泵
	P1305	灰水循环泵
	S1301	黑水过滤器
	T1301	洗涤塔
	V1301	料浆储槽
	V1302	氮气储罐
	V1303	溢流水封
	V1304	气液分离器
	V1305	烧嘴冷却水槽
	V1306	烧嘴冷却水气体分离器
	V1307	事故烧嘴冷却水槽
	V1308	锁斗
	V1309	锁斗冲洗水罐

续表

工段	点位	描述
气化工段	V1310	渣池
	V1311	氧气缓冲罐
	Y1301	消音器
	Y1302	抽引器消音器
	Y1303	破渣机
	Z1301	工艺烧嘴
	A1401	澄清槽耙料机
	A1402	滤液槽搅拌器
	A1403	絮凝剂槽搅拌器
	E1401	灰水加热器
	E1402	真空闪蒸分离器
	E1403	真空泵分离器出口冷却器
	E1404	水冷却器
	E1405	废水冷却器
	E1406	低压闪蒸汽冷却器
	E1407	开工冷却器
	H1401	絮凝器管道混合器
	M1401	真空带式过滤机
	P1401	澄清槽进料泵
	P1402	真空凝液泵
	P1403	真空泵
	P1404	过滤机给料泵
	P1405	低压灰水泵
	V1406	真空泵分离器
	V1407	高压闪蒸分离器
	V1408	澄清槽
	V1409	灰水槽
	V1410	滤液槽
	V1411	脱氧水槽
	V1412	分散剂槽
	V1413	絮凝剂槽

任务二　气化工段开车操作技能训练

一、气化工段 DCS 及现场流程画面

气化工段 DCS 及现场流程画面如图 3－11～图 3－23 所示。

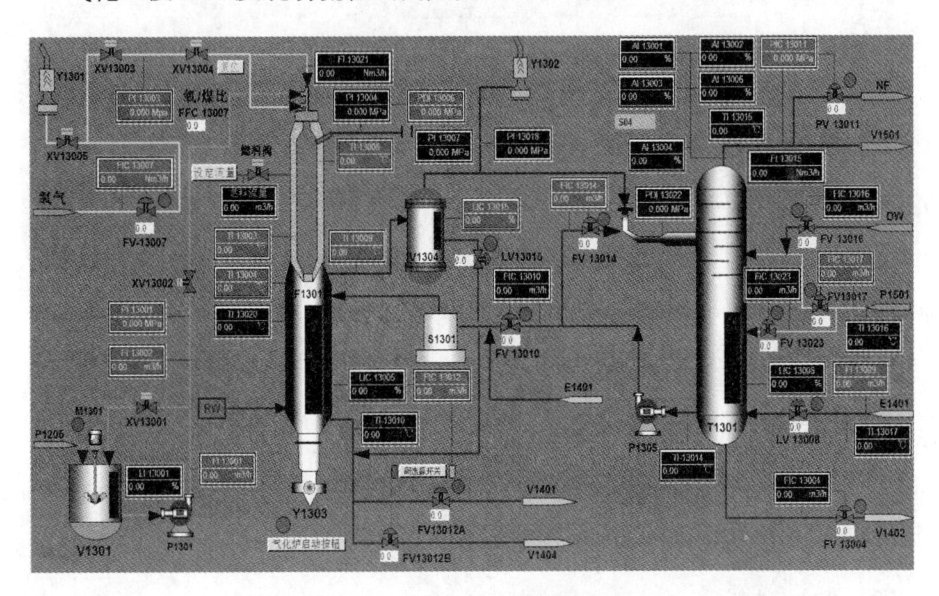

图 3－11　气化工段 DCS 流程画面（一）

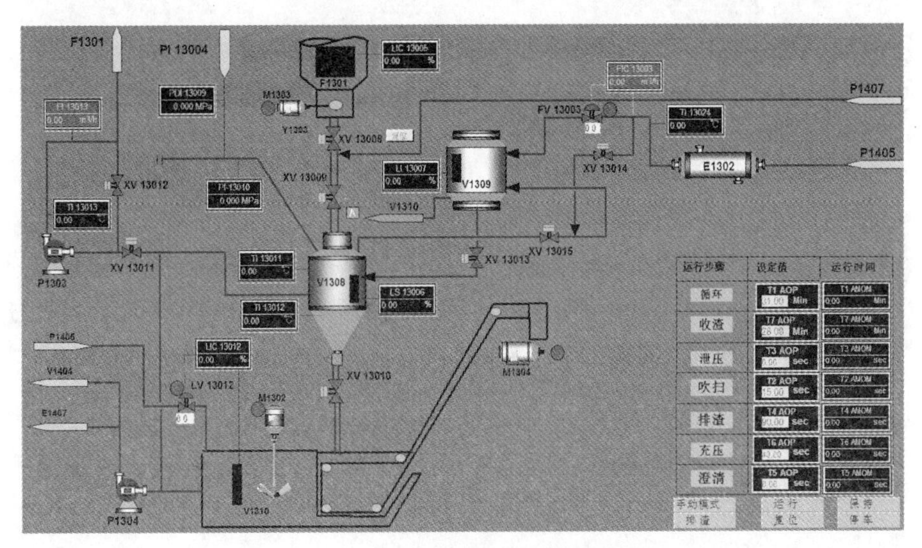

图 3－12　气化工段 DCS 流程画面（二）

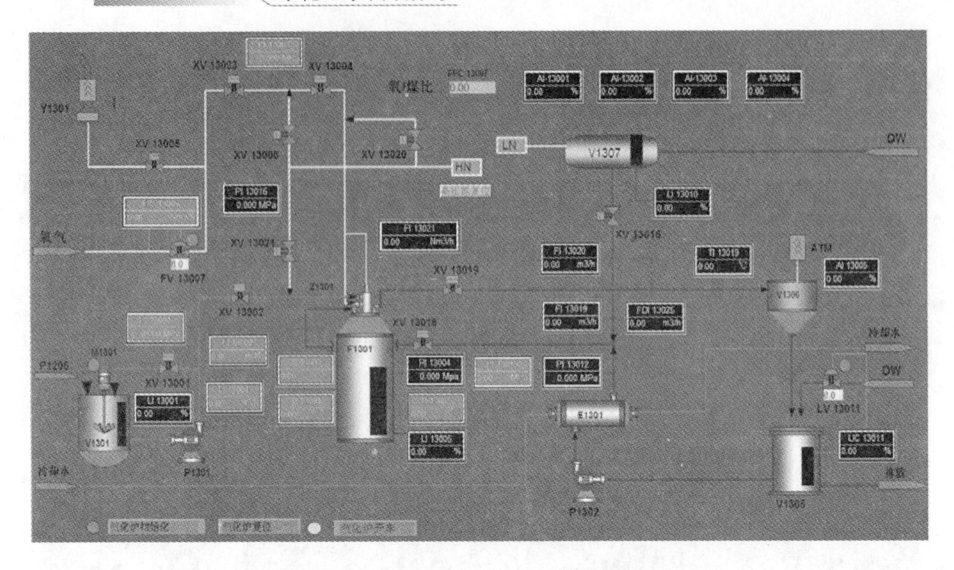

图 3-13 气化工段 DCS 流程画面（三）

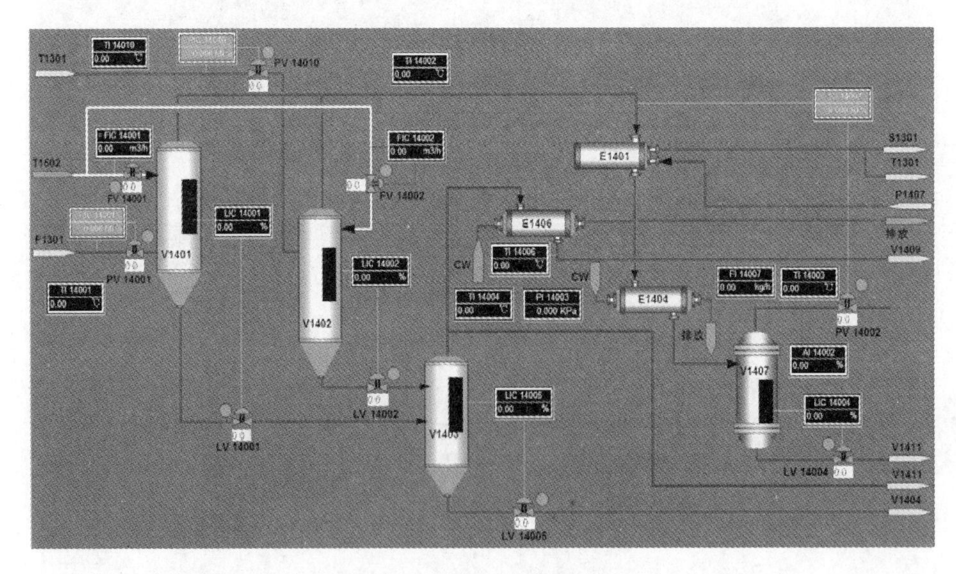

图 3-14 灰水处理 DCS 流程画面（一）

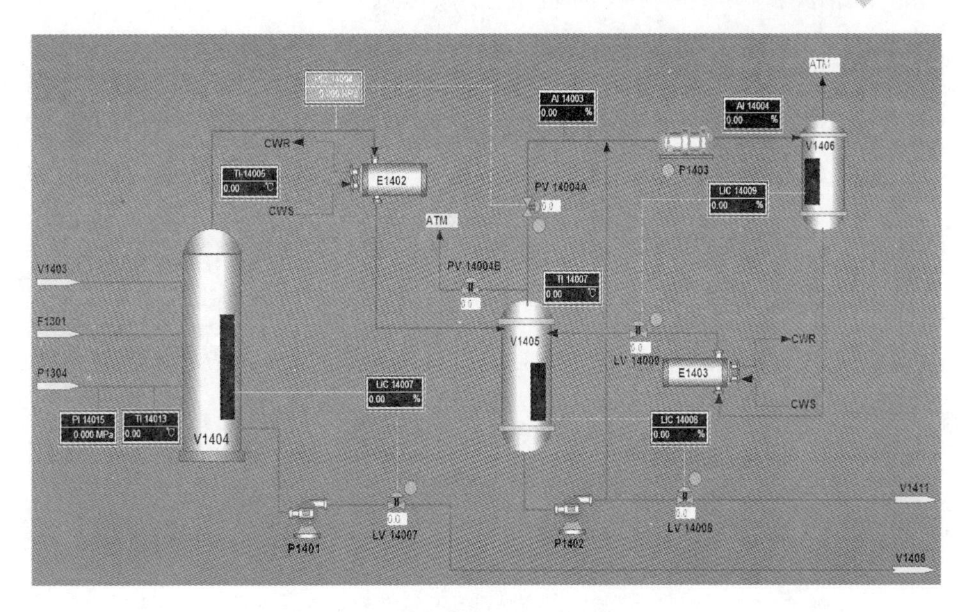

图 3－15　灰水处理 DCS 流程画面（二）

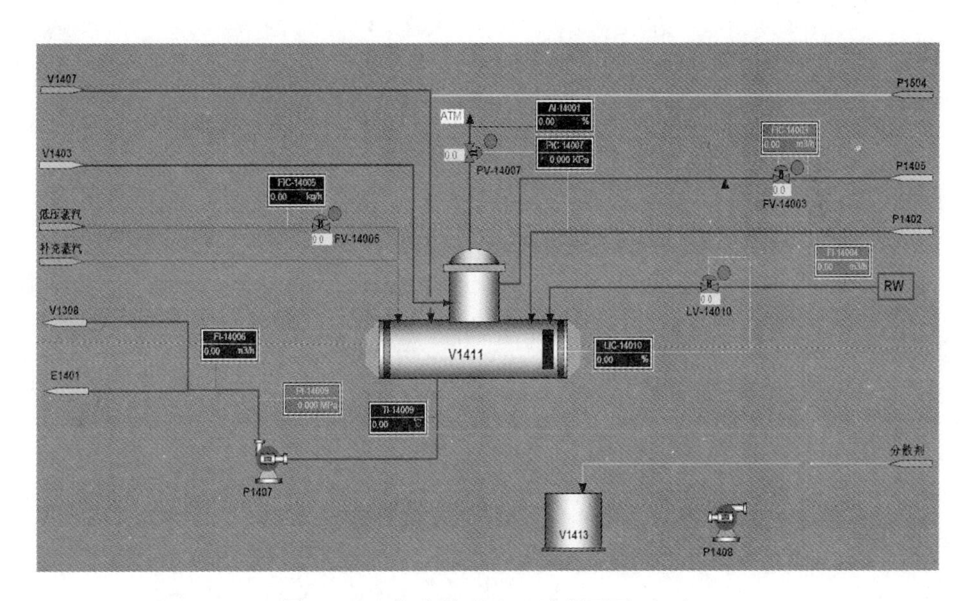

图 3－16　灰水处理 DCS 流程画面（三）

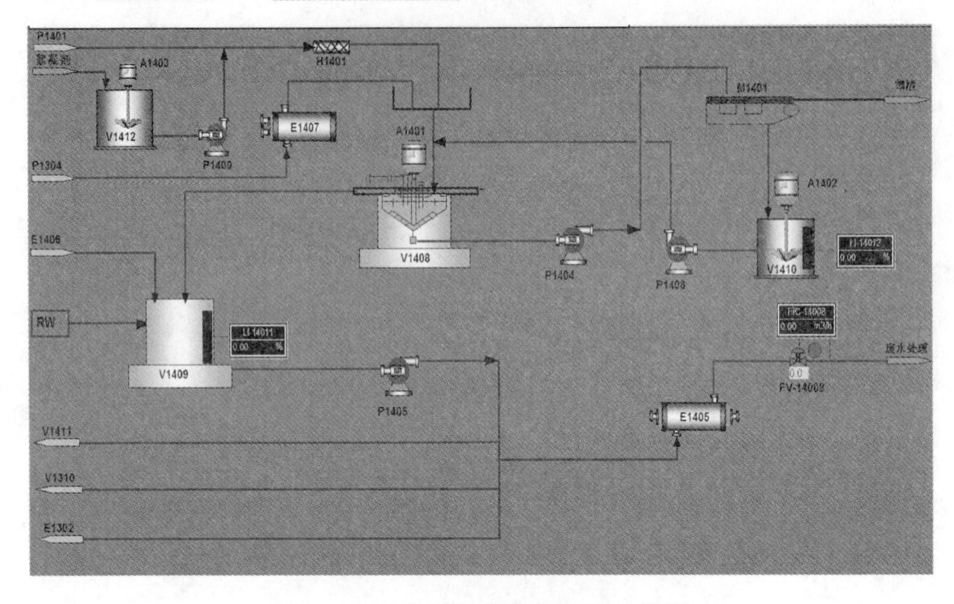

图 3－17　灰水处理 DCS 流程画面（四）

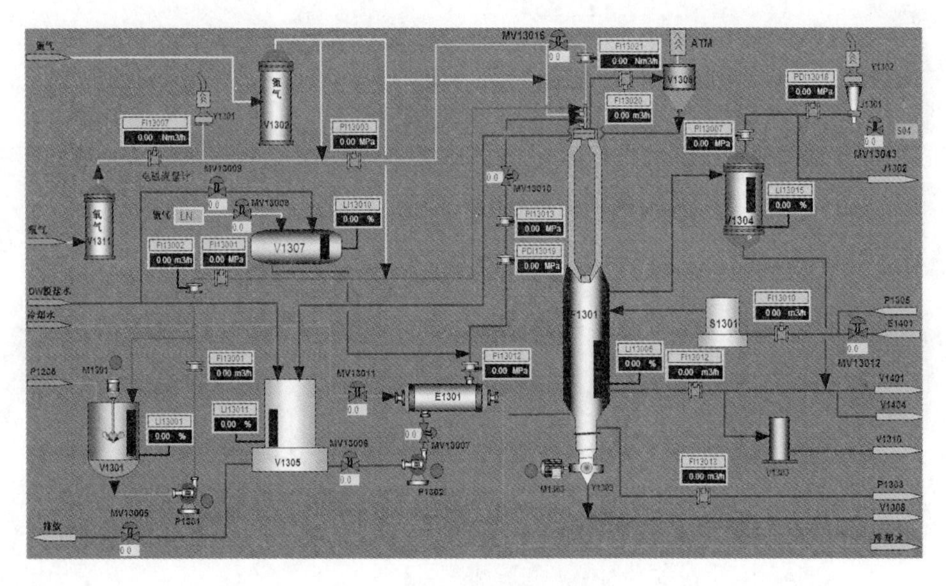

图 3－18　气化工段现场流程画面（一）

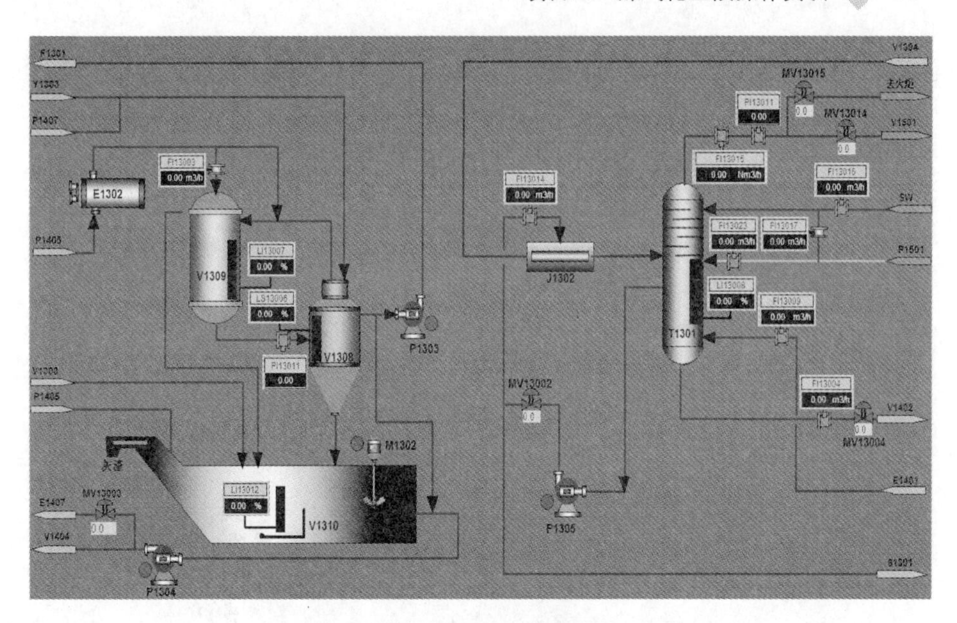

图 3－19　气化工段现场流程画面（二）

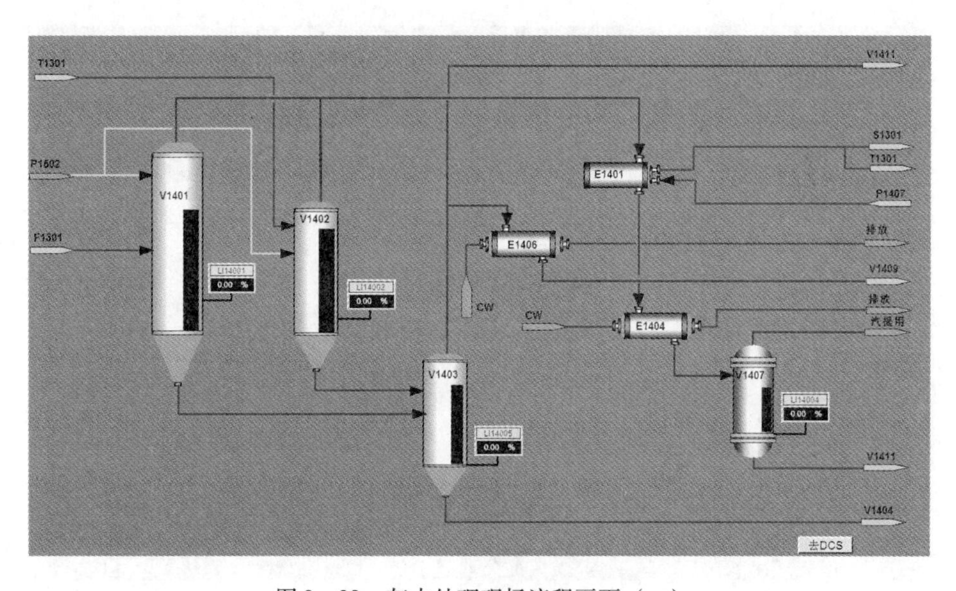

图 3－20　灰水处理现场流程画面（一）

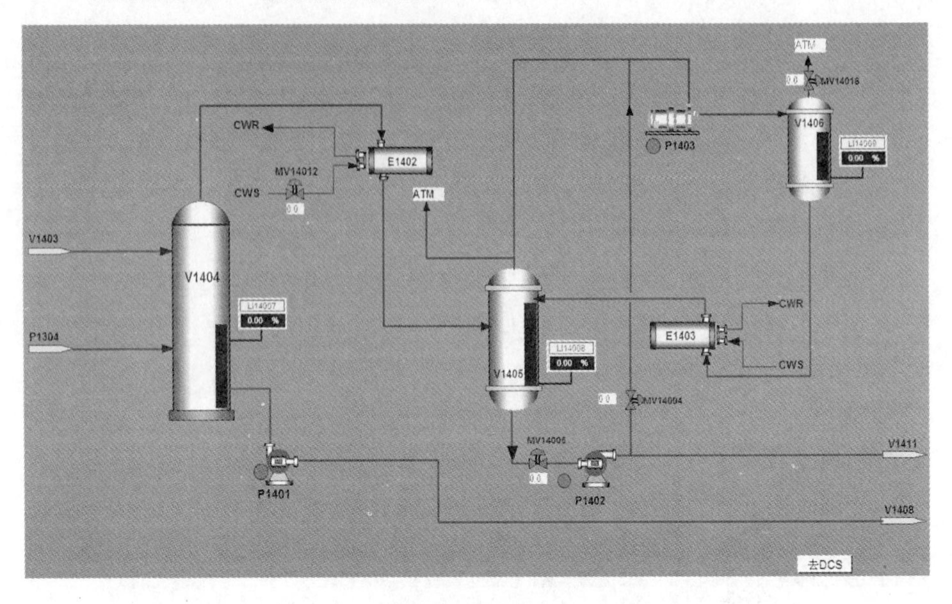

图 3 - 21 灰水处理现场流程画面（二）

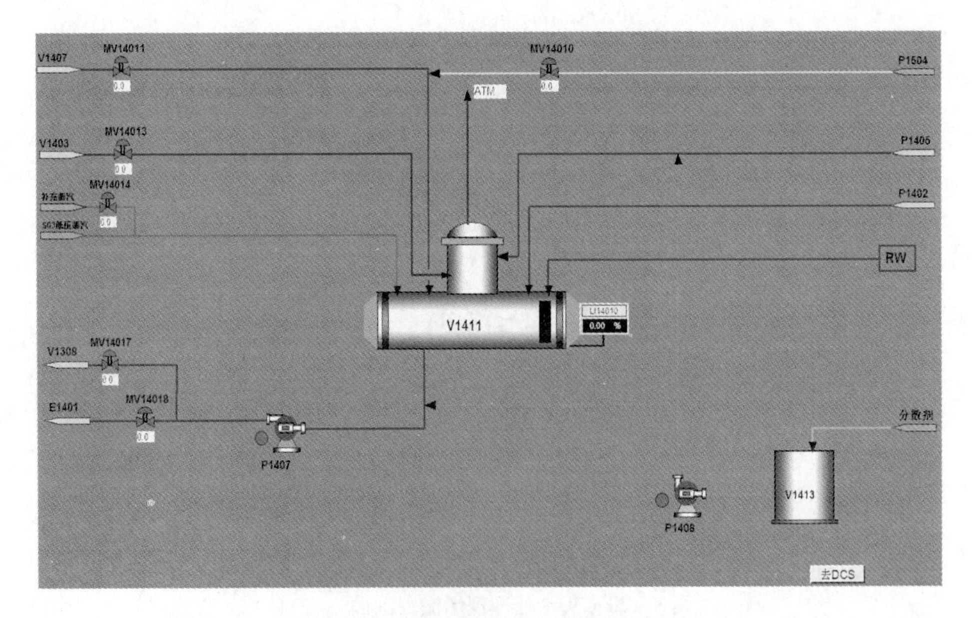

图 3 - 22 灰水处理现场流程画面（三）

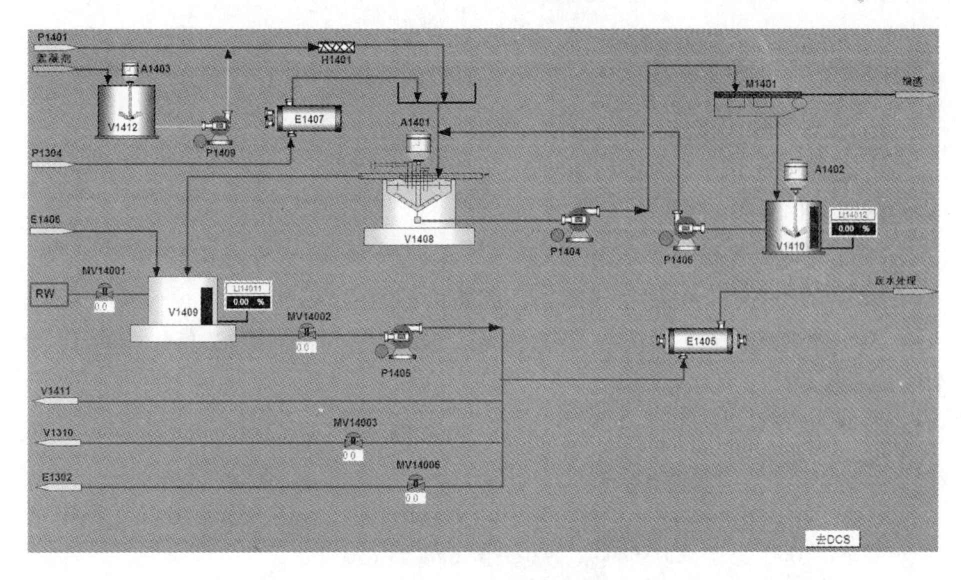

图 3－23　灰水处理现场流程画面（四）

二、气化工段开车操作员分工概述

在开车操作中，根据操作员的操作内容不同，分为气化操作员、灰水操作员、气化现场操作员以及灰水现场操作员。气化操作员、灰水操作员分别负责对中控室气化工段 DCS 界面和灰水处理 DCS 界面的自动阀和自动开关进行操作；气化现场操作员负责对气化工段工艺现场部分的手动阀及现场开关进行操作；灰水现场操作员负责对灰水现场部分的手动阀及现场开关进行操作。

三、气化工段开车操作步骤

气化工段包括气化和灰水处理两部分，主要开车操作包括：系统升压、建立烘炉时预热水循环、建立烧嘴冷却水系统循环、烘炉、锁斗系统开车、建立灰水槽水循环、建立开工煤浆循环、建立液位、投料。

开车一般顺序：系统升压→建立烘炉时预热水循环→建立烧嘴冷却水系统循环→烘炉→锁斗系统开车→建立灰水槽水循环→建立开工煤浆循环→建立液位→投料。

烘炉时间比较漫长，可先进行之后的操作；锁斗系统开车、建立灰水槽水循环、建立开工煤浆是并列操作。气化开车时间较长，高温液位以及高压建立耗时长，因此，开车操作以投料结束。

注意：（1）在进行每一步操作之后，都要监视已经建立的液位，如果有波动，需要调节相应的阀门来确保液位在一个稳定的状态。

（2）开车建立液位时，切勿在罐子的液位为 0% 时，同开排液泵和相关的排液阀。

（3）建立液位时的阀门开度可调，而稳态时的开度除特殊情况皆为5%。

（4）鉴于建立大循环液位时，V1411及F1301的液位会出现较大的波动，因此分为两段考评。

1. 系统升压

气化工段开车时，先进行系统升压操作。

具体操作步骤如下：

（1）气化操作员打开气化工段DCS流程画面（一），打开洗涤塔T1301排空阀PV13011，开度设为50%，开启体系排气出口。

（2）气化现场操作员在气化现场，打开排气阀MV13015，开度设为10%，进行排气。

（3）气化操作员打开气化工段DCS流程画面（三），打开氮气阀XV13021对体系进行氮气置换。

（4）气化操作员打开气化工段DCS流程画面（一），等待出口气体中氧气浓度AI13006低于0.03%后，关闭排气阀PV13011。

（5）气化现场操作员在气化现场，关闭阀MV13015，停止排气。

（6）气化操作员打开气化工段DCS流程画面（一），监控V1304出口压力PI13007的变化，等待压力PI13007大于6.200 MPa后，打开气化工段DCS流程画面（三），关闭阀XV13021，停止氮气充压。

（7）气化现场操作员在气化现场，打开洗涤塔T1301去V1501阀MV13014，开度设为5%，使系统压力始终维持在6.260 MPa左右。

2. 建立烘炉时预热水循环

气化工段开车时，在系统升压后，先建立烘炉预热水循环。循环过程为：灰水槽（V1409）→低压灰水泵（P1405）→脱氧水槽（V1411）→脱氧水泵（P1407）→黑水过滤器（S1301）→气化炉（F1301）→真空闪蒸罐（V1404）→澄清槽进料泵（P1401）→澄清槽（V1408）→灰水槽（V1409）。

具体操作步骤如下：

（1）灰水现场操作员在灰水现场，打开原水补水阀MV14001，开度设为10%，对V1409灌液。

（2）灰水现场操作员在灰水现场，等待V1409液位LI14011高于40%后，打开灰水出口阀MV14002，开度设为5%，对体系灌液。

注意：在此后的操作中，调节补水阀MV14001、出口阀MV14002开度，主调节V1409进V1411阀FV14003的开度，确保V1409液位LI14011稳定在40%左右。等循环建立后，补水阀MV14001可以在循环水已足够的情况下关闭。

（3）灰水操作员打开灰水处理DCS流程画面（三），打开低压灰水补水阀FV14003，开度设为10%，对脱氧水槽V1411注水。

（4）灰水现场操作员在灰水现场，启动低压灰水泵 P1405，输送灰水。

（5）灰水操作员打开灰水处理 DCS 流程画面（三），打开 V1411 排气阀 PV14007，开度设为 5%，排出 V1411 内的气体。

（6）灰水现场操作员在灰水现场，等待 V1411 液位 LIC14010 大于 40% 后，打开阀 MV14018，开度设为 5%，给洗涤塔/气化炉供液。

注意：在此后的操作中，调节 V1411 进口阀 FV14003、出口阀 MV14018 开度，确保 V1411 液位 LIC14010 稳定在 40% 左右。

（7）气化现场操作员在气化现场，打开阀 MV13012，开度设为 10%。

（8）灰水现场操作员在灰水现场，打开泵 P1407，对激冷室 F1301 注水。

（9）气化操作员进入气化工段 DCS 流程画面（一），等待 F1301 液位 LIC13005 高于 40% 后，缓慢打开阀 FV13012B，直到开度为 10%，将 F1301 激冷室内水排向 V1404 中。

注意：在此后的操作中，调节进口阀 MV13012、出口阀 FV13012B 开度，确保 F1301 液位稳定在 40% 左右。

（10）灰水操作员进入灰水处理 DCS 流程画面（二），等待 V1404 液位高于 40% 后，打开进沉降槽 V1408 阀 LV14007，开度设为 5%。

注意：在此后的操作中，调节阀 LV14007 开度，确保 V1404 液位稳定在 40% 左右。

（11）灰水现场操作员在灰水现场，开启泵 P1401，形成预热水循环。

3. 建立烧嘴冷却水系统循环

建立烧嘴冷却水系统循环必须在烘炉之前完成。除现场操作，本过程均由气化操作员在气化工段 DCS 流程画面（三）完成。

具体操作步骤如下：

（1）气化操作员打开 V1305 脱盐水 DW 补水阀 LV13011，开度设为 5%，给 V1305 注水。

（2）等待 V1305 液位 LIC13011 达到 40% 后，关闭补水阀 LV13011。

注意：液位 LIC13011 不要超过 60%，如果液位过多，则开启 MV13005 进行排液，等待液位降低到 60%，再关闭排液阀。

（3）气化现场操作员在气化现场，打开冷却器出口阀 MV13010，开度设为 5%；现场操作员在气化现场打开冷却器 E1301 冷却水进口阀 MV13011，开度设为 5%。

（4）气化操作员打开切断阀 XV13018 和阀 XV13019。

（5）气化现场操作员在气化现场，打开泵 P1302 前阀 MV13006，开度设为 5%；打开泵 P1302 后阀 MV13007，开度设为 5%。

（6）气化现场操作员在气化现场，打开烧嘴冷却水泵 P1302，建立烧嘴水循环。

4. 烘炉

启动烘炉前，必须检查系统升压是否已经完成，等待系统升压完成后，方可启动烘炉，本过程全部由气化操作员在气化工段 DCS 流程画面（一）上完成。升温至 135 ℃时必须建立起预热水循环，可同时进行其他工段开车操作。界面保温时间默认单位为 s（秒）。

具体操作步骤如下：

（1）气化操作员打开烘炉燃料阀，输入流量为 12 m^3/h。

（2）等待炉温 TI13005 达到 135 ℃，气化操作员关闭烘炉燃料阀，同时将燃料流量设为 0 m^3/h。

注意：烘炉时不降温，炉温不要超过 150 ℃。

（3）保温 240 s，气化操作员打开烘炉燃料阀，同时将燃料流量设为 12 m^3/h。

（4）等待炉温 TI13005 升至 350 ℃，气化操作员关闭烘炉燃料阀，同时将燃料流量设为 0 m^3/h。

注意：烘炉时不降温，炉温不要超过 365 ℃。

（5）保温 240 s 后，气化操作员打开烘炉燃料阀，同时将燃料流量设为 12 m^3/h。

（6）等待炉温 TI13005 升至 600 ℃，气化操作员关闭烘炉燃料阀，同时将燃料流量设为 0 m^3/h。

注意：烘炉时不降温，炉温不要超过 615 ℃。

（7）保温 240 s，气化操作员再打开烘炉燃料阀，同时将燃料流量设为 12 m^3/h。

（8）当气化炉炉温 TI13005 达到 1 000 ℃，气化操作员关闭烘炉燃料阀，同时将燃料流量设为 0 m^3/h。

注意：烘炉时不降温，炉温不要超过 1 015 ℃。

（9）保温 240 s，看到显示烘炉结束指示，点击“烘炉结束”，完成烘炉过程。

5. 锁斗系统开车

锁斗系统开车是气化工段过程中相对独立的过程，但必须在投料之前完成本步操作的开车操作。

具体操作步骤如下：

（1）灰水现场操作员在灰水现场，打开 V1409 现场出液阀 MV14006，开度设为 5%，向锁斗冲洗槽灌液。

（2）灰水现场操作员在灰水现场，打开 V1409 现场出液阀 MV14003，开度设为5%，向渣池灌液。

（3）气化操作员打开气化工段DCS流程画面（二），打开FV13003，开度设为5%，向V1309灌液；打开LV13012，开度设为5%，向V1310灌液。

（4）气化现场操作员在气化现场，开启M1302，开启M1304，对渣池进行搅拌。

（5）灰水现场操作员在灰水现场，打开V1411出液阀MV14017，开度设为5%，对锁斗进行灌液。

（6）气化操作员打开气化工段DCS流程画面（二），打开阀XV13009，向锁斗充液。

（7）气化操作员打开气化工段DCS流程画面（二），打开阀XV13011和XV13008，使锁斗液体循环。

（8）气化现场操作员在气化现场启动锁斗循环泵P1303，开启M1303，建立锁斗循环，对破渣机进行搅拌。

（9）气化操作员打开气化工段DCS流程画面（二），等待锁斗V1308液位LS13006达到40%后，打开V1308出液阀XV13010，将锁斗冲洗液送入渣池。

注意：在此后的操作中，调节进口阀MV14017开度，确保V1308液位稳定在40%左右。

（10）气化现场操作员等待V1310液位LIC13012达到50%后，在气化现场打开泵P1304出口阀MV13003，开度设为5%，打开泵P1304，进行排液。

注意：在此后的操作中，调节出口阀MV13003开度，确保V1310液位稳定在50%左右。

（11）气化操作员打开气化工段DCS流程画面（二），关闭V1310进口阀LV13012。

（12）灰水现场操作员在灰水现场，关闭泵P1405出口阀MV14003，停止向渣池灌液。

（13）气化操作员打开气化工段DCS流程画面（二），等待V1309液位LI13007达20%后，打开阀XV13013，冲洗锁斗。

注意：在此后的操作中，调节进口阀FV13003开度，确保V1309液位稳定在20%左右。

6. 建立灰水槽水循环

建立灰水槽水循环是气化工段过程中独立的过程，但必须在建立预热水之后，在投料之前完成本步的开车操作。此步为现场操作。

具体操作步骤如下：

（1）灰水现场操作员在灰水现场，开启泵P1404，将澄清液输入滤液槽。

（2）灰水现场操作员在灰水现场，等待罐V1410液位LI14012达到40%，启动滤液泵P1406，向澄清槽V1408灌液。

注意：液位 LIC14012 不要超过 60%，在开车过程中，滤液槽 V1410 不排液。

7. 建立开工煤浆循环

建立开工煤浆循环是气化工段过程中独立的过程，但必须在投料之前完成本步的开车操作。

具体操作步骤如下：

（1）气化操作员打开气化工段 DCS 流程画面（一），打开煤浆循环切断阀 XV13001。

（2）气化现场操作员在气化现场，开启 M1301，对煤浆储槽进行搅拌；打开煤浆泵 P1301，使煤浆循环。

8. 建立液位

系统升压后，切换气化炉、气液分离器黑水入气化高温热水器 V1401 和洗涤塔黑水入高温热水器 V1402，进入系统液位建立过程。

具体操作步骤如下：

（1）灰水操作员打开灰水处理 DCS 流程画面（三），调节 V1411 进料阀 FV14003，开度设为 5% 和低压闪蒸汽进料阀 FV14005，开度设为 5。

（2）灰水现场操作员在灰水现场，打开进料阀 MV14013，开度设为 5%。

（3）灰水现场操作员在灰水现场，打开补充蒸汽阀 MV14014，开度设为 5%。

（4）灰水操作员打开灰水处理 DCS 流程画面（三），打开阀 LV14010，开度设为 5%，调节滤水槽液位。

（5）灰水现场操作员在灰水现场，打开来自变换工段进口阀 MV14010，开度设为 5%。

注意：在此后的操作中，观察 V1411 液位变化，调节进口阀 LV14010、出口阀 MV14018 开度，维持 V1411 液位 LIC14010 在 40% 左右。

（6）气化操作员打开气化工段 DCS 流程画面（一），打开洗涤塔液体补充阀 FV13017，开度设为 20%。

（7）气化操作员打开气化工段 DCS 流程画面（一），打开 E1401 进洗涤塔阀 LV13008，开度设为 5%，建立洗涤塔液位。

（8）气化操作员打开气化工段 DCS 流程画面（一），等待洗涤塔 T1301 的液位 LIC13008 达到 40%，打开阀 FV13010，开度设为 7%；打开文丘里循环水阀 FV13014，开度设为 5%，使洗涤塔液位维持稳定。

注意：在此后的操作中观察 F1301 液位变化，调节进口阀 FV13010、出口阀 FV13012A/B 开度，维持洗涤塔 F1301 液位 LIC13005 在 40% 左右。

（9）气化现场操作员在气化现场，打开阀 MV13002，开度设为 5%。

（10）气化现场操作员在气化现场，打开灰水循环泵 P1305，洗涤塔内液体补充进激冷室 F1301 内。

注意：在此后的操作中，观察 T1301 液位变化，调节进口阀 FV13017、LV13008 开度，维持洗涤塔 T1301 液位 LIC13008 在 40% 左右。

（11）气化现场操作员在气化现场，关闭 E1401 液体进激冷室 F1301 阀 MV13012，使激冷室内液体仅由洗涤塔供应。

（12）气化操作员打开气化工段 DCS 流程画面（一），打开激冷室 F1301 去 V1401 阀 FV13012A，开度设为 5%，将激冷室液体导入气化高温热水器。

（13）气化操作员打开气化工段 DCS 流程画面（一），打开洗涤塔 T1301 去 V1402 阀 FV13004，开度设为 5%，将洗涤塔液体导入高温热水器。

（14）灰水现场操作员在灰水现场，打开阀 MV13004，开度设为 5%。

（15）灰水操作员打开灰水处理 DCS 流程画面（一），打开 PV14001，开度设为 5%；打开冷凝液进 V1401 控制阀 FV14001，开度设为 5%，对 V1401 补充液体。

（16）灰水操作员打开灰水处理 DCS 流程画面（一），打开阀 PV14010，开度设为 5%，对 V1402 补充液体。

（17）灰水操作员打开灰水处理 DCS 流程画面（一），等待 V1401 液位 LI14001 大于 30% 后，打开阀 LV14001，开度设为 10%，使气化高温热水器黑水进入 V1403。

注意：在此后的操作中，观察 V1401 液位变化，调节出口阀 LV14001 开度，维持 V1401 液位 LIC14001 在 30% 左右。

（18）灰水操作员打开灰水处理 DCS 流程画面（一），等待 V1402 液位 LI14002 大于 30% 后，打开阀 LV14002，开度设为 5%，使高温热水器黑水进入 V1403。

注意：在此后的操作中，观察 V1402 液位变化，调节出口阀 LV14002 开度，维持 V1402 液位 LIC14002 在 30% 左右。

（19）灰水操作员打开灰水处理 DCS 流程画面（一），等待 V1403 液位 LI14005 大于 30% 后，打开阀 LV14005，开度设为 5%，使得低压闪蒸黑水进入 V1404。

注意：在此后的操作中，观察 V1403 液位变化，调节出口阀 LV14005 开度，维持 V1403 液位 LIC14005 在 30% 左右。

（20）气化操作员打开气化工段 DCS 流程画面（一），关闭激冷室进 V1404 阀 FV13012B。

（21）气化操作员打开气化工段 DCS 流程画面（一），调节洗涤塔 T1301 进水阀 FV13017，开度设为 5%；调节洗涤塔 T1301 进激冷室阀 FV13010，开度设为5%。

9. 投料

气化工段开车工序，最后为投料过程，本过程均由气化操作员在气化工段DCS流程画面（一）上完成。

具体操作步骤如下：

（1）点击气化炉“启动”按钮启动气化炉。

注意：气化炉启动按钮执行后，自动打开煤浆切断阀XV13002，关闭煤浆循环阀XV13001，打开氧气上游切断阀XV13003，打开下游切断阀XV13004。，

（2）等现场人员全部撤离后，缓慢打开FV13007至开度为5%。

（3）气化炉启动后，气化操作员打开气化工段DCS流程画面（一），监控入炉氧气流量FI13007是否在39 600 Nm^3/h左右。观察气化炉温度TI13005是否上升到1 200 ℃，火炬是否着火，确认投料成功。

知识拓展

原始开车前的检查准备工作

首先制定试车方案，并按要求逐条逐步地进行核对检查，执行人和检查人要分开，责任到人。多次训练拆除预热烧嘴、安装预热烧嘴的工作，以便达到半小时内完成更换烧嘴工作要求。

（1）对照PID图，系统的全面检查工艺管线是否合乎要求。

（2）进行设备、管道内的清洗和吹除工作，系统的气密性试验合格。

（3）氧气管线的吹除合格后充N_2保持微正压。

（4）转动设备润滑油系统及油位检查正常，并盘车灵活。

（5）电气保护及绝缘检查合格，根据要求送电备用。

（6）气化炉中所有的给料阀、吹扫阀，必须按要求进行泄漏检查，规定双向密封的阀门要进行两个方向的检验。

（7）仪表和控制系统的检查。调节阀的行程、运行方向及故障位置是否合理正确；利用组态模拟工艺信号检查控制系统，特别是联锁系统的控制仪表，必须进行模拟试验。

（8）气化炉安全系统和阀门必须每次开车前在DCS控制屏上检查一遍并做一次试验运行。

（9）所有压力联锁阀应进行试验并调整压力。

（10）检验和校正气化炉表面温度传感系统。

（11）检验和校正气化装置的气体分析仪。

（12）水、电、气、汽及原料煤等公用设施都已完成，并能供应正常。

(13) 界区内所有工艺阀门均关闭。凡是临时盲板均已拆除，操作盲板也已就位。

(14) 再次对生产现场做清理工作，特别是易燃易爆物品不得留在现场。

(15) 用于开车的通信器材、工具、消防和气防器材已准备就绪。

(16) 接收各物料至各使用单元最后一道阀前，并调整压力、温度等指标到符合界区各系统的要求。

(17) 试运行磨煤机及制浆系统，制得合格水煤浆。

(18) 大煤浆槽有合格煤浆后，试运行高压煤浆泵并利用液位变化校正煤浆流量计，同时保证煤浆槽的储量，以满足生产正常运行。

(19) 试运行激冷水系统，检验备用激冷水泵的自启动及辅助激冷水阀的动作。

(20) 试运行其他的自启动系统。如高压灰水泵、冷凝液泵等。

(21) 试运行锁斗，充分检查锁斗的逻辑控制系统。

(22) 烧嘴冷却水系统检查并用软管连接后试车，检查内容如下：①供水流量、压力；②备用水泵切换供水功能；③消防水泵的自启动供水试验；④事故水槽储水与供水试验；⑤软、硬管供水切换情况。

(23) 全面检查气化炉安全系统。

(24) 必须分别检查开车、停车的每一个功能，以确保其正常。

(25) 检验停车启动器。

(26) 测定每一个与气化炉安全系统有关的阀门动作时间。

(27) 验证只有烧嘴冷却水系统故障停车触发器造成气化系统停车时，烧嘴冷却水进、出口阀关闭。

(28) 验证锁斗的事故阀关闭是由于激冷室液位低触发器造成的。

(29) 清理、检查工艺烧嘴，并记录所有尺寸，建立档案。

(30) 利用模拟态做火炬的点火试验。

任务三　气化工段稳定生产操作技能训练

一、正常生产操作要点

在正常生产操作过程中，中控操作人员承担主要的监控职责，但现场操作人员的辅助操作是必不可少的。为确保正常生产，应建立起必要的巡回检查制度和设备维护制度，以下参数的观察和调节是至关重要的。

1. 生产负荷的调整

在生产中会碰到增加和减少生产负荷的问题，调整方法如下：

增加生产负荷时，先增加煤浆流量（即用增加流量设定值的方法），这样，由氧/煤浆比例调节器自动调高进氧量。要求每次调整幅度小，便于操作稳定。

减少生产负荷时，先减少氧气的流量，同样由比例调节器自动减少煤浆进料量。

单炉负荷调整范围50% ~100%，最高可达120%。

2. 气化炉炉膛温度的调节

为了提高碳转化率必须提高气化炉的操作温度。若在较高温度下操作，渣的黏度下降，将增大熔渣对向火面砖的渗透侵蚀，导致向火面砖损坏剥落。向火面砖是高铬砖（含 $Cr_2O_3$86%），铬带入灰渣，使灰渣含铬增加；若在较低温度下操作，熔渣黏度过大，流动排渣困难，甚至导致熔渣堵在下锥口，被迫停炉，气化炉炉膛最佳温度点应是气化炉能正常生产的最大温度。

1）最佳操作温度的确定

气化炉温度在化工投料时应控制在比灰熔点 FT 温度高 50 ℃操作，稳定 2 ~3 天后可将操作温度降低 20 ℃，再稳定运行 1 天后，可继续降低操作温度 20 ℃，照此继续下去，当发现气化炉排渣困难不能正常运行时，将操作温度提高 20 ℃ ~30 ℃，在此温度下若能正常运行 1 天以上，就把这一温度定为最佳操作温度。

2）气化炉温度调节的手段

气化炉炉膛温度是靠燃烧反应放热来维持的。

$$C + O_2 \longrightarrow CO + Q$$

$$C + O_2 \longrightarrow CO_2 + Q$$

上述反应进行得比较彻底，煤中碳的转换率 96% ~98%，但下述反应只能部分进行。

$$CO + O_2 \longrightarrow CO_2 + Q$$

$$H_2 + \frac{1}{2}O_2 \longrightarrow H_2O + Q$$

它们进行的程度与氧气用量有关，氧气用量越大，燃烧得越多，反应的热量越大，气化炉炉膛温度越高，反之炉温越低。

在实际生产中，气化炉温度调节是靠调节氧气/煤浆流量之比即氧煤比来实现的。提高炉温时，增加氧煤比例调节器的设定值，增加氧气相对用量，燃烧反应热增加，气化炉温度上升；降低炉温时，降低氧煤比例调节器的设定值，氧气用量相对减少，燃烧反应减少，气化炉温度下降。

3）炉温调节的依据

测量气化炉炉膛温度的热电偶能正常测量温度时，它测出的温度当然是炉温调节的主要依据，特别是单炉开车期间，但因该热电偶寿命短，易损坏，所以炉温调节时必须参考下述因素，综合判断真实炉温后再调节。

（1）煤气的组分变化。煤气中 CH_4 含量与炉温的关系是：炉温上升，CH_4 含量下降；炉温下降，则 CH_4 含量上升。因 CH_4 含量本来就很低，是 10^{-6}级，测量值相对误差大，当微小温度变化时，CH_4 含量指示的曲线变化幅度大且不稳，故 CH_4 含量只用于观察炉温的变化趋势。

煤气中 CO 含量、CO_2 含量与温度变化的关系是：炉温上升，CO 含量下降，CO_2 含量上升；炉温下降，则 CO 含量上升，CO_2 含量下降。因 CO_2 含量变化幅度大一些，有些操作人员用煤气中 CO_2 含量变化来指导操作温度：CO_2 含量上升，表示炉温上升；CO_2 含量下降，表示炉温下降。因煤气中 CO_2 含量与煤的组分、煤浆的浓度等有关，所以实际操作时不能视煤气中 CO_2 含量与炉温之间有一定关系值，应当每天总结上一天的生产情况，判断当天两者之间的关系值。

（2）看抓斗捞出的粗渣。渣是煤气化反应的固体产物，它能反映气化炉炉温的高低。

炉温正常时渣应是以细颗粒为主，无大块渣，但有一部分（20%～30%）玻璃体的玉米粒大小的渣。炉温偏高时，均为细颗粒渣；炉温偏低时，渣粒变大，大颗粒增加，并出现大块渣。如果渣内有丝渣、胡子渣，表明渣口缩小，熔渣流速加快，引起拉丝而形成的，此时应适当提高炉温。另外也可通过观察排出的渣量判断炉温，渣量少，则说明渣逐渐积在燃烧室，这时可考虑将气化炉温适当提高。

（3）看燃烧室与激冷室的压差。炉温合理，气化炉运行平衡，压差也保持稳定；如渣口变小、压差增大、压差波动，则表示炉温低，应提高炉温。

提高炉温熔渣时要缓慢进行，切莫过急，否则燃烧室内壁大量挂渣流向渣口会堵塞下锥口妨碍排渣，造成气化炉被迫停车。增加氧气流量要量少次多，每次增加 0.1% 观察 10 min，总加氧量不要超过 1%。此时应注意两点：一是注意观察气化炉表面壁温；二是注意燃烧室与激冷室压差。提温初期，2～4 h内会逐渐上升（但不能影响生产），4 h 后压差才会慢慢降下去，渣口正常，压差也恢复正常。

（4）通过计算机对系统热平衡进行计算也可得出气化炉温度，但目前只能作为参考。

3. 煤浆浓度的影响

当氧煤比一定时，煤浆中的水量虽对碳转化率不起主要影响作用，然而这个水量的汽化要消耗热量，使炉温变化，所以煤浆浓度降低（含水增加）会使炉温下降，煤气中 CO_2 含量上升，而 CO 含量下降。

故煤浆浓度对气化的经济性影响很大，一般尽可能提高煤浆浓度，使比氧耗下降，煤气中 $CO + H_2$ 浓度上升，经济性提高。但是，若煤浆浓度的提高是靠增加添加剂用量来实现的，则经济性会受到影响。合理的煤浆浓度应根据工厂的综合经济效益来判断，一般控制在62% ~65%，最低60%，用调节进磨机水量来控制煤浆浓度。

4. 煤浆中煤粒分布

煤浆中煤粒度粗，在气化炉内不容易气化（特别是大于500 μm 的颗粒），所以煤在磨煤机中磨得较细，325 目以上煤粒占25% ~35%。若过细不仅使煤浆浓度降低，而且黏度大，流动性差，输送阻力大。虽然可用添加剂降低黏度，但经济性受到影响。调节的原理和方法：煤浆中煤粒度与磨煤机滚筒磨介——钢棒的充填率有关，钢棒越多，充填率越高，磨出的煤粒度越小。煤磨机的产量不同，要保证合理的煤粒度，钢棒的充填率也应不同，这种对应关系，有待我们在今后磨煤机试车当中摸索。

5. 灰水的浊度

灰水系统操作温度高，有时高于150 ℃，若灰水浊度高，易在管线、设备内壁、换热器的换热管内结垢，严重时会堵塞通道，所以在化工试车时，要对加入沉降槽的絮凝剂进行现场测试，同时对加入灰水中的分散剂进行测试，选择最佳的絮凝剂、分散剂用量，以保证灰水浊度 $<100\times10^{-6}$ 来减轻系统设备、管线内壁结垢。为了清洗这些结垢，在气化装置设置了高压清洗器，用40 MPa 的高压水冲洗垢层。

6. 排渣情况

现场操作人员应及时观察锁斗排渣量及渣的形态，特别是开车初期，渣的取样频率应较高，分析渣中的可燃物含量约15%（干基）。

在沉降槽内，黑水在絮凝剂作用下，在底部积沉。从积存物中取样分析其含固量，供泵送参考，含固量一般应控制在20%左右。

7. 煤气中的水气比（水蒸气/干气之比）

气化反应产生的高温煤气和熔渣在降温回收热量的过程中产生大量的水蒸气，随煤气一同进入变换工序，变换工序在进行 CO 变换时需要水蒸气（$CO + H_2O \rightarrow CO_2 + H_2$），由于是合成甲醇，变换率要求不高，故煤气中水气比为1.4即可，但因气化用煤灰分变化，其水气比也随之变化。过高的水气比不仅给变换的换热冷却设备增大负荷，而且因变换系统各换热设备能力既定，过量的水气可使催化剂破碎，增加变换炉床层阻力。

为了将煤气水气比控制在1.5左右，可采用下列措施：

（1）尽量将煤浆浓度提高到上限操作。

（2）气化炉温度维持在低限操作，以减少反应生成的热量。

（3）灰水加热器尽量不通闪蒸蒸汽，降低灰水入洗涤塔温度。

（4）增加灰水进洗涤塔和激冷环的流量，将系统内热量带出来，通过闪蒸将热量送出界外。

（5）管理上寻找煤灰分低（$<15\%$）、灰熔点低（$T_3<1\,300$ ℃）的新煤种。

8. 黑水（灰水）循环量的调节

洗涤塔进水有三条管线：塔上部塔盘进变换冷凝液，是为了保证塔盘洗涤效率，此水量比较稳定；塔下部进变换冷凝液，是为了满足系统水平衡的需要——回收热量时被汽化了的水和系统跑、冒、滴、漏的水；塔下部进洗涤塔的高压灰水泵出口水，此水可视为循环灰水。它的水量大小：满足激冷环最低水量要求，保护激冷环；降低黑水中的含固量，减少管线、阀门堵塞的可能性；调整系统中带出来的热量，达到调节水气比的目的。增加黑水（灰水）循环量的步骤如下：

（1）首先把激冷环、激冷水流量调节阀给定值调高，使其水量增加。

（2）洗涤塔出水量增加，使塔内液位有下降趋势时，注意观察洗涤塔液位调节阀自动开大，进塔灰水量自动增加以维持塔内原液位。

（3）补充水量不足部分，维持灰水槽液位。

（4）当激冷室液位因其水量增加而呈上升趋势时，注意观察激冷室液位调节阀将自动开大并维持原液位，此时黑水排出量增加了。

（5）激冷室排出黑水增加，致使下游黑水闪蒸系统一系列自调阀动作，最后黑水流入沉降槽沉降后，自动流入灰水槽，使灰水槽液位上升，并恢复至原来的液位附近。

这一调节过程，只需要中控操作人员调节一个阀门，即激冷水流量调节阀，现场先开灰水槽加循环水后恢复至原开度，其他均为自动进行调节。

温馨提示

(1) 当汽化系统水质恶化时，加快锁斗循环可改善水质。

(2) 当气化炉运行数天后，烧嘴压差出现波动时，可适当提高中心氧量，维持生产1~2天。

(3) 烧嘴冷却水泵向事故烧嘴冲洗水槽补充液位时，阀门开度不可过大，以免造成总管流量压力波动，引起烧嘴冷却水系统跳车波及整个系统停车。

(4) 气化炉氧气煤浆管道吹扫时，应先吹扫氧气管线，后吹扫煤浆管线，先停煤浆管线，后停氧气管线，即先氧后氧原则。

(5) 锁斗程序投运前应最少循环两个循环，已保证使用顺利。

(6) 气化炉停车时，在半小时前应提高炉温，将炉壁的挂渣熔融，以防下次开车烘炉时造成下渣口堵塞。

(7) 气化炉升负荷时，应先加煤浆后加氧气，防止过氧；降负荷时，应先减氧气后减煤浆。

(8) 开启手动阀时，注意不要面对阀门，应站阀门侧面，保证安全。

(9) 开启手动阀时，要缓开缓关，全开后要倒转半扣，以防卡死。

(10) 气化炉激冷室渣堵严重，黑水无法从开工管线和黑水管线排除时，可打开液位计法兰，从法兰处排放。

二、气化工段故障处理

1. 气化工段故障操作员分工概述

在故障操作中，根据操作员的操作内容不同，分为气化操作员、灰水操作员、气化现场操作员以及灰水现场操作员。气化操作员、灰水操作员分别负责对中控室气化工段DCS界面和灰水处理DCS界面的自动阀和自动开关进行操作；气化现场操作员负责对气化工段工艺现场部分的手动阀及现场开关进行操作；灰水现场操作员负责对灰水现场部分的手动阀及现场开关进行操作。

2. 气化工段故障处理

气化工段包括气化和灰水处理两部分，在故障部分主要包括：气化炉出口气体温度过高、工艺出口粗煤气温度高、激冷室液位降低，以及一些其他故障（如高压煤浆泵故障、烧嘴冷却水故障）等。系统出现故障后可以自己尝试寻找故障点和故障原因。以下简单介绍几种故障的处理方法。

注意：稳态的阀开度为5%。

故障1　气化炉出口气体温度过高

气化炉出口气体温度过高原因是由 O_2 流量过大造成的，除现场操作，该处理都由气化操作员在气化工段DCS流程画面（一）上进行。

具体操作步骤如下：

（1）将氧气进料阀FV13007投手动，开度设为4%，减少氧气流量。

（2）观察V1304出口压力5 min，确认压力PI13007稳定在6.460 MPa左右。如果有波动，现场操作员调节阀MV13014的开度，保持系统压力稳定。

（3）等待气化炉出口温度TI13005维持在1 443 ℃左右，调节氧气进料阀FV13007，开度设为5%，维持温度稳定。

故障2　工艺出口粗煤气温度高、激冷室液位降低

工艺出口粗煤气温度高是由入激冷室激冷水量减少造成的，除现场操作，该处理都由气化操作员在气化工段DCS流程画面（一）上完成。

具体操作步骤如下：

（1）将洗涤塔进激冷室阀FV13010投手动，开度设为7%。

（2）待激冷室液位LIC13005达到40%，调节阀FV13010，开度设为5%，使液位保持稳定。

（3）观察V1304出口压力5 min，确认压力PI13007稳定在6.460 MPa左右。如果有波动，现场操作员调节阀MV13014的开度，保持系统压力稳定。

（4）等待工艺出气温度TI13015低于240 ℃。

故障3　高压煤浆泵故障

按照正常停车步骤进行操作。

故障4　烧嘴冷却水故障

气化操作员打开气化工段DCS流程画面（三），关闭烧嘴冷却水前后切断阀XV13018和XV13019；现场操作员关闭泵P1302，停止烧嘴冷却水循环；然后按正常停车步骤操作。

任务四　气化工段停车操作技能训练

一、气化工段停车操作员分工概述

在停车操作中，根据操作员的操作内容不同，分为气化操作员、灰水操作员、气化现场操作员以及灰水现场操作员。气化操作员、灰水操作员分别负责对中控室气化工段DCS界面和灰水处理DCS界面的自动阀和自动开关进行操作；气化现场操作员负责对气化工段工艺现场部分的手动阀及现场开关进行操作；灰水现场操作员负责对灰水现场部分的手动阀及现场开关进行操作。

二、气化工段停车操作步骤

气化工段包括气化和灰水处理两部分，在停车部分主要包括：气化灰水原始减负荷、降温和降压；烧嘴、锁斗部分停车；灰水处理罐子液位放空；体系降温降压等。

停车顺序：气化灰水原始减负荷、降温和降压→烧嘴、锁斗部分停车→灰水处理罐子液位放空→体系降温降压。

注意：（1）罐内液位低于10%后，均在现场打开罐底排液阀排空。

（2）如果罐内液位低于10%，而又未轮到顺序操作，则先将相应的出口泵关闭，直到液位高于10%，再开启相应关闭的泵。

（3）未说明具体操作界面，则默认在就近打开的界面上进行操作；未说明具体操作人员，则默认气化操作员在DCS界面上操作；未有特殊说明，则按照由前往后的顺序操作。

1. 气化灰水原始减负荷、降温和降压

具体操作步骤如下：

（1）气化操作员打开气化工段DCS流程画面（一），将氧气进料阀FV13007投手动，并关闭；关闭切断阀XV13003、XV13004，停止氧气进料。

（2）现场操作员在气化现场关闭煤浆进料泵P1301；并关闭电动机M1301，停止进料液搅拌。

（3）气化操作员打开气化工段DCS流程画面（一），关闭煤浆进料阀XV13002，停止水煤浆进料。

（4）灰水现场操作员在灰水现场，关闭V1409补水阀MV14001，停止新鲜水补充进系统；并关闭V1409出口泵P1405，关闭泵进口阀MV14002、MV14006。

（5）灰水操作员打开灰水处理DCS流程画面（三），将V1411进口阀FV14003投手动，并关闭，停止V1409向V1411灌水。

（6）灰水操作员打开灰水处理DCS流程画面（一），将V1407放空阀PV14002投手动，开度设为10%，加快高压闪蒸系统泄压；将冷凝液进灰水罐V1401进料阀FV14001投手动，并关闭。

（7）灰水现场操作员在灰水现场，关闭泵P1403，再关闭真空密封水控制阀MV14004。

（8）灰水操作员打开灰水处理DCS流程画面（二），打开阀PV14004B，开度设为10%，使V1405B通大气；再将V1405排气阀PV14004A投手动，并关闭。

（9）灰水现场操作员在灰水现场，关闭CWS进E1402阀MV14012。

（10）气化现场操作员在气化现场，关闭粗煤气去变换工段阀MV13014；再打开粗煤气旁路现场阀MV13015，开度设为5%。

（11）气化操作员打开气化工段DCS流程画面（一），打开粗煤气旁路阀PV13011，设开度为50%。

（12）气化操作员打开气化工段DCS流程画面（一），将E1401进洗涤塔T1301阀LV13008投手动，并关闭；将阀FV13017投手动，并关闭。

（13）灰水现场操作员在灰水现场，关闭阀MV14018，停止向洗涤塔T1301补水。

（14）气化操作员打开气化工段DCS流程画面（三），打开氮气阀XV13021，通入高压氮气对系统降温。

（15）气化现场操作员在气化现场，增加洗涤塔T1301排气阀MV13015开度到7%，增加排气速率。

（16）气化操作员打开气化工段DCS流程画面（一），打开阀FV13012B，开度设为10%，将冷激室内的液体排入V1404中；将阀LV13015投手动，开度设为10%，使V1304内液体排向V1401。

（17）灰水操作员打开灰水处理DCS流程画面（二），将V1404出液阀LV14007投手动，开度设为10%，加快V1404的排液速率。

（18）气化现场操作员等待洗涤塔T1301内液位LIC13008低于10%后，在气化现场关闭泵P1305，停洗涤塔T1301水循环；并关闭泵P1305出口阀MV13002。

（19）气化操作员打开气化工段DCS流程画面（一），将T1301进冷激室阀FV13010投手动，并关闭，停止洗涤塔T1301排液；将灰水去文丘里管阀FV13014投手动，并关闭。

（20）气化操作员打开气化工段DCS流程画面（一），将T1301进V1402阀FV13004投手动，并关闭。

（21）气化操作员在灰水现场，关闭洗涤塔出口调节阀MV13004。

（22）灰水操作员打开灰水处理DCS流程画面（一），将V1402进口阀PV14010关闭。

（23）气化操作员打开气化工段DCS流程画面（一），等待V1304液位LIC13015低于10%后，关闭出液阀LV13015，停止V1304排液。

（24）气化操作员打开气化工段DCS流程画面（一），等待激冷室F1301

内液位 LIC13005 低于 10% 后，将激冷水进 V1401 阀 FV13012A 投手动，并关闭；关闭激冷水进 V1404 阀 FV13012B，停止激冷室排液。

(25) 灰水操作员打开灰水处理 DCS 流程画面（一），将罐 V1401 进口阀 PV14001 关闭。

2. 烧嘴、锁斗部分停车

具体操作步骤如下：

(1) 现场操作员在气化现场关闭泵 P1302，停止烧嘴冷却水循环；并关闭 E1301 出口阀 MV13010。

(2) 气化现场操作员进入气化现场，打开 V1305 排液阀 MV13005，开度设为 50% 。

注意：先进行后续操作，在排液完毕后再关闭阀 MV13005。

(3) 现场操作员进入气化现场，关闭换热器冷却水阀 MV13011。

(4) 气化现场操作员进入气化现场，关闭泵 P1302 前阀 MV13006，关闭 P1302 后阀 MV13007。

(5) 气化操作员打开气化工段 DCS 流程画面（三），关闭切断阀 XV13018、XV13019。

(6) 气化操作员打开气化工段 DCS 流程画面（二），将 V1308 进口阀 FV13003 投手动，并关闭，停止供应灰水。

(7) 气化现场操作员在气化现场，开大阀 MV13003，开度设为 10% 。

(8) 气化现场操作员在气化现场，关闭泵 P1303，停止 V1308 的液体循环；并关闭电动机 M1303，停止搅拌。

(9) 气化操作员打开气化工段 DCS 流程画面（二），关闭阀 XV13008、XV13009 和 XV13011，停止锁斗循环。

(10) 气化操作员打开气化工段 DCS 流程画面（二），等待 V1309 液位 LI13007 低于 10% 后，关闭 V1309 出液阀 XV13013。

(11) 气化操作员打开气化工段 DCS 流程画面（二），等待 V1308 液位 LS13006 低于 10% 后，确认 XV13013 已关闭，关闭 V1308 出液阀 XV13010。

(12) 气化现场操作员等待 V1310 液位 LIC13012 低于 10% 后，在气化现场关闭电动机 M1302，停止搅拌；关闭电动机 M1304，停止搅拌。

(13) 气化现场操作员在气化现场关闭 P1304，再关闭泵 P1304 出液阀 MV13003。

(14) 灰水现场操作员在灰水现场，关闭罐 V1410 出液泵 P1406，再关闭 V1408 出液泵 P1404。

(15) 灰水现场操作员在灰水现场，关闭絮凝剂罐 V1413 出液泵

P1409。

3. 灰水处理罐子液位放空

具体操作步骤如下：

（1）灰水现场操作员在灰水现场，关闭冷凝液进脱氧槽阀 MV14010。

（2）灰水操作员进入灰水处理 DCS 流程画面（三），将源水进脱氧槽阀 LV14010 投手动，并关闭。

（3）灰水现场操作员在灰水现场，关闭 V1403 气相进脱氧水槽阀 MV14013；开大 V1407 气相进脱氧水槽阀 MV14011，开度设为 10%。

（4）灰水现场操作员在灰水现场，关闭 V1411 进口补充蒸汽阀 MV14014。

（5）灰水操作员进入灰水处理 DCS 流程画面（三），将 V1411 进口低压蒸汽阀 FV14005 投手动，并关闭。

（6）灰水现场操作员在灰水现场，开大 V1411 出液阀 MV14017，开度设为 10%，加大 V1411 的排液流量。

（7）灰水现场操作员在灰水现场，关闭分散剂进 V1411 泵 P1408。

（8）灰水操作员进入灰水处理 DCS 流程画面（一），将 V1401 出液阀 LV14001 投手动，开度设为 10%，加快排液。

（9）灰水操作员进入灰水处理 DCS 流程画面（一），将 V1402 出液阀 LV14002 投手动，开度设为 10%，加快排液。

（10）灰水操作员进入灰水处理 DCS 流程画面（一），将 V1403 出液阀 LV14005 投手动，开度设为 20%，加快排液。

（11）灰水操作员进入灰水处理 DCS 流程画面（一），将 V1407 出液阀 LV14004 投手动，开度设为 20%，加快排液。

（12）灰水操作员进入灰水处理 DCS 流程画面（二），将 V1406 出液阀 LV14009 投手动，开度设为 20%，加快排液。

（13）灰水操作员进入灰水处理 DCS 流程画面（二），将 V1405 出液阀 LV14008 投手动，开度设为 10%，加快排液。

（14）灰水操作员进入灰水处理 DCS 流程画面（一），等待 V1401 液位 LIC14001 低于 10% 后，关闭 V1401 出液阀 LV14001。

（15）灰水操作员进入灰水处理 DCS 流程画面（一），等待 V1402 液位 LIC14002 低于 10% 后，关闭 V1402 出液阀 LV14002。

（16）灰水操作员进入灰水处理 DCS 流程画面（一），等待 V1403 液位 LIC14005 低于 10% 后，关闭 V1403 出液阀 LV14005。

注意：排液完毕，关闭相应的阀门。除非有特别说明，否则以下操作为并列操作。

(17) 灰水操作员进入灰水处理 DCS 流程画面（一），等待 V1407 液位 LIC14004 低于 10% 后，关闭 V1407 出液阀 LV14004；灰水现场操作员在灰水现场，关闭阀 MV14011。

(18) 灰水操作员进入灰水处理 DCS 流程画面（一），确认 V1401、V1402、V1403、V1407 都排液完毕后，关闭 PV14002。

(19) 灰水操作员进入灰水处理 DCS 流程画面（二），等待 V1406 液位 LIC14009 低于 10% 后，关闭 V1406 排液阀 LV14009；灰水现场操作员在灰水现场，关闭 V1406 排气阀 MV14016。

(20) 灰水现场操作员在灰水现场，等待 V1405 液位 LIC14008 低于 10% 后，关闭泵 P1402，关闭阀 V1405 出口阀 MV14005。

(21) 灰水操作员打开灰水处理 DCS 流程画面（二），关闭 V1405 排液阀 LV14008。

(22) 灰水现场操作员在灰水现场，等待 V1404 液位 LIC14007 低于 10% 后，关闭泵 P1401。

(23) 灰水操作员进入灰水处理 DCS 流程画面（二），关闭排气阀 PV14004B；关闭 V1404 出液阀 LV14007。

(24) 灰水现场操作员在灰水现场，等待 V1411 液位 LIC14010 低于 10% 后，关闭泵 P1407。

(25) 灰水现场操作员在灰水现场，关闭 V1411 去 V1308 出液阀 MV14017。

(26) 灰水操作员进入灰水处理 DCS 流程画面（三），将 V1411 排气阀 PV14007 投手动，并关闭。

4. 体系降温降压

具体操作步骤如下：

(1) 气化操作员打开气化工段 DCS 流程画面（三），监控气化水系统温度，等待烧嘴 F1301 内温度 TI13005 温度降为 50 ℃后，关闭高压氮阀 XV13021。

(2) 气化现场操作员在气化现场，等待洗涤塔 T1301 压力 PI13011 降至 0.200 MPa 后，关闭阀 MV13015，停止排气。

(3) 气化操作员打开气化工段 DCS 流程画面（三），关闭粗煤气旁路阀 PV13011，停止排气。

知识拓展

1. 短期停车

(1) 接到调度或班长的停车通知后，准备停车，如有条件适当提高床层温度。

（2）压缩发出信号后，关闭蒸汽阀，系统用煤气吹除30～40 min后，关闭系统进出口阀、导淋、取样阀，保温保压。

（3）短期停车后，应随时观察，注意系统压力，床层温度，一定保证床层温度高于露点30 ℃以上。在床层温度降至120 ℃之前，系统压力必须降至常压，然后以煤气、变换气或惰性气体保压，严禁系统形成负压。

2. 长期停车

（1）全系统停车前，卸压并以干煤气或氮气将催化剂床层温度降至小于40 ℃，关闭变换炉进出口阀门及所有测压、分析取样点，并加盲板，以煤气、变换气或惰性气体保持炉内微正压（≥30 mmH_2O①），严禁形成负压。

（2）必须检查催化剂床层时，需钝化降温或用惰性气体（O_2 < 0.5%）置换后，方能进去检查。

3. 紧急停车

（1）如因本岗位断水、断电、着火、爆炸、炉温暴涨、设备出现严重缺陷，不能维持正常生产，应发出紧急停车信号。

（2）若接到外岗位紧急停车信号，得到压缩机发出切气信号后可作停车处理。

（3）及时切断蒸汽，以防止短期内汽气比剧增引起反硫化，导致催化剂失活，迅速关闭系统进出口阀，以及相关阀门，然后联系调度根据停车时间长短再做进一步处理。

项目测评

一、填空题

1. 煤气化是指________与________在一定温度及压力下发生化学反应，将________中有机质转化为可燃性气体的过程。

2. 气化工段包括________和________两部分。

3. 甲醇生产中，德士古水煤浆加压气化制取水煤气的目的是要得到以________和________为主要成分的原料气。

4. 一般随水煤浆浓度的提高，煤气中有效成分________，气化效率________，氧气的消耗量________。（增加、减少、提高、降低）

5. 德士古气化炉是水煤浆加压气化的核心设备，上部带拱形顶部和锥形底部的圆形空间为________，是气化反应的场所，下部为________，主要

① 1 mm H_2O = 9.806 65 Pa。

是冷却燃烧产生的熔渣和合成气，气化炉的顶端与________相连，下端与________相连。

6. 真空闪蒸的作用是进一步______________、进一步________________、______________。

二、选择题

1. 煤的气化过程中，下列属于一次反应的是（　　）。

A. $C + CO_2 \longrightarrow 2CO$　　B. $2CO + O_2 \longrightarrow 2CO_2$

C. $CO + H_2O \longrightarrow H_2 + CO_2$　　D. $C + O_2 \longrightarrow CO_2$

2. 影响水煤浆气化的主要因素有（　　）。

A. 水煤浆浓度　　B. 氧煤比

C. 气化温度及压力　　D. 助熔剂

3. 气化炉内加入助熔剂，可降低煤的灰熔点，一般选用（　　）作为助熔剂。

A. SiO_2　　B. Al_2O_3　　C. MgO　　D. CaO

4. 德士古气化水煤浆的浓度一般为（　　）。

A. 50%左右　　B. 60%左右

C. 70%左右　　D. 80%左右

5. 煤灰的灰熔点（即熔化温度）取决于煤灰分的组成，如果灰分中（　　）所占比例越大，则灰分的熔化温度越高，因为这两种成分熔点极高。

A. MgO　　B. CaO　　C. SiO_2　　D. Al_2O_3

6. 德士古气化炉属（　　）。

A. 固定床　　B. 流化床

C. 气流床　　D. 熔融床

7. 气化炉投料前氮气置换合格的标准是氧含量小于（　　）。

A. 2%　　B. 3%　　C. 18%　　D. 20%

三、思考题

1. 气化工段任务是什么?
2. 简述德士古气化炉工艺烧嘴的结构及用途。
3. 烧嘴冷却水系统为什么要监测 CO?
4. 如何判断气化炉投料成功?
5. 什么是 DCS? 其有什么特点?
6. 开工抽引器的作用是什么?

四、技能操作题

1. 规范进行气化工段的开车操作。
2. 气化炉出口气体温度高，请进行故障分析并进行处理操作。

项目四

变换工段操作实训

学习目标

<table>
<tr><td colspan="2">总体技能目标</td><td>能够根据生产要求正确分析工艺条件；能进行本工段所属动静设备的开停、置换、正常运转、常见生产事故处理、日常维护保养和有关设备的试车及配合检修，具备岗位操作的基本技能；能初步优化生产工艺过程</td></tr>
<tr><td rowspan="3">具体目标</td><td>能力目标</td><td>（1）能根据生产任务查阅相关书籍与文献资料；
（2）能进行工艺参数的选择、分析，具备操作过程中工艺参数的调节能力；
（3）能进行本工段所属动静设备的开车、置换、正常运转、停车操作；
（4）能对生产中的异常现象进行分析诊断，具有事故判断与处理的技能；
（5）能进行设备的日常维护保养和有关设备的试车及配合检修；
（6）能正确操作与维护相关机电、仪表</td></tr>
<tr><td>知识目标</td><td>（1）掌握 CO 变换工艺所遵循的原理及工艺过程；
（2）掌握 CO 变换工段主要设备的工作原理与结构组成；
（3）熟悉工艺参数对生产操作过程的影响，会进行工艺条件的选择；
（4）熟悉 CO 变换所用催化剂的性能及使用工艺；
（5）掌握生产工艺流程图的组织原则、分析评价方法；
（6）了解岗位相关机电、仪表的操作与维护知识</td></tr>
<tr><td>素质目标</td><td>（1）培养学生的自我学习能力和信息获取能力；
（2）培养学生化工生产规范操作意识及观察力、判断力和紧急应变能力；
（3）培养学生综合分析问题和解决问题的能力；
（4）培养学生职业素养、安全生产意识、环境保护意识及经济意识；
（5）培养学生沟通表达能力和团队精神</td></tr>
</table>

项目导入

甲醇合成要求的变换气（反应后的气体称为变换气）H_2 为 47%，CO 为 19%。而德士古水煤浆气化产生的水煤气中，H_2 为 35%，CO 为 47%，氢碳比太低，不符合甲醇合成新鲜气要求的比例，须通过变换工序使过量的一氧化碳变换成氢气，变换生成的 CO_2 容易除去，同时又制得了等体积的 H_2；此外，甲醇合成原料气中硫化物的总含量要求达到 0.2×10^{-6} 以下，德士古水煤浆气化产生的粗水煤气中所含硫的总量中尚含 10% 左右的有机硫化物，设置了变换工序，除噻吩（C_4H_4S）外的其他有机硫化物均可在铁基变换催化剂上转化为 H_2S，便于后工序硫的脱除；且甲醇合成系统中，一氧化碳加氢生成甲醇是一个强放热反应，如果 CO 含量高会使过程超温，催化剂达不到最佳活性。所以在合成甲醇生产中，须在煤气化工序后设置变换工序，对煤气中的一氧化碳进行部分变换。

任务一　开车前准备工作

一、变换工段的基础知识

1. 变换反应的基本原理

一氧化碳变换是一个可逆、放热、等体积的气固相催化反应，化学方程式如下：

$$CO + H_2O\ (g) \xrightleftharpoons{催化剂} CO_2 + H_2 + 41.17\ kJ/mol$$

衡量一氧化碳变换程度的参数称为变换率，用 x 表示，即已变换的一氧化碳量与变换前气体中一氧化碳的量之比。在工业生产中，为了简便起见，一般采用蒸汽冷凝后的干气组分来计算变换率，通常从测量反应前后气体中一氧化碳的体积分数（干基）来进行计算。

由变换反应方程式可知，对于气体积来说，变换反应是一个体积增加的反应，因为每变换掉1体积的CO，便可生成1体积的CO_2和1体积的H_2。取1体积的干基原料气为基准，以 V_{CO}、V'_{CO}分别表示变换前后气体中CO的体积百分数（干基），则变换气的体积为 $1+V_{CO}\cdot x$，变换气中CO含量为：

$$V'_{CO} = \frac{V_{CO} - V_{CO}\cdot x}{1 + V_{CO}\cdot x} \times 100\%$$

$$x = \frac{V_{CO} - V'_{CO}}{V_{CO}\ (1 + V'_{CO})}$$

2. 变换反应催化剂

目前，工业生产中变换反应所用催化剂主要有Fe－Cr系中（高）温变换催化剂、Cu－Zn系低温变换催化剂和Co－Mo系耐硫宽温变换催化剂三大类。Fe－Cr系中（高）温变换催化剂的活性温度高，抗硫性能差；Cu－Zn系低温变换催化剂低温活性虽然好，但活性温度范围窄，而对硫又十分敏感；Co－Mo系耐硫宽温变换催化剂的活性温度宽，耐硫性好。耐硫性能好、活性温度较宽的变换催化剂能满足重油、煤气化制甲醇流程中将含硫气体直接进行一氧化碳变换，再脱硫、脱碳的需要。本装置使用的是QCS－04一氧化碳耐硫变换催化剂。

QCS系列一氧化碳耐硫变换催化剂由中国石化齐鲁分公司研究院1987年开始研究，山东齐鲁科力化工研究院有限公司合作开发，1994年以来已经形成系列化专利产品，前后替代 K8－11 等国外进口催化剂实现了耐硫变换催化剂国产化，在煤、渣油、重油等原料高、中压气化的德士古、谢尔、鲁奇等流程中创造了良好的业绩。应用实践表明该系列催化剂具有低温、低硫和宽温、宽硫变换活性好，高水气比条件下结构稳定等特性。

1）QCS 系列一氧化碳耐硫变换催化剂性能特性

QCS 系列一氧化碳耐硫变换催化剂活性组分为钴和钼，氧化钛＋氧化镁＋氧化铝三元载体，制备工艺先进，突破了国外钴钼耐硫变换催化剂体系，形成了具有自主产权的产品，申请了中国、德国、美国、印度、南非、日本、澳大利亚、捷克等国家专利，获得了国家科技进步奖等多项成果。

（1）QCS－01 一氧化碳耐硫变换催化剂。

QCS－01 一氧化碳耐硫变换催化剂适用于以煤气化、重油渣油部分氧化法造气的变换工艺，促进含硫气体的变换反应，是一种能适应高温低硫的宽温（200 ℃～550 ℃）、宽硫（工艺气硫含量 200×10^{-6}）和宽水气比（0.3～2.0）耐硫变换催化剂。

该催化剂研发过程中发明了 $TiO_2-MgO-Al_2O_3$ 三元载体，TiO_2 改变了活性组分 MoO_3 与载体的结合形态，MoO_3 易于还原硫化成低价态的活性相；TiO_2 促进了变换活性，特别是低温活性和在低硫活性；TiO_2 具有抗硫酸盐化作用。还发明了混合稀土活性助剂和新的加入方式，促进和稳定了催化剂活性。

该催化剂具有优良的机械强度、选择性和活性，特别是低温变换活性和低硫变换活性明显优于现有工业钴钼耐硫变换催化剂，同时对高空速和高水气比的适应能力强、稳定性好、操作弹性较大。可在高硫渣油流程一、二段变换炉使用，也可在低硫渣油流程一、二、三段变换炉使用，还可在以煤为原料的各段变换炉上使用。催化剂的使用寿命与使用条件有关，一般为 2～8 年。

该催化剂物化性能：

①外观：氧化态为绿色，条形。

②外形尺寸：直径 ϕ3.5～4.0 mm。

③堆密度：0.75～0.85 kg/L。

④化学组成：CoO（质量分数）：3.5%±0.5%；

MoO_3（质量分数）：8.0%±1.0%；

助剂（质量分数）：0.45%±0.15%；

载体：$TiO_2-MgO-Al_2O_3$。

该催化剂性能特点：

①适用高水气比：0.3～2.0，可耐5.0 MPa水蒸气分压。

②适合宽温变换：200 ℃～550 ℃。

③适应高CO变换条件：CO可达75%。

④容易硫化。

⑤变换活性高。

⑥机械强度高、稳定性好、抗水合性能好。

⑦选择性好。

⑧对高空速和宽水气比适应能力强。

⑨具有较强的吸灰和抗毒能力。

⑩使用范围广：适用于各种气化流程。

（2）QCS－03一氧化碳耐硫变换催化剂。

QCS－03一氧化碳耐硫变换催化剂适用于以煤气化、重油渣油部分氧化法造气的变换工艺，促进含硫气体的变换反应，是一种能适应高温低硫的宽温（200 ℃～550 ℃）、宽硫（工艺气硫含量200×10^{-6}）和高水气比（0.3～2.0）耐硫变换催化剂。

该催化剂使用$TiO_2-MgO-Al_2O_3$三元载体，TiO_2改变了活性组分MoO_3与载体的结合形态，MoO_3易于还原硫化成低价态的活性相；TiO_2促进了变换活性，特别是低温活性和在低硫活性；TiO_2具有抗硫酸盐化作用。使用混合稀土活性助剂和新的加入方式，促进和稳定了催化剂活性。

该催化剂具有优良的机械强度、选择性和活性，同时对高空速和高水气比的适应能力强、稳定性好、操作弹性较大。可在高硫渣油流程一、二段变换炉使用，也可在低硫渣油流程一、二、三段变换炉使用，还可在以煤为原料的各段变换炉上使用。催化剂的使用寿命与使用条件有关，一般为2～8年。

该催化剂物化性能：

①外观：氧化态为绿色，条形。

②外形尺寸：直径ϕ3.5～4.0 mm。

③堆密度：0.80～0.90 kg/L。

④化学组成：CoO（质量分数）：3.5%±0.5%；

MoO_3（质量分数）：8.0%±1.0%；

助剂（质量分数）：0.45%±0.15%；

载体（质量分数）：$TiO_2-MgO-Al_2O_3$。

该催化剂性能特点：

①机械强度高、稳定性好、抗水合性能好。

②对高空速和宽水气比适应能力强。

③适用高水气比：0.3～2.0，可耐5.0 MPa水蒸气分压。

④适合宽温变换：200 ℃～550 ℃。

⑤适应高CO变换条件：CO可达75%。

⑥容易硫化。

⑦变换活性高。

⑧选择性好。

⑨具有较强的吸灰和抗毒能力。

⑩使用范围广：适用于各种气化流程。

（3）QCS－04一氧化碳耐硫变换催化剂

QCS－04一氧化碳催化剂适用于以煤、重油和渣油为原料的中压制氨装置、城市煤气装置和甲醇装置的变换工艺流程。该催化剂具有机械强度高、低温活性好、易于硫化和再生、碱金属流失速率低、制备工艺简单等优点，是一种性能良好的耐硫变换催化剂。

该催化剂物化性能：

①外观：氧化态为灰绿色或蓝绿色，条形。

②外形尺寸：直径ϕ3.5～4.5 mm。

③堆密度：0.85～0.95 kg/L。

④比表面积：≥60 m^2/g（硫化前）。

⑤孔容：≥0.20 mL/g（硫化前）。

⑥化学组成：CoO（质量分数）：1.8% ± 0.2%；

MoO_3（质量分数）：8.0% ± 1.0%；

载体＋助剂（质量分数）：余量。

该催化剂性能特点：

①适应于在中压（＜5.0 MPa）变换。

②强度及强度稳定性好、耐冲蚀性能高。

③烧炭再生性能好。

④抗水合能力强。

⑤变换活性高。

⑥容易硫化、硫化温度低且硫化速度快。

2）工业使用条件

（1）使用温度：QCS－01、QCS－03、QCS－04一氧化碳耐硫变换催化剂正常条件下在230 ℃～500 ℃的温度范围内使用，200 ℃催化剂起活、短时间最高耐热温度可达550 ℃，催化剂床层的热点温度不宜长时间超过500 ℃。

在一段变换炉使用时应尽可能选择较低的入口温度，但为了防止水蒸气冷凝，入口温度通常选择在高于水蒸气露点温度 25 ℃以上。随着使用时间的延长（当出口 CO 含量超标时），可逐渐提高入口温度，使出口 CO 含量控制在要求范围内。

（2）水气比及水蒸气分压：QCS－01、QCS－03 一氧化碳耐硫变换催化剂适应 0.3～2.0 的水气比，在 8.0 MPa 操作压力下，对应的水蒸气分压可达 5.0 MPa。QCS－01 一氧化碳耐硫变换催化剂从 1994 年开始在上述条件下使用取得优良的应用业绩，活性好、性能稳定、使用寿命高达 8 年。

QCS－04 一氧化碳耐硫变换催化剂适应 0.1～1.0 的水气比，1996 年首次在山西天脊化肥厂应用，首炉应用 6 年。

（3）使用压力及空速：QCS－01、QCS－03 一氧化碳耐硫变换催化剂的使用压力范围较宽，一般在 2.0～9.0 MPa 使用，最高使用压力可达 10.0 MPa。使用空速视工艺流程不同而不同，一般为 1 000～3 500 h^{-1}（干气），最高可达 6 000 h^{-1}（干气）。

QCS－04 一氧化碳耐硫变换催化剂的使用压力一般在 2.0～4.0 MPa 使用，最高使用压力可达 6.0 MPa。使用空速视工艺流程不同而不同，一般为 1 500～3 500 h^{-1}（干气），最高可达 6 000 h^{-1}（干气）。

（4）催化剂毒物：QCS－01、QCS－03、QCS－04 一氧化碳耐硫变换催化剂具有较强的抗毒物能力，工艺气中的低浓度毒物对催化剂性能影响小，即使是 As_2O_3、P_2O_5、NH_3、HCN、碳氢化合物、卤素等毒物，QCS－01、QCS－03、QCS－04 一氧化碳耐硫变换催化剂也具有较高的承受能力。

需要注意的是，必须严格防止硫化态的催化剂与空气或氧接触，否则催化剂中的硫化物将与氧剧烈反应，放出大量的热量，使催化剂床层的温度急剧上升，烧毁催化剂。同时生成的 SO_2 会发生硫酸盐化作用而使催化剂失活，并腐蚀下游生产设备。

（5）工艺气含硫量：QCS－01、QCS－03、QCS－04 一氧化碳耐硫变换催化剂的活性组分只有处于硫化状态才具有催化活性，因此对工艺气中硫含量的上限不加限制，但对下限有明确的要求，即要求使用的原料油或煤的含硫量不能小于某一数值，否则将出现反硫化现象而使催化剂失活。因此，尤其应避免已硫化的催化剂在无硫状况下操作，即使是装置停车等特殊过程，必须用蒸汽吹扫时，也应尽量缩短吹扫时间，以防止催化剂再氧化或反硫化。

催化剂中的活性组分 MoS_2 易于水解，与工艺气体中的 H_2S 之间存在下列平衡反应：

$$MoS_2 + 2H_2O \rightleftharpoons MoO_2 + 2H_2S$$

由此可见，催化剂允许工艺气中的最低硫含量与温度和水蒸气分压有关，即在一定的反应温度和水气比条件下，工艺气中的硫含量必须高于某一定值方可保证催化剂处于硫化状态，具有较高的活性。不同的催化剂对最低硫含量的要求也不相同，对于 QCS－01、QCS－03、QCS－04 一氧化碳耐硫变换催化剂，由于发明并使用了 $TiO_2-MgO-Al_2O_3$ 载体和稀土助剂，催化剂更适应于低硫条件。

3）催化剂的包装、运输与储存

QCS－01、QCS－03、QCS－04 一氧化碳耐硫变换催化剂均采用硬质纸板桶包装，内衬塑料袋密封，每桶净含量 30 kg；产品运输过程中应采取防雨措施，轻装轻卸，防止破损。催化剂运输采用火车或汽车运抵用户现场；产品应储存在干燥通风的仓库内，严防污染、受潮和破损。保质期 8 年。产品超过保质期应按产品标准要求重新检验，检验合格后仍可使用。

4）催化剂的装填

QCS－01、QCS－03、QCS－04 一氧化碳耐硫变换催化剂装填催化剂之前，应该认真检查反应器，确保清洁干净，支撑栅格正常牢固。

在装填之前，通常不需对催化剂进行筛选，但是在运输及装卸过程中，由于不正确作业可能使催化剂损坏，若发现磨损或破碎则应过筛。催化剂的装填既可以从桶内直接倒入，也可以使用溜槽或充填管。但无论采用哪一种装填方式，都必须保证催化剂自由下落高度不超过 1 m，并且要分层装填，每层都要整平之后再装下一层，防止疏密不均。在装填期间，如需要在催化剂上走动，为了避免直接踩在催化剂上，应垫上木板，使身体重量分散在木板的面积上。

为了防止在装置开车或停车过程中可能会发生高气体流速使催化剂被吹出或湍动而造成损坏，可在催化剂床层顶部覆盖金属丝网或惰性材料。惰性材料应不含硅，防止在高温、高水汽分压下释放出硅，污染催化剂。

由于高压条件下，原料气密度增大，催化剂床层高度过高会增加阻力降，因此催化剂床层高度应控制在 3～5 m。

5）催化剂的升温、硫化和开车

（1）升温。

首次开车升温时，为防止水蒸气在催化剂上冷凝，应使用惰性气体（如空气、天然气，最好是氮气）作为升温介质，当催化剂床层温度升至水蒸气的露点温度以上时，可以改用工艺气升温。催化剂床层的升温速度可控制在≤50 ℃/h，并根据可获得的最大介质流量来设定压力，以确保气体在催化剂床层上能有很好的流态分布。在通常情况下，气体的有效线速应控制在设计值的 50%～100%。当催化剂床层温度达到 200 ℃～220 ℃时，可转入硫化程序。如选用空气作为升温介质，在导入硫化气之前则必须用氮气或水蒸气吹扫系统，以置换残余氧气。

（2）硫化。

Co－Mo 系耐硫宽温变换催化剂使用前其活性组分呈氧化态，催化活性很低，需要经过硫化才能显示出良好的活性，因此硫化过程对催化剂的性能，甚至使用寿命都有直接影响。

常用的硫化剂有 H_2S、CS_2 和 COS，硫化反应可用下式表示：

$$CoO + H_2S \longrightarrow CoS + H_2O \qquad \Delta H^0_{298} = -13.4\ kJ/mol \qquad (1)$$

$$MoO_3 + 2H_2S + H_2 \longrightarrow MoS_2 + 3H_2O \qquad \Delta H^0_{298} = -48.1\ kJ/mol \qquad (2)$$

$$CS_2 + 4H_2 \longrightarrow 2H_2S + CH_4 \qquad \Delta H^0_{298} = -240.6\ kJ/mol \qquad (3)$$

$$COS + H_2O \longrightarrow CO_2 + H_2S \qquad \Delta H^0_{298} = -35.2\ kJ/mol \qquad (4)$$

可以看出，反应（3）发生时，要产生大量的热，因此如果用 CS_2 来硫化催化剂，应控制加料速度，以防止催化剂床层超温。

常用的硫化方法有以下两种：

①用工艺气硫化。

采用工艺气一次通过法硫化催化剂，尤其是在较高压力下，应该注意存在甲烷化反应的可能。为了防止此反应发生，应限制温度（一般当温度高于 400 ℃时，甲烷化反应才会明显发生）。

硫化前，应该用氮气吹净反应器，并在 1.0 MPa 左右的压力下，按升温程序用氮气升温到 200 ℃～220 ℃，然后，把湿工艺气加入氮气中（湿工艺气：氮气＝1：3）一起进入反应器，并保持温度和压力。

采用渣油部分氧化工艺气作原料，由于气体混合物中，氢气分压、CO 分压低，甲烷化反应的可能性很小，如果发生此反应导致超温时，可通过减少或切断工艺气，用氮气将催化剂床层冷却到 250 ℃左右，再慢慢地加入湿工艺气继续硫化。

当催化剂床层温度稳定时，将湿工艺气流量增加 1 倍。同时相应减少氮气，目的是使气体的线速度不超过允许值，此时气体的比率为：工艺气：氮气＝1.0～1.5。

为了缩短硫化时间，可加更多的硫分。增加硫分的办法有两种，一种是增加工艺气流量并相应地减少氮气流量直到停用氮气，但是要严格防止硫化过快引起超温，在催化剂被硫化 20% 之前，不宜增加流量；另一种是增加工艺气的硫含量，例如当工艺气体中的硫含量较低时，可添加 CS_2 等硫化剂或向原料渣油中添加硫化剂。两种方法相比，后者安全，易于控制。但是，不管采用何种办法增加硫分，缩短硫化时间，都必须保证由硫化反应造成的温

升 ΔT 不能超过 30 ℃。

当有明显的硫穿透时，表明硫化接近完全，若出口硫含量与入口硫含量平衡时，则表明硫化结束。硫化结束后，以 10～15 ℃/h 的速度将入口温度提高到设计值，同时将工艺气流量及压力也相应地提高到设计值，切除 N_2，并停止补充硫分。此时，催化剂床层温度要保持足够高，以避免水蒸气在催化剂上冷凝。

②用循环气硫化。

当催化剂床层入口温度达到 200 ℃～220 ℃时，可以开始进行催化剂硫化。硫化开始后，可以通过分析反应器的出口硫含量的变化来观察硫化进行情况，同时注意观察温度变化。

整个硫化期间，应保持温度稳定，并控制温升 ΔT 不超过 30 ℃。

当催化剂床层出口有显著的硫穿透时，表明催化剂硫化接近完全。硫化末期催化剂床层几乎没有硫化反应，此时可以 10～15 ℃/h 的速度把入口温度提高到规定的反应温度。

若串用几个反应器，当第一反应器的催化剂基本硫化完全后，则应将温度增加到 280 ℃～300 ℃，以使第二或第三反应器达到足够高的温度，保证硫化完全。

硫化结束后，停止加送硫化剂，如果可能，变换反应器的压力应通过天然气、氮气、氢气或这三种气体的混合气提高到约 3.0 MPa。然后将原料气送入催化剂床层，慢慢地把压力和温度调整到设计值。在这个阶段，应始终保持一定流速，并且根据压力调节气体流量。注意催化剂上的气体有效线速度不超过设计值。

每个反应器的催化剂床层温度都必须保持在高于水蒸气露点温度 25 ℃以上。

（3）开车。

为了延长催化剂使用寿命，在正常运转期间应尽可能保持较低的入口温度（高于露点 25 ℃以上），并保持温度、压力、水气比、硫化氢浓度等各项操作参数的平稳，减少开停车次数，避免在无硫的条件下或硫含量过低时运转。

运转过程中，不允许瞬间大幅度降压或升压。注意各反应器的压差变化，工况改变或操作异常时，应注意测定出口 CO 含量，必要时应标定各项参数。当长时间运转后催化剂活性衰退，出口 CO 含量增加时，可小幅度地逐渐提高入口温度，使出口 CO 含量控制在设计值以下。

二、变换工段的认识

1. 变换工段的任务和意义

变换工段是把气化工序送来的经洗涤塔洗涤冷却后合格的粗煤气送入变

换工段，经部分耐硫变换，与未参加变换的粗煤气混合得到有效气 $H_2/CO \approx 2.0 \sim 2.1$ 的变换气，同时回收部分变换反应热，副产低压蒸汽、预热锅炉给水及脱盐水等物料。

本工段的主要任务：负责本工段所属动静设备的开停、置换、正常运转、日常维护保养和有关设备的试车及配合检修等，保证设备处于完好状态，确保本工序正常稳定生产。

2. 变换工段的主要设备

1）变换炉

变换炉是水煤浆加压气化制甲醇工艺的核心设备之一，本装置变换炉属于轴向绝热式固定床反应器，分上下两段装填 Co－Mo 催化剂。粗煤气自上而下穿过床层，在催化剂作用下把 CO 和 H_2O（气态）部分变换成 H_2 和 CO_2，与未参加变换的粗煤气混合得 $H_2/CO = 2.0 \sim 2.1$ 的变换气，为甲醇合成反应提供正确的化学量比。

变换炉主要由上、下两催化剂床层组成，其结构如图 4－1 所示。其中：进口

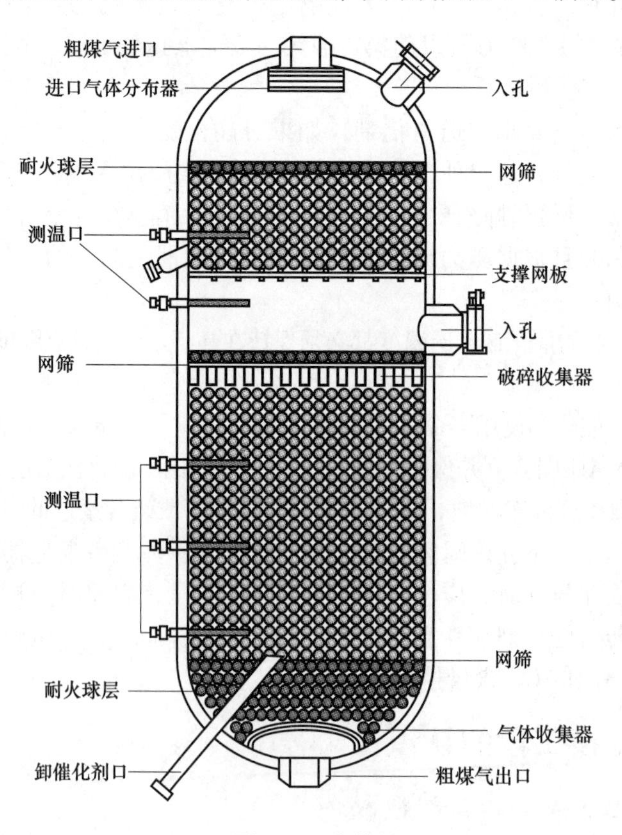

图 4－1　变换炉

气体分布器由环板、底板和筋板组成，见图 4－2（a）；网筛由支撑环板、压板和丝网组成，见图 4－2（b）；破碎收集器由多个破碎收集篮构成，破碎收集篮由圆筒、夹圈、底板和丝网组成，见图 4－2（c）；气体收集器由封头板、丝网、圆筒、夹圈和连接板组成，见图 4－2（d）；支撑网板由支撑板、连接板、筋板组成，见图 4－2（e）。

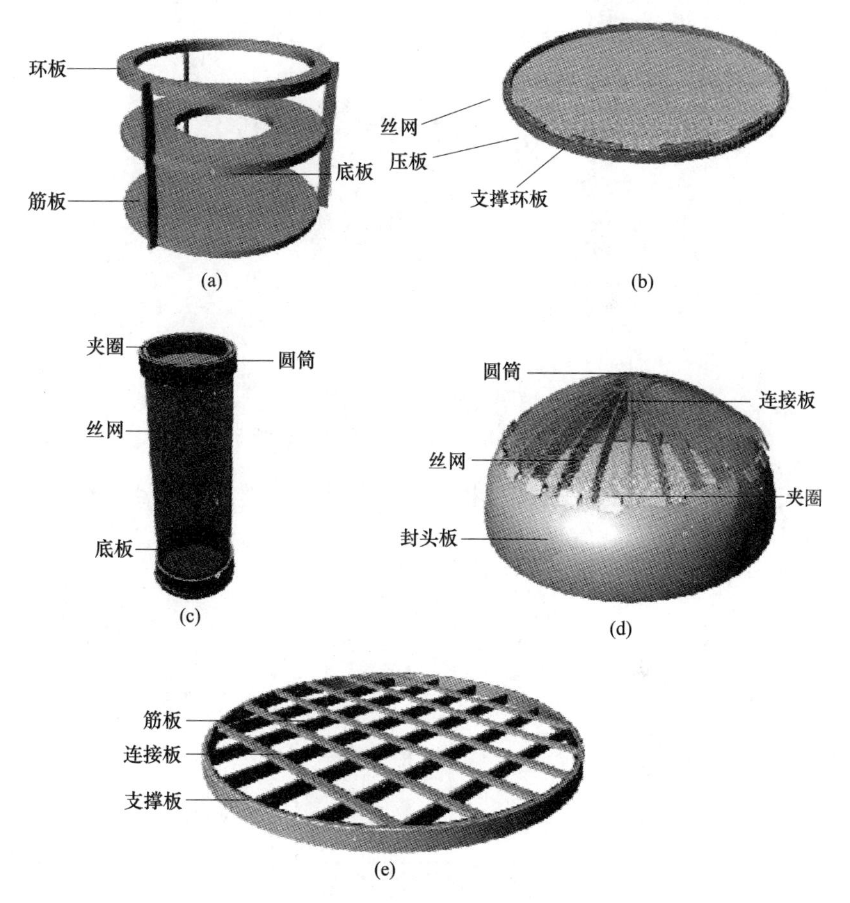

图 4－2　变换炉附件结构

（a）进口气体分布器；（b）网筛；（c）破碎收集器；
（d）气体收集器；（e）支撑网板

2）气液分离器

气液分离器是化工生产中常用设备，常用于气液非均一系分离，来实现凝液回收和气相的净化。由于其结构简单，制造方便，阻力小，因此应用广泛。

气液分离器一般就是一个压力容器，按照结构分为立式气液分离器和卧式气液分离器两种（图 4 - 3），气液分离器的分离原理和结构形式有多种，本节只介绍本套煤制甲醇流程中所涉及的气液分离器的结构，重点以立式气液分离器为例。

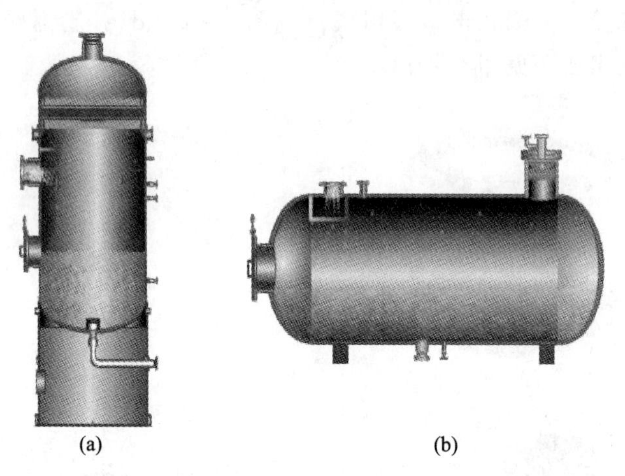

图 4 - 3　气液分离器

（a）立式气液分离器；（b）卧式气液分离器

立式气液分离器内件由折流挡板、防涡流装置、丝网除沫器等组成。其他管口和附件有气体进口、气体出口、液体出口、裙座等，其结构如图 4 -4 所示。

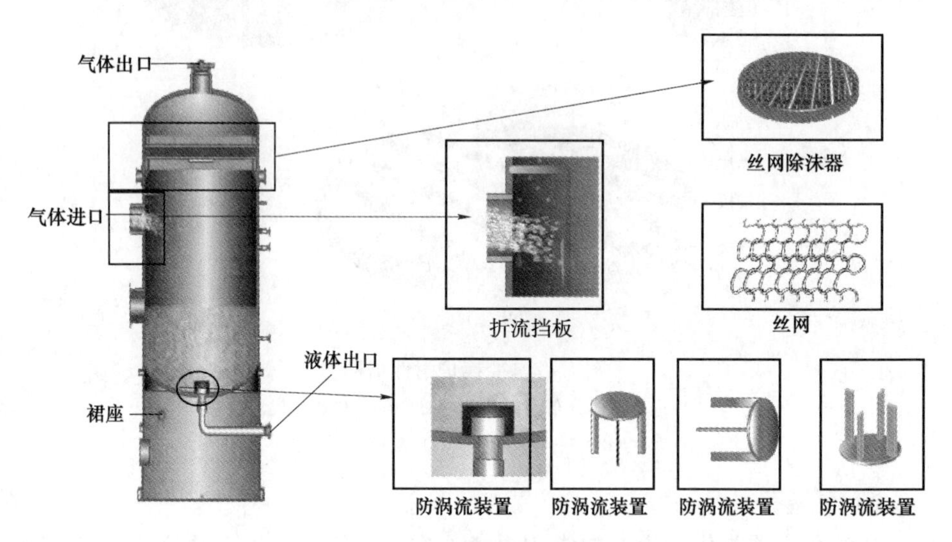

图 4 - 4　立式气液分离器结构

气液分离器的基本原理是利用气液密度不同，在一个突然扩大的容器中，流速降低后，在主流体转向的过程中，气相中细微的液体下沉而与气体分离，具体分离原理如下：①在气体进口处，气液遇到阻挡，气体会折流而走，而液体由于惯性，继续有一个向前的速度，向前的液体在折流挡板壁面上凝聚，从而分离［图4－5（a）］；②经过折流挡板后的气液，气体向上运动，液体会受到重力和惯性的作用，产生一个斜向下的速度，从而部分液滴脱离气体而分离。在气液上升的过程中，一部分液滴互相碰撞而凝聚，在重力的作用下进入液面［图4－5（b）］；③经过丝网时，气液不停转向，气体会折流而走，而液体由于惯性，继续有一个向前的速度，向前的液体附着在丝网表面，在重力的作用下汇集到一起，最终分离［图4－5（c）］。

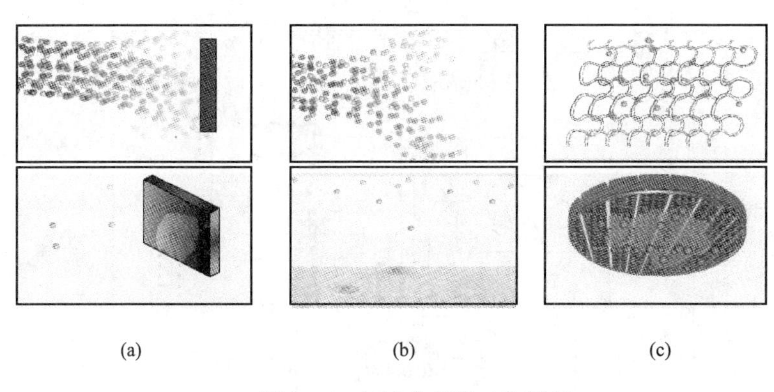

图4－5　气液分离器工作原理

3. 变换工段的流程介绍

CO变换工段工艺流程如图4－6所示。来自气化工序的粗煤气（230 ℃左右，汽气比约为1.5）经1#气液分离器（V1501）分离掉气体中夹带的水分后，约56%的粗煤气进入粗煤气预热器（E1501），被变换炉（R1501）出来的经蒸汽过热器（E1502）预冷后的变换气预热至280 ℃，进入变换炉（R1501）进行耐硫变换，变换炉温度控制在435 ℃，出变换炉的变换气（温度435 ℃）经蒸汽过热器（E1502）将2.5 MPa蒸汽由230 ℃过热至390 ℃，变换气温度降至400 ℃，再经粗煤气预热器（E1501）预热粗煤气回收热量后，温度降至350 ℃，与未参加变换的粗煤气混合后，进入1#低压蒸汽发生器（E1503），副产1.3 MPa低压蒸汽，变换气温度降为220 ℃，经2#气液分离器（V1502）分离出冷凝液后，进入2#低压蒸汽发生器（E1504），副产0.7 MPa低压蒸汽，变换气温度降为190 ℃，经3#气液分离器（V1503）分离掉工艺冷凝液后，进入3#低压蒸汽发生器（E1505），副产0.35 MPa低压蒸汽，温度进一步降低至170 ℃，经5#气液分离器（V1505）分离掉工艺冷凝液，进入蒸汽凝液预热器（E1510），将从713工段来的95 ℃透平凝液预热至

140 ℃，变换气温度降至 136.28 ℃；再经 6#气液分离器（V1506）分离掉工艺冷凝液，进入 2#脱盐水预热器（E1506）预热来自 1#脱盐水预热器（E1508）的脱盐水，温度降至 70 ℃，最后在水冷器（E1509）用循环冷却水冷却至 40 ℃左右，在 4#气液分离器（V1504）顶部用冷密封水洗去 NH_3，分离掉工艺冷凝液后变换气送入低温甲醇洗工段。

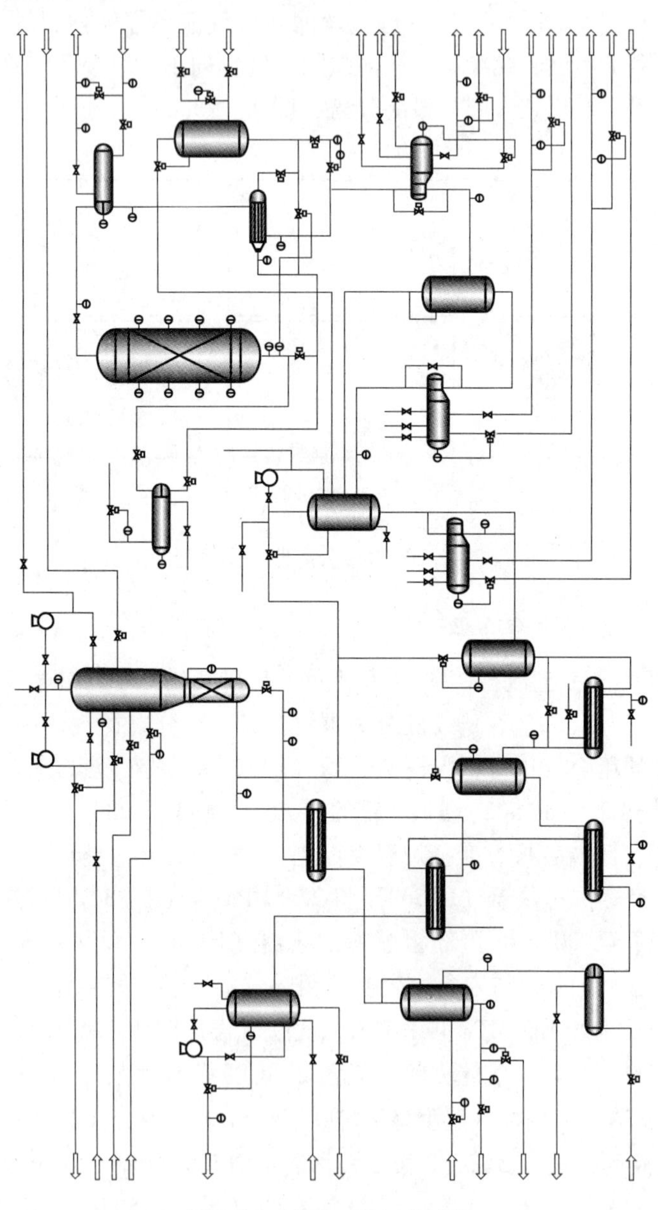

图 4-6　变换工段工艺流程

1#气液分离器（V1501）和2#气液分离器（V1502）分离出来的冷凝液，与3#气液分离器（V1503）分离出来的高温工艺冷凝液汇合后，温度约为210 ℃,其中大部分经过工艺冷凝液泵（P1501）加压后送至气化工段洗涤塔（T1301）使用，一小部分与5#、6#气液分离器（V1505、V1506）分离出来的冷凝液（温度约为100 ℃）一并进入汽提塔（T1501）上部进行汽提。

4#气液分离器（V1504）分离出来的低温冷凝液（温度约为40 ℃）在E1507换热器同汽提塔（T1501）顶部出口酸性气体（温度约为120 ℃）换热后（温度约为80 ℃）进入汽提塔（T1501）上部，在汽提塔内用高压闪蒸汽和蒸汽作为汽提气汽提出溶解在冷凝液中的 H_2、H_2S、NH_3，合称为酸性气。汽提塔顶出口酸性气进入低温冷凝液预热器（E1507）将4#气液分离器（V1504）分离出来的低温冷凝液预热后，温度降为100 ℃，进入1#脱盐水预热器（E1508），同脱盐水站来的冷脱盐水换热后，温度降为70 ℃，同时将冷脱盐水从20 ℃预热至50 ℃，再进入酸性气分离器（V1507）进行气液分离。酸性气分离器（V1507）分离出来的酸性气体送至火炬燃烧。底部分离出来的低温冷凝液经低温冷凝液泵（P1503）加压后送至煤浆制备工段制浆水槽循环使用。汽提塔塔底冷凝液其中一部分经气化高温热水器给水泵（P1502）加压后送至灰水处理工段气化高温热水器（V1401）和高温热水器（V1402）作塔盘喷淋水用，另一部分汽提塔塔底冷凝液经脱氧槽给水泵（P1504）加压后送至灰水处理工段的除氧器（V1411）用作灰水补充水。PDI15003用来监测变换炉的阻力，为防止原料预热器E1501管、壳程之间压差太大，损坏粗煤气预热器E1501波纹管，在管、壳程进出口管线上设计了爆破板，当压差高于0.98 MPa时，爆破板破裂。

冷脱盐水流程：脱盐水站来的冷脱盐水，条件为30 ℃、0.8 MPa，由1#脱盐水预热器E1508预热至46 ℃、0.8 MPa后，分5路：一路脱盐水送入气化工段烧嘴冷却水槽V1305作为正常生产中维持液位用水；一路送渣池泵P1304作泵用密封水；一路送入灰水处理工段作液位计冲洗水和泵用密封水；一路送入变换工段低温冷凝液泵P1503作密封水；一路经2#脱盐水预热器E1506预热至110 ℃、0.8 MPa，送入热回收工段E2701除氧器内。

4. 变换工段点位表

（1）变换工段工艺指标一览表如表4－1所示。

表4-1 变换工段工艺指标一览表

工段	位号	稳态值	单位	报警低限	报警高限
变换工段	AI15001	19.73	%（mol）	/	/
	AI15002	0.00	%	/	/
	AIC15001	19.64	%（mol）	/	/
	FI15003	13 390.15	kg/h	/	/
	FI15004	13 115.88	kg/h	/	/
	FI15007	15.62	t/h	/	/
	FIC15001	0.00	Nm^3/h	/	/
	FIC15002	89 827.76	Nm^3/h	/	/
	FIC15005	0.01	m^3/h	/	/
	FIC15006	5 916.05	kg/h	/	/
	LIC15001	49.87	%	30	65
	LIC15002	48.90	%	30	60
	LIC15003	49.61	%	12	60
	LIC15004	50.04	%	34	60
	LIC15005	47.04	%	15	60
	LIC15007	51.46	%	45	65
	LIC15009	42.53	%	35	65
	LIC15010	49.64	%	10	90
	LIC15011	47.49	%	30	60
	LIC15012	47.29	%	30	60
	LIC15013	57.85	%	15	75
	PDI15010	0.024	MPa	/	/
	PI15002	6.115	MPa	5	7
	PI15008	2.499	MPa	/	/
	PIC15005	1.200	MPa	/	/
	PIC15006	0.598	MPa	/	/
	PIC15007	5.803	MPa	5	6.5
	PIC15009	0.024	MPa	/	/
	PIC15011	0.247	MPa	/	/
	TI15001	312.31	℃	/	/

续表

工段	位号	稳态值	单位	报警低限	报警高限
变换工段	TI15001	402.21	℃	/	/
	TI15001	422.97	℃	/	/
	TI15001	434.04	℃	/	/
	TI15003	321.50	℃	/	/
	TI15004	333.85	℃	/	/
	TI15006	407.98	℃	/	/
	TI15008	428.16	℃	/	/
	TI15010	435.94	℃	/	/
	TI15011	436.81	℃	380	480
	TI15012	396.49	℃	/	/
	TI15013	350.66	℃	/	/
	TI15014	204.65	℃	/	/
	TI15015	189.91	℃	/	/
	TI15016	170.25	℃	/	/
	TI15017	71.14	℃	/	/
	TI15018	40.21	℃	/	/
	TI15019	40.37	℃	/	/
	TI15022	70.04	℃	/	/
	TI15023	136.07	℃	/	/
	TI15025	66.97	℃	/	/
	TI15026	105.34	℃	/	/
	TI15027	83.11	℃	/	/
	TI15028	104.19	℃	/	/
	TI15029	106.14	℃	/	/
	TI15030	139.94	℃	/	/
	TIC15002	280.72	℃	250	300
	TIC15020	342.16	℃	280	400
	TIC15024	25.03	℃	/	/

（2）变换工段阀门一览表如表4－2所示。

表4－2　变换工段阀门一览表

工段	位号	描述	属性
变换工段	XV15001	工艺气副线切断阀	电磁阀
	XV15002	工艺气主线切断阀	电磁阀
	FV15001	氮气调节阀	可控调节阀
	FV15002	工艺气副线调节阀	可控调节阀
	FV15005	密封水调节阀	可控调节阀
	FV15006	蒸汽调节阀	可控调节阀
	LV15001	1#气液分离器排水调节阀	可控调节阀
	LV15002	2#气液分离器排水调节阀	可控调节阀
	LV15003	3#气液分离器排水调节阀	可控调节阀
	LV15004	4#气液分离器排水调节阀	可控调节阀
	LV15005	7#气液分离器排水调节阀	可控调节阀
	LV15007	1#蒸汽发生器给水调节阀	可控调节阀
	LV15009	2#蒸汽发生器给水调节阀	可控调节阀
	LV15010	汽提塔排水调节阀	可控调节阀
	LV15011	5#气液分离器排水调节阀	可控调节阀
	LV15012	6#气液分离器排水调节阀	可控调节阀
	LV15013	3#蒸汽发生器给水调节阀	可控调节阀
	PV15005	1#低压蒸汽发生器压力调节阀	可控调节阀
	PV15006	2#低压蒸汽压力调节阀	可控调节阀
	PV15007	煤气管线压力调节阀	可控调节阀
	PV15009	7#气液分离器压力调节阀	可控调节阀
	PV15011	低压蒸汽压力调节阀	可控调节阀
	TV15002	进变换炉煤气温度调节阀	可控调节阀
	TV15020	过热蒸汽温度调节阀	可控调节阀
	TV15024	开工煤气预热温度调节阀	可控调节阀
	MV15002	氮气充压阀	手动调节阀
	MV15003	新鲜水补充阀	手动调节阀
	MV15004	氮气充压阀	手动调节阀
	MV15005	高压闪蒸汽调节阀	手动调节阀
	MV15009	入蒸汽过热器蒸汽调节阀	手动调节阀
	MV15010	煤气去净化调节阀	手动调节阀
	MV15011	1#脱盐水预热器原水进口阀	手动调节阀
	MV15012	4#气液分离器变换气进口阀	手动调节阀

续表

工段	位号	描述	属性
变换工段	MV15013	蒸汽凝液预热器原水进口阀	手动调节阀
	MV15021	1#低压蒸汽发生器排污阀	手动调节阀
	MV15022	2#低压蒸汽发生器排污阀	手动调节阀
	MV15023	1#气液分离器出口旁路调节阀	手动调节阀
	MV15024	2#气液分离器出口旁路调节阀	手动调节阀
	MV15025	3#气液分离器出口旁路调节阀	手动调节阀
	MV15026	5#气液分离器出口旁路调节阀	手动调节阀
	MV15027	2#脱盐水预热器排污阀	手动调节阀
	MV15028	粗煤气进变换炉截断阀	手动调节阀
	MV15031	去循环换热器截断阀	手动调节阀
	MV15032	出循环换热器截断阀	手动调节阀
	MV15033	去变换炉截断阀	手动调节阀

（3）变换工段设备一览表如表4－3所示。

表4－3　变换工段设备一览表

工段	点位	描述	点位	描述
变换工段	E1501	粗煤气预热器	P1502	气化高温热水器给水泵
	E1502	蒸汽过热器	P1503	低温冷凝液泵
	E1503	1#低压蒸汽发生器	P1504	脱氧槽给水泵
	E1504	2#低压蒸汽发生器	R1501	变换炉
	E1505	3#低压蒸汽发生器	T1501	汽提塔
	E1506	2#脱盐水预热器	V1501	1#气液分离器
	E1507	低温冷凝液预热器	V1502	2#气液分离器
	E1508	1#脱盐水预热器	V1503	3#气液分离器
	E1509	水冷器	V1504	4#气液分离器
	E1510	蒸汽凝液预热器	V1505	5#气液分离器
	E1511	开工加热器	V1506	6#气液分离器
	P1501	工艺冷凝液泵	V1507	7#气液分离器

5. 变换工段的操作画面

变换工段的操作画面如图 4－7～图 4－11 所示。

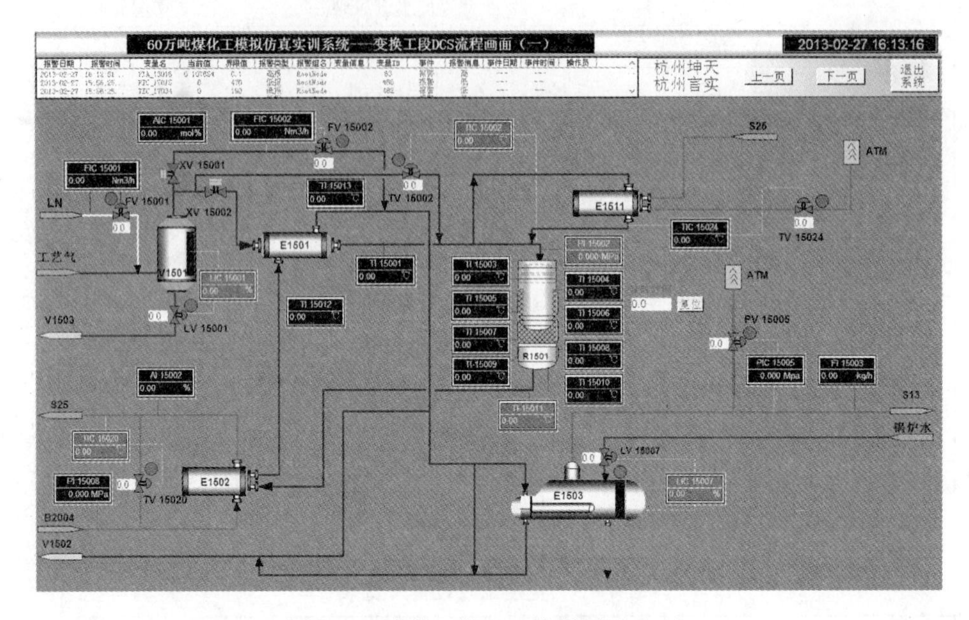

图 4－7 变换工段 DCS 流程画面（一）

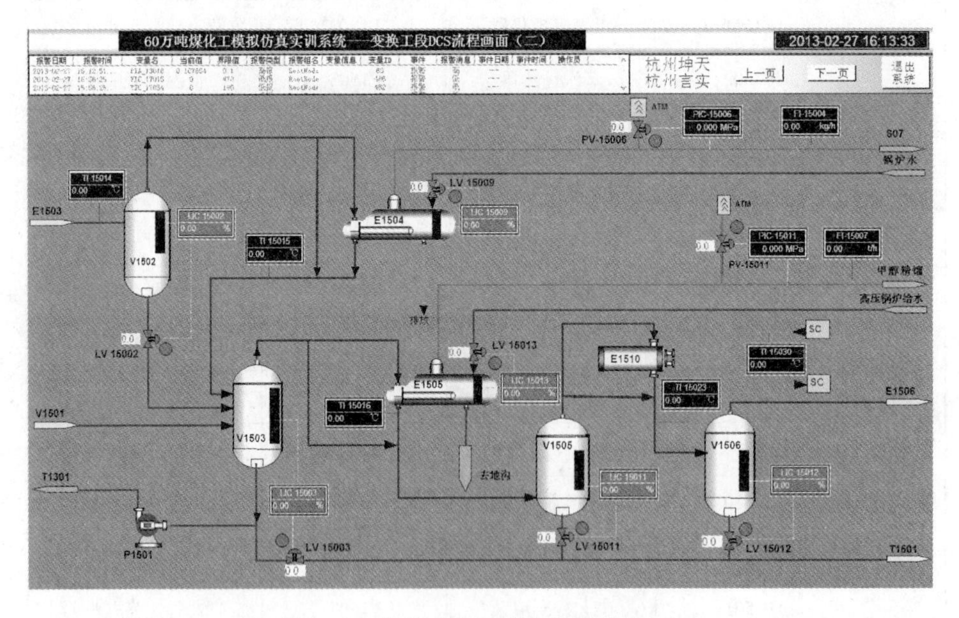

图 4－8 变换工段 DCS 流程画面（二）

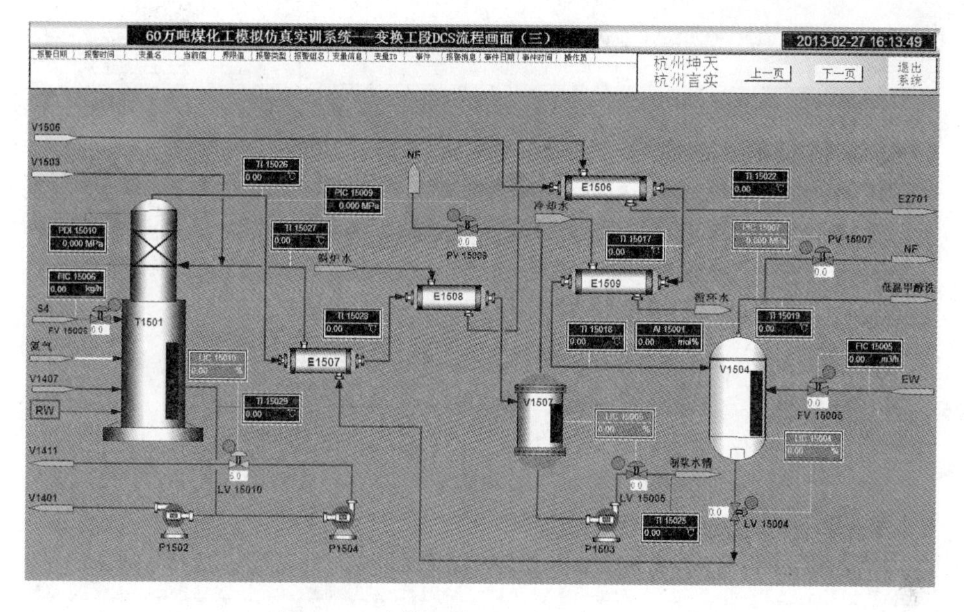

图4-9　变换工段 DCS 流程画面（三）

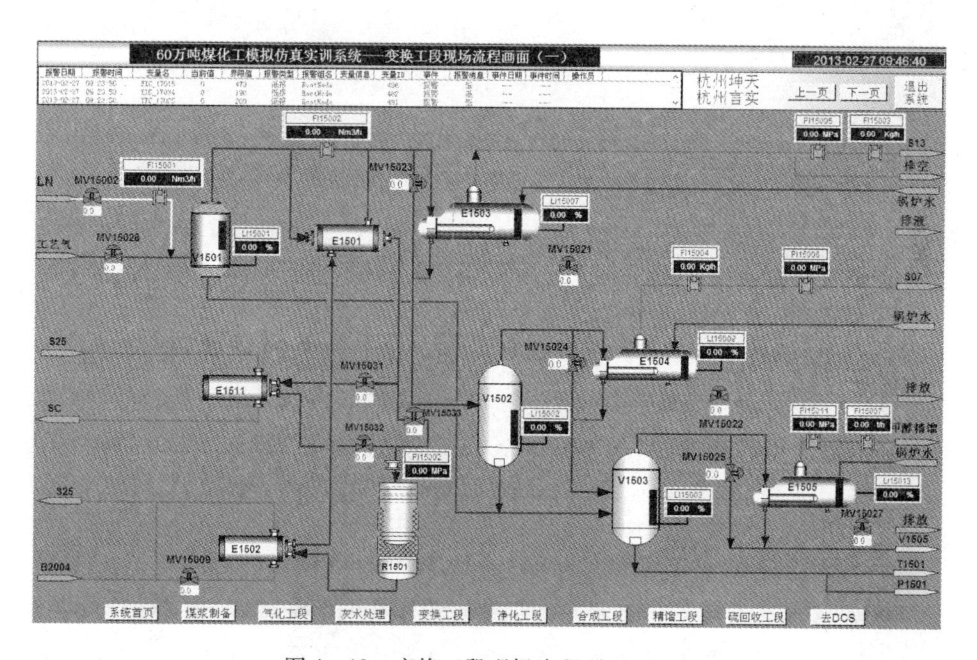

图4-10　变换工段现场流程画面（一）

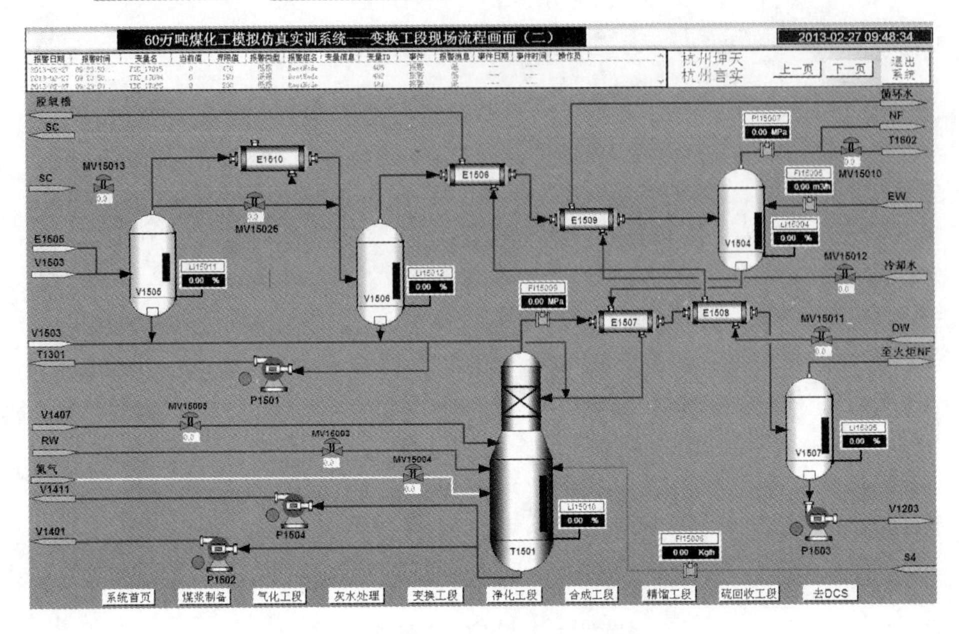

图 4-11　变换工段现场流程画面（二）

温馨提示

1. 停车

装置短时间停车时，在不会发生水蒸气冷凝的情况下，切断原料气保持压力即可。

如果是较长时间停车，则应该降低反应器压力，引纯氮气进行吹扫以保护催化剂，防止水蒸气冷凝，并应保持反应器压力稍大于常压。如果要从反应器中卸出催化剂，应用氮气将催化剂冷却到50 ℃～70 ℃，打开反应器顶部的人孔和反应器出口卸料阀，卸出催化剂。

2. 再开车

使用过的催化剂呈硫化状态，因此必须绝对避免这些催化剂与空气接触，这些催化剂的最好升温方法是使用天然气或纯氮气，若氮气中含有少量氧气，为了尽可能防止形成 SO_2，造成下游装置的腐蚀，应加入适量氢气。也可用纯氢升温，但必须考虑到氢气会使催化剂脱硫，因此最好使用纯氮气来加热催化剂。

3. 催化剂再生

催化剂再生的目的在于降低床层阻力，尽可能使催化剂恢复到原来的活性。但是，这种再生只有由于外来化合物而引起的活性降低，并且这类化合物可用氧脱除时才有可能，通常这类化合物是指炭黑、高沸点烃类等。

催化剂床层阻力上升常常是由于原料气中夹带杂质和炭在上层催化剂沉积造成的。当催化剂床层阻力增大影响生产时，应进行除炭再生。再生方法通常采用添加少量空气（如开始添加2%然后逐渐增加到5%）的水蒸气或氮气，在一定温度下与焦炭反应生成CO_2、CO。脱除炭的同时，催化剂中的硫化物也会与氧反应生成SO_2。氧化过程会放出大量的热量，因此要缓慢进行，严防超温烧毁催化剂。根据床层温度变化和出口CO_2含量的变化判断氧化反应进行情况，逐渐增加空气量直至出口检测不到CO_2，表明再生过程结束。

为了达到满意的再生效果，蒸汽的入口温度可选择在350 ℃～400 ℃，达到预定入口温度之后，开始通入空气，密切注意催化剂床层温度变化，防止超温。依除炭情况，可将入口温度降到300 ℃，床层热点温度最好接近450 ℃～500 ℃。为了利于气体分布，烧炭时应降低压力（小于3.0 MPa），但也不能过低，以避免气速太高。碳和硫不仅与氧反应，也能与水蒸气反应，因此出口气体除CO_2和SO_2之外，还有氢和硫化氢。

若再生后床层阻力降仍然较大，则应卸出催化剂筛除杂质和碎催化剂，然后重新装填，最好按原来的床层位置回装催化剂，补充的新催化剂应装在最上层。

由于上述再生和重新装填催化剂操作复杂，不易掌握，最好不采用再生的办法。一般杂质和焦炭沉积主要集中在催化剂的入口部分，因此推荐采用更换上层催化剂的方法来达到降低阻力降和恢复上层催化剂活性的目的。也可在流程上增加预变换段，装少量催化剂起到滤除粉尘、杂质和毒物的作用，保护主床催化剂。

任务二 变换工段开车操作技能训练

变换工段开车操作员根据操作内容不同，分为变换操作员和现场操作员。

变换操作员负责对中控室变换段DCS界面的自动阀和自动开关进行操作；现场操作员负责对变换工段工艺现场部分的手动阀及现场开关进行操作。

一、开车前准备工作

开车前准备工作包括氮气置换和引入系统冷却水，检查变换工段DCS流程画面自动阀和变换工段现场画面手动阀状态是否满足开车条件。升温系统LN氮气置换路线：LN→FV15001→V1501→E1501（管程）→E1511→R1501→E1502（管程）→E1501（壳程）→ E1503→V1502→E1504→V1503→E1505→V1505→E1510→V1506→E1506→E1509→V1504→火炬。

各阀状态如下：

R1501前粗煤气管线手动闸阀MV15001为关；

阀XV15001为开，阀FV15002和阀TV15002阀为开，开度设为5%；

阀HV15002A和阀HV15002B为开，开度设为5%；

阀PV15007为开，开度设为5%；

阀HV15003、阀HV15004、阀HV15005、阀HV15006为关。

开车前准备工作具体操作步骤如下：

（1）现场操作员在变换工段现场，打开E1508冷却水阀MV15011，开度设为5%；打开E1509冷却水阀MV15012，开度设为5%；打开E1510冷却水阀MV15013，开度设为5%，开启冷却水换热系统。

（2）变换操作员打开变换工段DCS流程画面（一），打开V1501气相出口开关阀XV15001；打开FV15002，开度设为5%，使工艺副线通畅。

（3）变换操作员打开变换工段DCS流程画面（一），打开V1501气相未换热进反应器物流阀TV15002，开度设为5%，调节温度。

（4）现场操作员在变换工段现场，打开去变换炉截断阀MV15033，开度设为5%。

（5）现场操作员在变换工段现场，打开辅助换热器E1511前后阀MV15031和MV15032，开度均设为5%，使管线通畅。

注意：MV15033为未经加热系统的冷物料进阀，TV15024为加热蒸汽阀，因此，开大MV15033，关小TV15024可使R1501降温，反之则加速R1501的升温。

二、开车操作

变换反应流程为粗煤气进变换炉进行变换反应，然后经过换热，副产一系列蒸汽后，进入净化工段。具体操作步骤如下：

（1）现场操作员在变换工段现场，打开气液分离器V1501前粗煤气管线上的LN手动阀MV15002，开度设为5%。

（2）变换操作员打开变换工段 DCS 流程画面（一），打开氮气阀 FV15001，开度设为5%。

（3）变换操作员打开变换工段 DCS 流程画面（三），监控系统压力 PIC15007，待其升至 0.350 MPa 后，打开放空阀 PV15007，开度设为 15%；在触媒升温过程中，控制 PV15007 的开度来维持 PIC15007 稳定在 0.350 MPa 左右。

（4）变换操作员打开变换工段 DCS 流程画面（一），打开换热器 E1511 过热蒸汽阀 TV15024，阀门开度 5%，给触媒升温。

（5）现场操作员在变换工段现场，调节 MV15033（开度约为 5%）缓慢升温，升温时间 510 s。开始升温时，可点击反应器旁的“复位”按钮，进行清零计时，示数跳转到 510 时即表示升温时间持续 510 s。

（6）变换操作员打开变换工段 DCS 流程画面（一），等待 R1501 出口温度 TI15011 达到 120 ℃。

（7）现场操作员在变换工段现场，调节 MV15033（开度约为 10%）进行保温，使 R150 在 120 ℃左右保温 600 s。

注意：开始保温时，可点击反应器旁的“复位”按钮，进行清零计时，示数跳转到 600 时即表示保温时间持续 600 s。

（8）现场操作员在变换工段现场，保温结束后，调节 MV15033（开度约为 1%）继续升温，使 R1501 出口温度 TI15011 升到 220 ℃，调整升温速率，升温时间约 700 s。

注意：开始升温时，可点击反应器旁的“复位”按钮，进行清零计时，示数跳转到 700 时即表示升温时间持续 700 s。

三步升温曲线如图 4－12 所示。

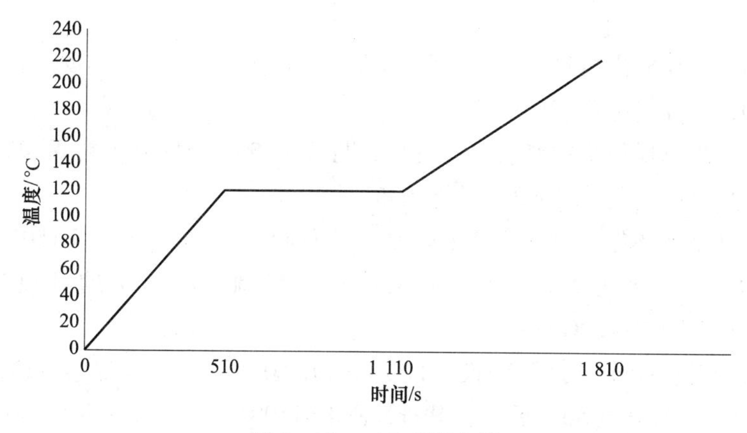

图 4－12　三步升温曲线

（9）现场操作员在变换工段现场，打开粗煤气阀现场手动阀 MV15028

（此阀为反应气进料阀门，开度不可随意调节），开度设为90%。

（10）变换操作员打开变换工段DCS流程画面（一），关闭氮气阀FV15001。

（11）现场操作员在变换工段现场，关闭低压氮气手动阀MV15002。

（12）变换操作员打开变换工段DCS流程画面（一），关闭换热器E1511过热蒸汽阀TV1024。

（13）现场操作员在变换工段现场，关闭辅助换热器E1511前后阀MV15031和MV15032。

（14）变换操作员打开变换工段DCS流程画面（三），设置PV15007的开度为5%，在之后操作中，控制PV15007的开度来维持PIC15007稳定在5.800 MPa左右。

（15）变换操作员打开变换工段DCS流程画面（一），打开XV15002，利用反应器出口热物料对进口气进行升温。

（16）变换操作员打开变换工段DCS流程画面（三），观察V1504液位LIC15004，待其升至50%后，打开排液阀LV15004，开度设为5%；在之后操作中，控制LV15004的开度使液位维持在50%左右。

（17）变换操作员打开变换工段DCS流程画面（三），打开T1501的S07进口阀FV15006，开度设为5%。

（18）现场操作员在变换工段现场，打开V1407进T1051阀MV15005，开度设为5%。

（19）变换操作员打开变换工段DCS流程画面（三），打开PV15009，开度设为5%；在之后操作中，控制PV15009的开度来维持PIC15009稳定在0.023 MPa左右。

（20）变换操作员打开变换工段DCS流程画面（一），观察反应器出口温度TI15011，待其达到435 ℃。

（21）现场操作员在变换工段现场，打开E1502冷物料进料阀MV15009，开度设为25%，投用E1502，进行冷却。

（22）变换操作员打开变换工段DCS流程画面（一），打开E1502旁路阀TV15020，开度设为5%；在之后操作中，控制TV15020的开度来维持TIC15020稳定在342 ℃左右。

（23）变换操作员打开变换工段DCS流程画面（一），观察V1501液位LIC15001，待其升至50%后，打开排液阀LV15001，开度设为5%；在之后操作中，控制LV15001的开度使液位维持在50%左右。

（24）变换操作员打开变换工段DCS流程画面（三），观察T1501液位

LIC15010，待其升至50%后，打开排液阀LV15010，开度设为5%；在之后操作中，控制LV15010的开度使液位维持在50%左右。

（25）现场操作员在变换工段现场，打开T1501去V1411出口泵P1504。

（26）变换操作员打开变换工段DCS流程画面（一），打开E1503液位控制阀LV15007，开度设为50%，对E1503充液。

（27）变换操作员打开变换工段DCS流程画面（二），打开E1504液位控制阀LV15009，开度设为50%，对E1504充液。

（28）变换操作员打开变换工段DCS流程画面（二），打开E1505液位控制阀LV15013，开度设为50%，对E1505充液。

注意：下面的操作没有先后顺序，某个罐子液位达到预定值后，就可以进行相对应的操作。

（29）变换操作员打开变换工段DCS流程画面（一），观察E1503液位LIC15007，待其升至45%后，设置LV15007的开度为5%；在之后操作中，控制LV15007的开度使液位维持在50%左右。

（30）变换操作员打开变换工段DCS流程画面（二），观察E1504液位LIC15009，待其升至45%后，设置LV15009的开度为5%；在之后操作中，控制LV15009的开度使液位维持在50%左右。

（31）变换操作员打开变换工段DCS流程画面（二），观察E1505液位LIC15013，待其升至45%后，设置LV15013的开度为5%；在之后操作中，控制LV15013的开度使液位维持在50%左右。

（32）变换操作员打开变换工段DCS流程画面（二），观察V1506液位LIC15012，待其升至20%后，打开排液阀LV15012，开度设为5%；在之后操作中，控制LV15012的开度使液位维持在20%左右。

（33）变换操作员打开变换工段DCS流程画面（二），观察V1502液位LIC15002，待其升至50%后，打开排液阀LV15002，开度设为5%；在之后操作中，控制LV15002的开度使液位维持在50%左右。

（34）变换操作员打开变换工段DCS流程画面（二），观察V1503液位LIC15003，待其升至50%后，打开排液阀LV15003，开度设为5%；在之后操作中，控制LV15003的开度使液位维持在50%左右。

（35）现场操作员在变换工段现场，打开V1503去T1301出口泵P1501。

（36）现场操作员在变换工段现场，打开T1501去V1401出口泵P1502。

（37）变换操作员打开变换工段DCS流程画面（二），观察V1505液位LIC15011，待其升至20%后，打开排液阀LV15011，开度设为5%。

注意：在之后的操作中，调节LV15011的开度，使液位LIC15011维持在20%左右。

（38）变换操作员打开变换工段DCS流程画面（三），观察V1507液位LIC15005，待其升至20%后，打开排液阀LV15005，开度设为5%。

注意：在之后的操作中，控制 LV15005 的开度使液位维持在 20% 左右。

(39) 现场操作员在变换工段现场，打开 V1507 排液泵 P1503，使 V1507 液位 LIC15005 保持稳定。

(40) 变换操作员打开变换工段 DCS 流程画面（三），关闭阀 PV15007，停止排气。

(41) 现场操作员在变换工段现场，打开 MV15010，开度设为 5%，控制 PIC15007 压力在 5.800 MPa 左右，向低温甲醇洗工段提供变换气。

知识拓展

1. 开车前的注意事项

(1) 全面检查系统所属设备、管线、阀门，应符合开、停车要求，联系有关人员检查仪表、电器设备灵敏好用与否。

(2) 联系调度送中压蒸汽暖管，排放冷凝积水，待炉温达 200 ℃可导气。

(3) 无论何种情况床层温度不得低于露点温度（0.75 MPa - 120 ℃，1.35 MPa - 140 ℃），否则煤气中的蒸汽将冷凝成水导致催化剂中钾的流失而影响活性。

(4) 根据系统气量大小、压力高低情况，调整蒸汽加入量，控制好汽气比。给系统加蒸汽前，必须将蒸汽管内的冷凝水排净。

(5) 开车初期炉温较低，使用冷煤气付线调温易使变换炉入口温度低而带水，应以蒸汽量调节。

(6) 调节蒸汽加入量，使炉温在正常范围之内，出系统 CO 含量达标后，联系调度，缓慢打开系统出口阀，关放空阀，向后工序送气。

2. 原始开车步骤

原始开车是指设备安装完毕或大修完毕后的开车，其开车步骤如下：

(1) 对照图纸，全面核对所有设备是否安装就绪；所有管线、阀门是否连接配齐；所有仪表管线、测温点、压力表是否配置齐全；所有电气开关及照明安装是否正确、开关是否灵活。

(2) 当全面检查无疑后，用空气将设备及管线内的灰尘杂物吹除干净，吹除时要排放各处导淋、放空，有死角的地方应松开法兰，然后再把法兰上紧。

(3) 吹除工作完毕后，用空气对系统进行试压，试压压力为工作压力的 1.2 倍，无漏合格。

(4) 试压合格后，进行变换炉催化剂及煤气过滤器焦炭的装填工作。装填过程中，一定要按照生产技术指标要求进行，轴向虚实程度均匀，上部平整，防止杂物带入。

(5) 催化剂装填完毕，封闭全系统，用贫气置换，由压缩机送贫气，打开系统进气总阀，打开各处导淋、放空阀，按贫气流向顺序取样分析，$O_2 \leqslant 0.5\%$合格，关闭各处放空、导淋阀，关闭进气总阀，系统保持正压。

（6）煤气风机及风机进口煤气管道置换。打开风机进口阀，打开风机出口阀（不启动风机），从电加热器导淋取样分析，$O_2 \leqslant 0.5\%$合格。

（7）置换要彻底，不留死角，保证安全。

任务三　变换工段稳定生产操作技能训练

一、变换工艺操作条件的选择

1. 中变工艺条件

1）操作温度

（1）操作温度必须控制在催化剂活性温度范围内。反应开始温度应高于催化剂活性温度20 ℃左右，并防止在反应过程中引起催化剂超温，一般反应开始温度为200 ℃，最高使用温度为500 ℃。

（2）要使变换反应全过程尽可能在接近最适宜温度的条件下进行。由于最适宜温度随变换率的升高而下降，因此，随着反应的进行，需要移走反应热，降低反应温度，因此采用多段间接式冷却法。

2）操作压力

压力对变换反应的平衡几乎无影响，但加压变换比常压有以下优点：

（1）可以加快反应速率和提高催化剂的生产能力，因此可用较大空速增加生产负荷。

（2）由于干原料气体积小于干变换气的体积，因此，先压缩原料气后再进行变换的动力消耗比常压变换后再压缩变换气的动力消耗低很多。

（3）需用的设备体积小，布置紧凑，投资较少。

（4）湿变换气中蒸汽的冷凝温度高，利于热能的回收利用。

但压力提高后，设备腐蚀加重，且必须使用中压蒸汽。加压变换有其缺点，但优点占主要地位，因此得到广泛采用。目前中型甲醇厂变换操作压力一般为0.8～3.0 MPa。

3）汽气比

汽气比指蒸汽与原料气中一氧化碳的物质的量的比或蒸汽与干原料气中的物质的量的比。增加蒸汽用量，可提高一氧化碳变换率，加快反应速率，防止催化剂中Fe_3O_4被进一步还原，使析炭及甲烷化等副反应不易发生。同时增加蒸汽能使湿原料气中一氧化碳含量下降，催化剂床层的温升减小，所以改变水蒸气用量是调节床层温度的有效手段。但蒸汽量过大则能耗高，不经济，会增大床层阻力和余热回收设备负担。因此，应根据气体成分、变换率要求、反应温度、催化剂活性等合理调节蒸汽用量。中变水蒸气比例一般为汽/气（干原料气）=0.2~0.4。

4）空间速度

空间速度（简称空速）的大小，既决定催化剂的生产能力，又关系到变换率的高低。在保证变换率的前提下，催化剂活性好，反应速率快，可采用较大空速，充分发挥设备的生产能力。若催化剂活性差，反应速率慢，空速太大，因气体在催化剂层停留时间短，来不及反应而降低变换率，同时床层温度也难以维持。

2. 低变工艺条件

1）温度

设置低温变换的目的是为了变换反应在较低的温度下进行，以便提高变换率，使低变炉出口的一氧化碳含量降到更低。但反应温度并非越低越好，若温度低于湿原料气的露点温度，就会出现析水现象，破坏与粉碎催化剂，因此，入炉气体温度应高于其露点温度20 ℃以上，一般控制在190 ℃~260 ℃。

2）压力和空间速度

低变炉的操作压力决定于原料气具备的压力，一般为0.8~3.0 MPa，空速与压力有关，压力高则空速大。

3）入口气体中一氧化碳

入口气体中一氧化碳含量高，需用催化剂量多，寿命短，反应热量多，易超温。所以低变要求入口气体中一氧化碳含量应小于6%，一般为3%~6%。

二、正常生产时的操作控制

1. 床层温度控制

(1) 用粗煤气预热器E1501旁路（即粗煤气付线TV15002）来控制变换炉入口温度，变换炉入口温度高时自动开大TV15002，变换炉入口温度低时自动关小TV15002；一般控制变换炉入口粗煤气温度高于该粗煤气露点温度30 ℃。

(2) 触媒运行初期，TICA15002设定值应尽可能的低（一般为275 ℃），当变换率下降时，缓慢增加变换炉入口温度，触媒运行末期，TICA15002设定值应尽可能的高（一般为305 ℃）。

2. 粗煤气回路

（1）监控1#气液分离器（V1501）液位850 mm、2#气液分离器（V1502）液位750 mm、3#气液分离器（V1503）液位2 050 mm、4#气液分离器（V1504）液位700 mm、5#和6#气液分离器（V1505、V1506）液位750 mm以避免雾滴夹带进入粗煤气中。

（2）严格监控变换炉（PDT15003）压差（正常值0.1 MPa，高限0.2 MPa）以避免超负荷高压差下触媒支撑的损坏。

（3）定期分析粗煤气中H_2S含量，以避免由于H_2S浓度太低（<0.02%），造成触媒反硫化失活。

3. 工艺冷凝液回路

（1）工艺热冷凝液泵（P1501）与气化炉停车联锁，当两台气化炉同时停车时，通知现场停P1501泵。

（2）定期检查清理冷凝液泵P1501 A/B、P1502 A/B、P1503 A/B、P1504 A/B入口及泵体密封水过滤器，以防催化剂和灰分等细颗粒杂质造成堵塞，定期切换为备用泵，使备用泵随时处于可用状态。

4. 副产蒸汽回路

（1）保持1#低压蒸汽发生器E1503 A/B液位LICA1506 A/B正常（1 150 mm），2#低压蒸汽发生器液位LICA1509 A/B正常（1 150 mm），3#低压蒸汽发生器液位LICA15013、LICA15014正常（1 150 mm）。

（2）以FV15002开度总趋势和CO含量分析AIAI15001（正常值19%～20%）来预测催化剂的老化程度。

5. 粗煤气中CO含量的控制

（1）V1504顶部变换气管线AICA15001检测CO含量高时关小FV15002阀位、稍开XV15002防止憋压，观察变换炉炉温是否正常。

（2）通过付线FV15002无法调整实现CO含量在正常范围内时，联系质检做手动分析，效验仪表是否正常。

（3）V1504顶部粗煤气管线AICA15001检测CO含量偏低时，稍开FV15002阀位，提高FT15002流量，减少进入变换炉的粗煤气量，调节CO含量至正常。

三、故障分析与处理操作技能训练

变换工段的设计故障部分主要包括：反应器进口温度偏高；V1501液位过高；工段的负荷过大；V1501液位过高，带液严重以及一些其他系统故障等。系统出现故障后可以自己尝试寻找故障点和故障原因。以下简单介绍几种故障的处理方法。

故障1　反应器进口温度偏高

反应器进口温度偏高是由反应器预热器蒸汽过量造成的，应关小蒸汽阀。该处理由变换操作员在变换工段DCS流程画面（一）上完成。

具体操作步骤如下：

将TIC15002打手动，设置阀TV15002的开度为5%，减少蒸汽进料，使反应器进口温度TIC15002在280 ℃左右。

故障2　V1501液位过高

液位过高是由于一段时间内，排液速度较进料速度偏慢造成的，应加速排液。该处理由变换操作员在变换工段DCS流程画面（一）上完成。

具体操作步骤如下：

（1）将V1501的排液阀LV15001投手动，开度设为20%，加速V1501排液。

（2）观察V1501的液位LIC15001，等待液位降至50%。

（3）调节V1501的排液阀LV15001，开度设为5%，维持稳态蒸汽进料。

（4）观察5分钟，调节排液阀LV15001的开度，使V1501液位LIC15001维持在50%左右。

故障3　工段的负荷过大

该处理由现场操作员在变换工段现场上完成。

具体操作步骤如下：

现场操作员关小进气阀MV15028至开度为90%。

故障4　V1501液位过高，带液严重

带液严重是由V1501液位过高造成的，因此与故障2是相同的原因。该处理由变换操作员在变换工段DCS流程画面（一）上完成。

具体操作步骤如下：

（1）将V1501的排液阀LV15001投手动，开度设为20%，加速V1501排液。

（2）观察V1501的液位LIC15001，等待液位降至50%。

（3）调节V1501的排液阀LV15001，开度设为5%，维持稳态蒸汽进料。

（4）观察5分钟，调节排液阀LV15001的开度，使V1501液位LIC15001维持在50%左右。

知识拓展

CO变换岗位操作要点

（1）根据气量大小及水煤气成分分析情况，调节适量汽气比，保证变换气中 CO 含量在控制指标内。

（2）随时注意观察变换炉床层灵敏点和热点温度的变化情况，以增减蒸汽，配合煤气付线阀和变换炉近路阀开度大小调整炉温，使炉温波动在 ±10 ℃/h 范围内，尤其在加减量时要特别注意。

（3）根据催化剂使用情况，调整适当汽气比和适当床层温度。

（4）要充分发挥催化剂的低温活性，实际操作中的关键是稳定炉温，控制好汽气比。

（5）生产中如遇突然减量，要及时减少或切断蒸汽供给。

（6）临时停车，先关蒸汽阀，计划停车可在停车前适当减少蒸汽，系统要保持正压。

温馨提示

催化剂的保护措施

（1）稳定操作，确保出系统变换气中 CO 在指标范围内，并保证水煤气中总硫含量≥80 mg/Nm^3。

（2）生产过程中如遇减气量时，应立即减小蒸汽加入量，否则短期内使汽气比过大引起反硫化。

（3）禁止对工况不正常情况采用增大蒸汽的办法进行处理，如氧含量跑高用蒸汽压温都会造成反硫化，应正确判断，果断采取相应措施。

（4）加减量应缓慢，幅度不宜太大，每次加减量应以 3 000 m^3/h 为宜，因幅度太大，炉温波动大，难以控制，容易超温、反硫化。

（5）当水煤气中 O_2 含量突然增高，使炉温也突然猛增时，应根据炉温大幅度减量，并立即减小蒸汽加入量，可用冷煤气付线调整变换炉煤气入口温度。

（6）加强对水煤气、蒸汽的净化，防止水、油类进入变换炉内，油水分离器和焦炭过滤器要每小时排放一次，并将水排净。

任务四　变换工段停车操作技能训练

变换工段停车操作员根据操作内容不同，分为变换操作员和现场操作员。变换操作员负责对中控室变换段 DCS 界面的自动阀和自动开关进行操作；现场操作员负责对变换工段工艺现场部分的手动阀及现场开关进行操作。

变换工段停车的主要任务是负责把所有液体都排出，并通氮气保护。

具体操作步骤如下：

（1）现场操作员在变换工段现场，关闭工艺气进料阀 MV15028。

（2）变换操作员打开变换工段 DCS 流程画面（一），将 FIC15002 打手动，设置阀门 FV15002 的开度为 5%；将 TIC15002 打手动，设置阀门 TV15002 的开度为 5%。

（3）现场操作员在变换工段现场，关闭去低温甲醇洗阀 MV15010。

（4）变换操作员打开变换工段 DCS 流程画面（三），打开系统压力放空阀 PV15007，开度设为 5%。

（5）变换操作员打开变换工段 DCS 流程画面（一），将温度控制器 TIC15020 打手动，关闭阀 TV15020。

（6）现场操作员在变换工段现场，关闭 E1502 热物料进口阀 MV15009。

（7）变换操作员打开变换工段 DCS 流程画面（一），将 LIC15007 打手动，关闭废热锅炉 E1503 进水阀 LV15007。

（8）现场操作员在变换工段现场，打开 E1503 排液阀 MV15021，开度设为 100%，加速排液。

（9）变换操作员打开变换工段 DCS 流程画面（二），将 LIC15009 打手动，关闭废热锅炉 E1504 进水阀 LV15009。

（10）现场操作员在变换工段现场，打开 E1504 排液阀 MV15022，开度设为 100%。

（11）变换操作员打开变换工段 DCS 流程画面（二），将 LIC15013 打手动，关闭废热锅炉 E1505 进水阀 LV15013。

（12）现场操作员在变换工段现场，打开 E1505 排液阀 MV15027，开度设为 100%，加速排液。

（13）现场操作员在变换工段现场，观察 E1504 液位 LIC15009，待其降至 0% 后，关闭排液阀 MV15022。

（14）现场操作员在变换工段现场，观察 E1503 液位 LIC15007，待其降至 0% 后，关闭排液阀 MV15021。

（15）现场操作员在变换工段现场，观察 E1505 液位 LIC15013，待其降至 0% 后，关闭排液阀 MV15027。

（16）变换操作员打开变换工段 DCS 流程画面（一），打开废热锅炉 E1503 的放空阀 PV15005，开度设为 50%，加快排气速度。

（17）变换操作员打开变换工段 DCS 流程画面（二），打开废热锅炉

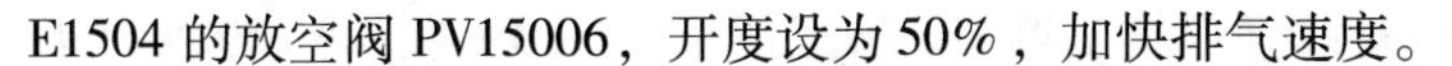
E1504 的放空阀 PV15006，开度设为 50%，加快排气速度。

（18）变换操作员打开变换工段 DCS 流程画面（二），打开废热锅炉 E1505 的放空阀 PV15011，开度设为 50%，加快排气速度。

（19）变换操作员打开变换工段 DCS 流程画面（二），观察 E1505 压力 PIC15011，待其降至 0 MPa 后，关闭放空阀 PV15011，停止泄压。

（20）变换操作员打开变换工段 DCS 流程画面（二），观察 E1504 压力 PIC15006，待其降至 0 MPa 后，关闭放空阀 PV15006，停止泄压。

（21）变换操作员打开变换工段 DCS 流程画面（一），观察 E1503 压力 PIC15005，待其降至 0 MPa 后，关闭放空阀 PV15005，停止泄压。

（22）变换操作员打开变换工段 DCS 流程画面（一），监控系统压力 PI15002，待其降至 0.5 MPa 后，通知现场操作员在变换工段现场，打开氮气阀 MV15002，开度设为 5%，充氮气。

（23）变换操作员打开变换工段 DCS 流程画面（一），打开氮气进口阀 FV15001，开度设为 5%，对系统内气体进行置换。

（24）变换操作员打开变换工段 DCS 流程画面（一），监控系统压力 PI15002，待其升至 0.75 MPa 后，关闭氮气进口阀 FV15001。

（25）变换操作员打开变换工段 DCS 流程画面（三），开大放空阀 PV15007，对系统进行降压（开度设为 50%）。

（26）变换操作员打开变换工段 DCS 流程画面（一），监控系统压力 PI15002，等待压力降至 0.1 MPa。

（27）变换操作员打开变换工段 DCS 流程画面（一），将 LIC15001 打手动，V1501 排液阀 LV15001 开度设为 100%，加速排液。

（28）变换操作员打开变换工段 DCS 流程画面（二），将 LIC15002 打手动，V1502 排液阀 LV15002 开度设为 50%，加速排液。

（29）变换操作员打开变换工段 DCS 流程画面（一），观察 V1501 液位 LIC15001，待其降至 0% 后，关闭排液阀 LV15001，停止排液。

（30）变换操作员打开变换工段 DCS 流程画面（二），观察 V1502 液位 LIC15002，待其降至 0% 后，关闭排液阀 LV15002，停止排液。

（31）变换操作员打开变换工段 DCS 流程画面（二），将 LIC15003 打手动，V1503 排液阀 LV15003 开度设为 100%，加速排液。

（32）变换操作员打开变换工段 DCS 流程画面（二），将 LIC15011 打手动，V1505 排液阀 LV15011 开度设为 50%，加速排液。

（33）变换操作员打开变换工段 DCS 流程画面（二），将 LIC15012 打手动，V1506 排液阀 LV15012 开度设为 50%，加速排液。

（34）变换操作员打开变换工段DCS流程画面（三），将LIC15004打手动，V1504排液阀LV15004开度设为100%，加速排液。

（35）现场操作员在变换工段现场，关闭V1407到T1501的进液阀MV15005，停止排液。

（36）变换操作员打开变换工段DCS流程画面（三），将FIC15006打手动，关闭进液阀FV15006，停止进料。

（37）变换操作员打开变换工段DCS流程画面（三），将LIC15010打手动，T1501排液阀LV15010开度设为40%，加速排液。

（38）变换操作员打开变换工段DCS流程画面（三），将PIC15009打手动，放空阀PV15009开度设为100%，加快泄压。

（39）变换操作员打开变换工段DCS流程画面（二），观察V1505液位LIC15011，待其降至0%后，关闭排液阀LV15011，停止排液。

（40）变换操作员打开变换工段DCS流程画面（二），观察V1506液位LIC15012，待其降至0%后，关闭排液阀LV15012，停止排液。

（41）变换操作员打开变换工段DCS流程画面（三），观察V1504液位LIC15004，待其降至0%后，关闭排液阀LV15004，停止排液。

（42）变换操作员打开变换工段DCS流程画面（二），观察V1503液位LIC15003，待其降至0%后，关闭排液阀LV15003，停止排液。

（43）现场操作员在变换工段现场，关闭V1503到T1301出口泵P1501，停止输送液体。

（44）变换操作员打开变换工段DCS流程画面（三），观察T1501液位LIC15010，待其降至0%后，关闭排液阀LV15010，停止排液。

（45）现场操作员在变换工段现场，关闭T1501到V1411出口泵P1504，停止液体输送。

（46）现场操作员在变换工段现场，关闭T1501到V1401出口泵P1502，停止液体输送。

（47）变换操作员打开变换工段DCS流程画面（三），将LIC15005打手动，V1507排液阀LV15005开度设为100%，加速排液。

（48）变换操作员打开变换工段DCS流程画面（三），观察V1507液位LIC15005，待其降至0%后，关闭排液阀LV15005，停止排液。

（49）现场操作员在变换工段现场，关闭V1507出口泵P1503，停止液体输送。

（50）变换操作员打开变换工段DCS流程画面（三），关闭放空阀PV15009。

（51）变换操作员打开变换工段DCS流程画面（三），开大系统压力放空阀PV15007，开度设为100%，加速泄压。

（52）变换操作员打开变换工段DCS流程画面（一），先关闭XV15001，再关闭FV15002，最后关闭XV15002，切断工艺气气体出料。

（53）变换操作员打开变换工段DCS流程画面（一），打开V1501氮气进料阀FV15001，开度设为25%，利用氮气对反应器进行降温（此开度不适合过度开大，以免系统压力升得过高，影响氮气流量）。

（54）变换操作员打开变换工段DCS流程画面（一），观察反应器R1501出口温度TI15011，等待其降至120 ℃后，关闭氮气进口阀FV15001。

（55）变换操作员打开变换工段DCS流程画面（一），监控系统压力PI15002，待其降至0.1 MPa。

（56）变换操作员打开变换工段DCS流程画面（三），关闭系统压力放空阀PV15007。

（57）变换操作员打开变换工段DCS流程画面（一），打开氮气进口阀FV15001，开度设为5%，对系统进行氮气保护（开度不适合过大，防止压力飞速上升）。

（58）变换操作员打开变换工段DCS流程画面（一），监控系统压力PI15002，待其升至0.3 MPa后，关闭氮气进口阀FV15001。

（59）变换操作员打开变换工段DCS流程画面（一），关闭进变换炉温度调节阀TV15002。

（60）现场操作员在变换工段现场，关闭去变换炉截断阀MV15033。

（61）现场操作员在变换工段现场，关闭V1501氮气阀MV15002。

（62）现场操作员在变换工段现场，打开T1501氮气阀MV15004，开度设为20%，对T1501进行氮气保护（开度不适合过大，防止压力飞速上升）。

（63）变换操作员打开变换工段DCS流程画面（三），监控T1501压力PIC15009，等待压力升至0.3 MPa，保持系统压力。

（64）现场操作员在变换工段现场，关闭T1501氮气阀MV15004，停止充压，使系统保压。

（65）现场操作员在变换工段现场，关闭E1508冷却水阀MV15011；关闭E1509冷却水阀MV15012；关闭E1510冷却水阀MV15013，停止冷却水换热系统。

项目测评

一、填空题

1. 甲醇合成要求的变换气主要成分为________和________。其氢碳比 H_2/CO_2 要求________。

2. CO 变换工序的作用是使过量的________变换成________。还可以将________转化为 H_2S，便于后工序硫的脱除。

3. 一氧化碳变换反应方程式________________________________。该反应的特点是____________________________的气固相催化反应。

4. 衡量一氧化碳变换程度的参数称为________，用 x 表示。

5. 取 1 体积的干基原料气为基准，以 V_{CO}、V'_{CO}分别表示变换前后气体中 CO 的体积百分数（干基），则 $x=$________________________________。

6. 对一定初始组成的原料气，温度降低，平衡常数________，因此平衡变换率________，所以，变换反应应尽量在________下进行。

7. 目前，工业生产中变换反应所用催化剂主要有____________________变换催化剂、________________________变换催化剂和________________________变换催化剂三大类。

8. QCS 系列一氧化碳耐硫变换催化剂活性组分为________和________，氧化钛 + 氧化镁 + 氧化铝三元载体。

9. QCS－04 一氧化碳耐硫变换催化剂正常条件下在________℃的温度范围内使用，催化剂床层的热点温度不宜长时间超过________℃。

10. QCS－04 一氧化碳耐硫变换催化剂的使用压力一般在________MPa，最高使用压力可达________MPa。

11. 本装置中变换炉属于______________反应器，分上下两段装填 Co－Mo 催化剂。

12. 立式气液分离器内件由________、________、丝网除沫器等组成。

二、思考题

1. CO 变换有何意义？影响变换反应的因素有哪些？

2. 生产中要如何实现 CO 变换催化剂的低温活性？

3. CO 变换反应存在最适宜反应温度，它随变换率的提高如何变化？工业上采取哪些措施使变换反应温度接近最适宜反应温度？

4. 简述 QCS－04 催化剂的性能特点。

5. QCS－04 一氧化碳耐硫变换催化剂是如何进行硫化操作的？其硫化反

应式有哪些?

6. 简述气液分离器的工作原理。

7. 简述 CO 变换工段工艺流程。

三、技能操作题

1. 规范进行变换工段的开车操作。

2. 规范进行变换工段的停车操作。

3. 反应器进口温度偏高，请操作调节。

4. V1501 液位过高，请操作调节。

5. V1501 液位过高，带液严重，请操作调节。

项目五

净化工段操作实训

学习目标

<table>
<tr><td colspan="2">总体技能目标</td><td>能够根据生产要求正确分析工艺条件；能进行本工段所属动静设备的开停、置换、正常运转、常见生产事故处理、日常维护保养和有关设备的试车及配合检修，具备岗位操作的基本技能；能初步优化生产工艺过程</td></tr>
<tr><td rowspan="3">具体目标</td><td>能力目标</td><td>（1）能根据生产任务查阅相关书籍与文献资料；
（2）能进行工艺参数的选择、分析及操作过程中工艺参数的调节；
（3）能进行本工段所属动静设备的开车、置换、正常运转、停车操作；
（4）能对生产中异常现象进行分析诊断，具有事故判断与处理的技能；
（5）能进行设备的日常维护保养和有关设备的试车及配合检修；
（6）能正确操作与维护相关机电、仪表</td></tr>
<tr><td>知识目标</td><td>（1）掌握低温甲醇洗工艺所遵循的原理及工艺过程；
（2）掌握低温甲醇洗工段主要设备的工作原理与结构组成；
（3）熟悉工艺参数对生产操作过程的影响，会进行工艺条件的选择；
（4）掌握低温甲醇洗工艺流程图的组织原则、分析评价方法；
（5）了解岗位相关机电、仪表的操作与维护知识</td></tr>
<tr><td>素质目标</td><td>（1）培养学生的自我学习能力和查阅资料能力；
（2）培养学生化工生产规范操作意识及观察力和紧急应变能力；
（3）培养学生综合分析问题和解决问题的能力；
（4）培养学生职业素养、安全生产意识、环境保护意识及节能意识；
（5）培养学生沟通表达能力和团队协作精神</td></tr>
</table>

项目导入

从变换工序来的变换气中除含有 H_2、CO 外，还含有一定量的 CO_2、少量 H_2S 和 COS 等硫化物，低温甲醇洗是 20 世纪 50 年代初德国林德公司和鲁奇公司联合开发的一种气体净化工艺，该工艺以冷甲醇为吸收溶剂，利用甲醇在低温下对酸性气体溶解度极大的优良特性，将 CO_2、H_2S、COS 等酸性气体吸收，而 H_2、CO 等气体溶解甚微，进而将变换气中的 CO_2、COS、H_2S 等脱除至规定的含量，使出净化工段的净化气中总硫 $\leqslant 0.1\times10^{-6}$，$CO_2$ 达到 2.65%～2.85%，以满足甲醇合成的生产要求；另外回收 CO_2 是低温甲醇洗工序的主要副产品，可用于生产纯碱、尿素以及食用 CO_2 等，因此，低温甲醇洗工序必须保证 CO_2 产品的质量和数量，以满足用户生产的需要；同时对装置内 H_2S 浓缩塔解吸的酸气进行浓缩，使 H_2S 浓度 $\geqslant$25%，送硫回收工段处理。

任务一　开车前准备工作

一、净化工段岗位概述

1. 岗位任务及意义

净化岗位是把变换工序送来的变换气送入净化工段，经低温甲醇洗，脱除变换气中的 CO_2、H_2S 及有机硫杂质，同时也脱除变换气中带入的饱和水，制得合格的净化气送往甲醇合成岗位或液氮洗岗位。

本岗位的主要任务：负责本工段所属动静设备的开停、置换、正常运转、日常维护保养和有关设备的试车及配合检修等，保证设备处于完好状态，确保本工序正常稳定生产。

2. 岗位职责

（1）必须熟悉和遵守国家的各种安全法规和公司的各种安全规章制度。

（2）必须熟悉净化装置各种危险化学品的物理、化学性质和相关的防护知识。

（3）必须会熟练使用公司配备的各种安全防护器材和消防器材。

（4）必须熟悉带控制点的工艺流程图。

（5）必须熟悉现场装置中所有设备、管道、阀门仪表的实际位置，必须清楚管道、设备中的介质，并具有操作设备和相关器械的能力。

（6）加强运行设备的维护检查，避免泵空转。保持吸入滤网的清洁干净，控制泵进口管上游的储罐、槽、塔等容器的液位高度在正常值。

（7）在工作现场不要面对着任何安全阀、取样阀等。

（8）当配有备用泵时，按规定定时盘车和定期轮换运行。

（9）应经常对正在运行的设备进行检查，确定是否有泄漏、过热、超压以及腐蚀等迹象，消除不安全的因素，以免造成设备严重损坏或人员伤害。如异常情况，应迅速处理，并立刻报告。

（10）在未分析确认有无易燃气体或有害物质存的条件下，不能拆管道或者设备，更不能在没有经过批准、没有保护措施的情况下进入容器内。

（11）在生产场所进行动火作业，必须办理动火作业许可证，经分析合格，采取安全防范措施，并经批准后才能进行。

（12）上岗前、工作中、开始操作前，都必须检查并确保所有的设备运行正常。

（13）按时准确记录装置的运行情况。

3. 管辖范围

本岗位的管辖范围：自变换气进口切断阀至净化气送合成工段出口阀范围内的所有工艺管线，以及酸气送硫回收工段出口阀前的所有静、动设备，阀门，仪表等。

二、低温甲醇洗净化工段基础知识

1. 低温甲醇洗净化原理

低温甲醇洗是一种基于物理吸收的气体净化方法，以工业甲醇为吸收剂。甲醇对 CO_2、H_2S、COS 等酸性气体有较大的溶解能力，而 H_2、CO 等气体在其中的溶解度甚微，该法用甲醇溶剂可同时脱除气体中的 H_2S、CO_2 等酸性组分和各种有机硫化物、NH_3、C_2H_2、C_3 及 C_3 以上的气态烃、胶质及水汽等，能达到很高的净化度。能把总硫脱至 $<0.1\ mg/m^3$，同时能把 CO_2 脱至 $10\times10^{-8}\sim20\times10^{-6}$（体积）。甲醇对 H_2、CO 的溶解度相当小，且在溶液降压闪蒸过程中优先解吸，可通过分级闪蒸来回收，因而有效组分损失很少。

由于随着温度降低，H_2S、CO_2 及其他酸性气体在甲醇中的溶解度增长很快，且分压越高，增长越快，而 H_2、CO 变化不大。因此此法在较低温度下操作，更宜于酸性气体的吸收。低温甲醇洗吸收酸性气体以及溶液再生、解吸回收有用气体的原理就是各种气体在甲醇中的溶解度不同而进行有选择的分离。

1）CO_2 在甲醇中的溶解度

低温下 CO_2 在甲醇中的摩尔分率 X（CO_2）可按下式计算：

$$X(CO_2)=0.425\ pCO_2/p°CO_2$$

CO_2 在甲醇中的溶解度 S（CO_2）（m^3/m^3）可表示为

$$S(CO_2)=695.7\ pCO_2/(2.35\ p°CO_2-pCO_2)$$

式中 $p°CO_2$——同温度下液体 CO_2 的蒸气分压（kPa）；

pCO_2——二氧化碳的平衡分压（KPa）。

（1）各种气体在 -40 ℃（233 K）时的相对溶解度见表 5－1。

表 5 - 1　各种气体在 - 40 ℃（233 K）时的相对溶解度

气体	气体溶解度/氢气溶解度	气体溶解度/二氧化碳溶解度
H_2S	2 540	5.9
COS	1 555	3.6
CO_2	430	1.0
CH_4	12	
CO	5	
H_2	1.0	

（2）不同温度和压力下二氧化碳在甲醇中的溶解度见表 5 - 2。

表 5 - 2　不同温度和压力下二氧化碳在甲醇中的溶解度

CO_2 大气压	温度/℃			
	- 26	- 36	- 45	- 60
1.0	17.6	23.7	35.9	68.0
2.0	36.2	49.8	72.6	159.0
3.0	55.0	77.4	117.0	321.4
4.0	77.0	113.0	174.0	960.7
5.0	106.0	150.0	250.0	
6.0	127.0	201.0	362.0	
7.0	155.0	262.0	570	
8.2	192.0	355.0		

表 5 - 2 数据表明，压力升高二氧化碳在甲醇中的溶解度增大，溶解度与压力几乎成正比关系；而温度对溶解度的影响更大，尤其是低于 - 30 ℃时，溶解度随温度的降低而急剧增大。因此，用甲醇吸收二氧化碳宜在高压、低温下进行。

2）低甲醇洗净化工段冷量的来源及回收

甲醇洗工段脱除酸性气体 H_2S、CO_2 及 COS 是在低温下进行的。为了满足净化工艺要求，工段须从外界得到冷量以维持正常的操作。本工段冷量的直接来源为 - 20 ℃，0.45 MPa 的液态丙烯，在丙烯冷却器 E1604、E1605、E1617、E1621 中蒸发，向甲醇洗提供 - 40 ℃的低温冷源；另外，通过水冷器

E1602、E1611、E1613、E1622 向系统提供冷量。

正常运行时，本工段的冷损包括：

（1）换热器的换热损失。

（2）保冷损失。

（3）酸性气体吸收时由于溶解热所造成的冷量损失。

因此，为了维持甲醇洗工段的正常运行需对以上损失（带走）的冷量加以回收和补偿。（1）和（2）类冷量损失由液态丙烯提供 -40 ℃的冷量加以补偿。（3）类冷量损失一部分可加以回收，另一部分由液态丙烯提供的冷量来补偿。CO_2、H_2S、COS 溶解于甲醇时，由于释放大量的溶解热使得洗涤甲醇的温度升高，造成冷量损失。但在这些气体减压解吸回收过程中，由于解吸需吸收热量，使甲醇温度又降低了，一部分冷量在这里被回收。由于 CO_2 不可能全部在冷区解吸，H_2S、COS 在热区解吸，以及解热过程的不可逆性，使得 CO_2 解吸的冷量回收率只有 60% ~70%，而其余部分冷量需由液态丙烯补偿。

3）汽提原理

汽提是物理过程，它用于破坏原气液平衡而建立一新的气液平衡状态，达到分离物质的目的。例如，A 是液体，B 是气体，B 溶解于 A 中，达到气液平衡状态。气相中主要以 B 的气体为主，当加以汽提介质 C 时，气相中 B 的分压降低，破坏了气液平衡状态。通过调节汽提介质的量来控制汽提程度，将 A 与 B 两种物质分离。

如果要保证 A、B 的纯度而不需要其他杂质，则可采用 A 或 B 作为汽提介质，如尿素生产过程采用 CO_2 汽提法或氨汽提法来分解甲胺。

在甲醇洗脱除酸洗气体的工艺中采用两次汽提方法来除去甲醇中的 CO_2、H_2S、COS 以得到贫甲醇。第一，在硫化氢浓缩塔底部通入一股低压 N_2 作为汽提介质，降低 CO_2 气体的分压，将大部分 CO_2 在硫化氢浓缩塔中解吸，以回收冷量。第二，在甲醇再生塔中用甲醇蒸气作为介质，将溶解于甲醇中的 CO_2、H_2S、COS 全部解吸出来，达到甲醇再生的目的。为了向硫回收工序提供合格的原料气，用易分离的甲醇蒸气作为汽提介质，是比较合理的。

2. 低温甲醇洗净化工艺流程

低温甲醇洗净化工艺流程如图 5 -1 所示。

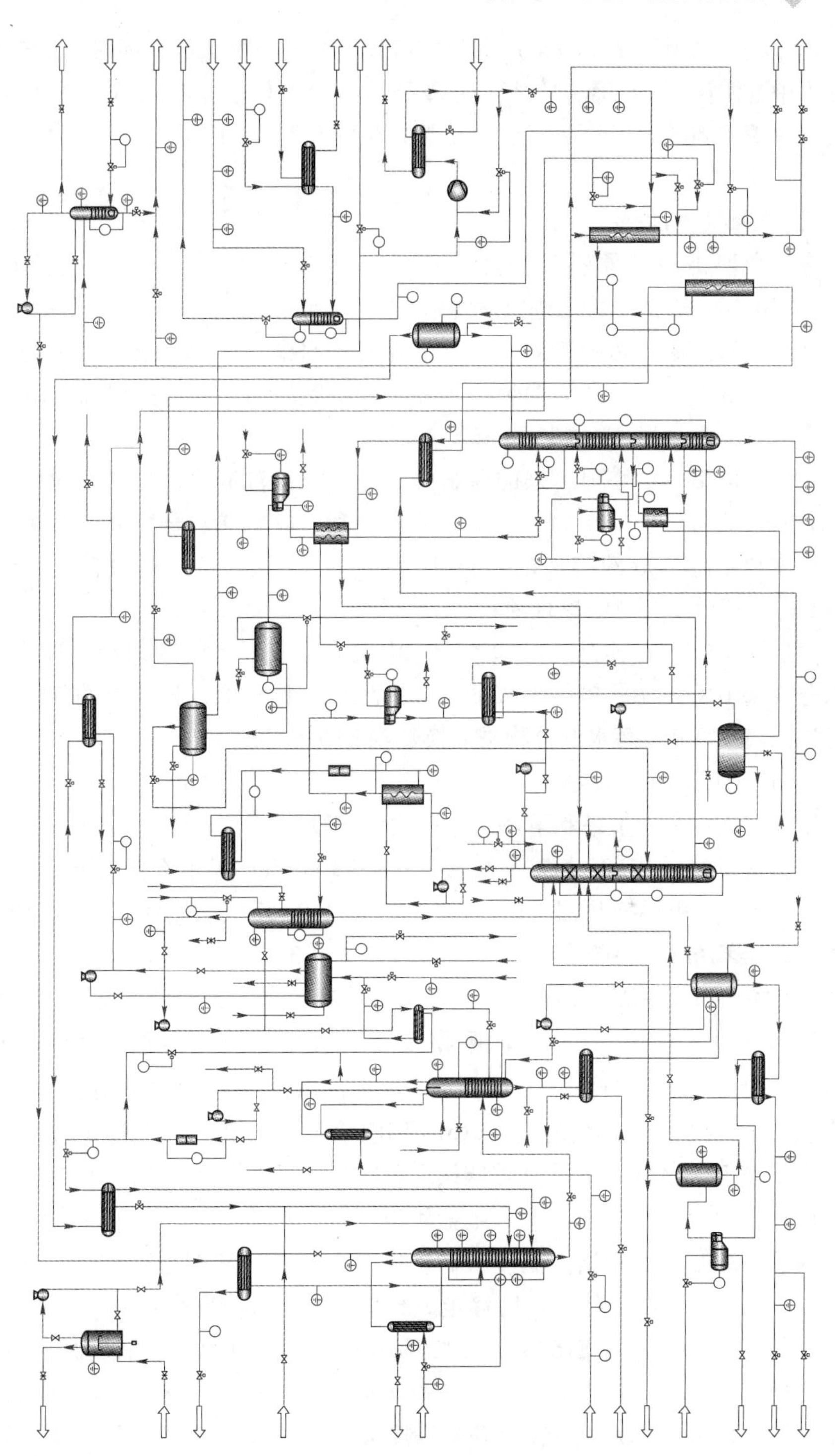

图 5 - 1　低温甲醇洗净化工艺流程

本流程低温甲醇洗工段采用的四塔流程，可分为两大区，即冷区和热区。冷区由甲醇洗涤塔 T1601，中压闪蒸罐 D1602、D1603，硫化氢浓缩塔 T1603，氮气汽提塔 T1606 组成；热区由甲醇热再生塔 T1604 和甲醇/水分离塔 T1605 组成。

1）原料气的预冷

来自变换工段的原料气温度为 40 ℃，压力为 5.6 MPa（a），流量为 300 608 Nm^3/h,原料气首先进入洗氨塔 T1602，在洗氨塔 T1602 中，变换气经高压锅炉给水洗涤，其中气体中所含的氨溶于水中，这部分含氨废水排出界区进入废水处理工序。高压锅炉给水在进入洗氨塔前，先经换热器 E1622 用循环水冷却，将其温度由 133 ℃降至 42 ℃。

由洗氨塔 T1602 塔顶出来的原料气与循环闪蒸汽混合，再与喷射的甲醇混合以除去原料气中的水分，否则，水将冷凝形成冰或水合物固体并堵塞设备。而水和甲醇形成的溶液的冰点比水的冰点大为降低，在原料气冷却器 E1601 内冷却后不会有结冰现象。

然后原料气进入进料气冷却器 E1601 被合成气、尾气冷却到 -14.7 ℃，在水分离罐 D1601 中将冷凝下来的水、甲醇混合物分离，分离后的气体进入甲醇洗涤塔 T1601，醇水混合物进入换热器 E1616。

2）H_2S/CO_2 气体脱除

甲醇洗涤塔分为上塔和下塔。上塔共分三段。

来自贫甲醇泵 P1605 的贫甲醇液（389.53 m^3/h）经水冷器 E1611、甲醇换热器 E1619、甲醇换热器 E1609（与来自 T1603 塔底去再生的甲醇换热）、丙烯冷却器 E1621 分别冷却到 42 ℃、7.9 ℃、-31.5 ℃、-36 ℃后，与来自 T1603 上塔底部经甲醇泵 P1601 抽出的富甲醇液经换热器 E1608 换热，温度降至 -54.8 ℃送入 T1601 上塔上段吸收 CO_2，使出 T1601 塔顶的净化气中 CO_2 含量在 2.75%（体积分数）左右，总硫含量在 0.1×10^{-6}（体积分数）以下。由塔顶出来的净化气，经换热器 E1618 回收冷量后，温度由 -39 ℃提高到 -35.8 ℃，然后进入原料气冷却器继续回收冷量，温度提高到 31 ℃左右进入合成工段。压力为 5.4 MPa（a），流量为 203 198 Nm^3/h。

吸收 CO_2 后的甲醇溶液温度升高，这是由于 CO_2 溶解热造成的。这部分溶解热一部分通过冷流体冷却后移走。当上段甲醇溶液升高到 -17.6 ℃后抽出，在循环甲醇冷却器 E1606 中被来自 H_2S 浓缩塔 T1603 上塔底部经 E1608 后的冷甲醇（温度 -45 ℃、压力 0.389 4 MPa）冷却到 -38 ℃后送回 T1601 上塔中段再次吸收 CO_2。当温度升到 -17.4 ℃后再次从中段底部抽出，先经丙烯冷却器 E1605 与来自冷冻工段的液态丙烯换热至 -26 ℃，然后进入

E1606 中被冷却到 -38 ℃后送回 T1601 上塔下段。这两次抽出冷却的目的就是将吸收剂甲醇的温度冷却到最佳吸收温度，以保证充分吸收。

为了降低冷量消耗，在系统初开车半负荷运行时，由于负荷较低，由 T1601 上塔中段底部抽出的甲醇液在 -17 ℃左右足以完全吸收原料气中的 CO_2，不需要再进一步降低温度，部分甲醇溶液可通过 FV16031 直接进入下塔。另外，若系统负荷较低，出塔净化气 CO_2 含量低时，也可通过该管线调整出塔净化气 CO_2 含量，此时仅一半甲醇液（145 m^3/h）进入 E1605 和 E1606 冷却，其余一半直接返回下塔。

溶解热的另一部分经 T1601 上塔下段底部富 CO_2 甲醇液带出，其温度为 -16.4 ℃，这股溶液分两部分，一部分（303 m^3/h）经甲醇换热器 E1607 和丙烯冷却器 E1604 换热，温度分别降至 -31 ℃和 -36 ℃后去循环气闪蒸槽 D1602，另一部分（263 m^3/h）进入 T1601 下塔顶部吸收 H_2S 和 COS。

下塔主要用来脱硫（H_2S 和 COS），由于 H_2S 溶解度大于 CO_2 溶解度，且硫组分在气体中含量要低于 CO_2，因此进入下塔的吸收了 CO_2 的甲醇液只需一部分作为洗涤剂吸收 H_2S 和 COS，使进入上塔的气体中总含硫量在 0.1×10^{-6}（体积分数）以下。

3）富液的膨胀闪蒸

从 T1601 上塔底盘上引出的不含硫富含 CO_2 的甲醇液（-16.5 ℃），经甲醇冷却器 E1607 和丙烯冷却器 E1604 换热，温度分别降至 -31 ℃和 -36 ℃后，通过减压阀从 5.64 MPa（A）减到 1.2 MPa（A）进入循环气闪蒸槽 D1602，使得溶解的大部分 H_2 闪蒸解吸出来。

同时从 T1601 下塔底部来的富 H_2S 甲醇液 267.5 m^3/h，被来自 H_2S 浓缩塔尾气从 -14.2 ℃冷却到 -25 ℃，再经甲醇换热器 E1607 换热，被来自甲醇闪蒸罐 D1604 经 P1602 泵的甲醇液冷却到 -31 ℃后，再与 T1601 塔顶出来的净化气在 E1618 中换热，回收净化气冷量后，温度降至 -32.4 ℃，经减压阀压力从 5.34 MPa（A）降到 1.2 MPa（A）进入循环气闪蒸槽 D1603，其闪蒸气体与来自 D1602 的闪蒸汽汇合后一起进入 D1603 顶部除雾器，出口气体流量为 9 322 Nm^3/h，这股闪蒸汽进入循环气压缩机 C1601 压缩到 5.6 MPa（a）后，经水冷器 E1602 冷却到 42 ℃送入 E1601 前的进气管，以回收利用 H_2。

4）CO_2 气体的解吸及 H_2S 浓缩

来自循环气闪蒸槽 D1602 底部的不含硫富 CO_2 的甲醇液，温度为 -36.6 ℃，压力为 1.2 MPa，流量为 291 Nm^3/h，含 CO_2 为 28.5%（mol）直接进入到 H_2S 浓缩塔 T1603 塔顶再次降压至 0.205 MPa 进行 CO_2 闪蒸解吸，闪蒸液作为塔中段含硫甲醇液中闪蒸出的上升气中 H_2S 及 COS 的洗涤液，以保证 T1603 塔顶尾气的

H_2S+COS 低于 25×10^{-6}（体积分数）。

从 D1603 底部来的同时溶解有 CO_2 和 H_2S 的甲醇液（255.4 m^3/h，含 CO_2 约 28.79%、含 H_2S 约 0.229%），进入 T1603 塔中部闪蒸解吸，其压力为 0.2368 MPa（A），温度为 -57.1 ℃。同时解吸的 H_2S、COS 被来自塔上部的不含硫富 CO_2 的甲醇闪蒸回流液洗涤重新进入甲醇液中。

从 T1603 塔中部升气管塔板上经 P1601 抽出的一股甲醇液（474 m^3/h，含 CO_2 约 19.35%，-59.4 ℃）作为低温冷源，对进入 T1601 的贫甲醇液在甲醇换热器 E1608 中进一步预冷，自身温度由 -59.4 ℃升高到 -44.8 ℃后，进入循环甲醇冷却器 E1606 中，以移走 T1601 中甲醇吸收 CO_2 产生的溶解热，温度升高至 -38.6 ℃进入闪蒸罐 D1604 进行气液分离。由闪蒸罐 D1604 分离出的气体进入 T1603 塔中部，继续回收其中的含硫气体。

为充分利用冷量，由闪蒸罐 D1604 底部出来的甲醇液（温度 -38.6 ℃，流量 435.6 m^3/h）经甲醇泵 P1602 抽出进入换热器 E1607 作为冷源对富甲醇液进行预冷，温度升高至 -27.4 ℃进入 T1603 下塔顶部进一步解吸 CO_2 并回收其中的含硫气体。

为使甲醇液中的 CO_2 能够充分地解吸，在 T1603 塔底部引入 0.55 MPa（A），40 ℃的汽提氮气 11 400 Nm^3/h，用以破坏原系统内的气液平衡，降低 CO_2 和 H_2S 的气相分压，使溶解的 CO_2 进一步解吸。而同时解吸的 H_2S 被回流液洗下来。

解吸出来的 CO_2 成为尾气以 0.205 MPa（A）、-61.6 ℃离开 T1603 塔顶，CO_2 含量达 87.4%，N_2 含量达 12.1%，H_2S 含量大约为 55×10^{-6}。经 E1603 和 E1601 回收冷量后以 31 ℃进入尾气洗涤塔 T1607，通过脱盐水洗涤尾气中夹带的甲醇，使尾气达到环保排放标准离开界区送火炬或放入大气当中。

从 T1603 塔升气管塔板上经 P1601 泵抽出的一股甲醇液由于在上塔内这股液体不断减压并解吸出 CO_2 温度降为 -59.4 ℃。在返回 T1603 塔底解吸 CO_2 前，其冷量在 E1608、E1606、E1607 中进行回收。从这块塔板上引出的液体的温度是全甲醇洗工序中最低的。

出 T1603 塔底的富 H_2S 甲醇液（409 m^3/h，含 CO_2 2.05%，含 H_2S 0.27%，0.25 MPa（A），-37.7 ℃）经 P1603 泵送入甲醇换热器 E1609、过滤器 S1601（250 μm）、甲醇换热器 E1619，与进入 T1601 的贫甲醇进行换热，以降低贫甲醇液的温度，自身温度分别提高到 1 ℃和 34.3 ℃，进入氮气汽提塔 T1606 顶部，通过塔底通入的氮气（温度 40 ℃，压力 0.255 MPa，流量 1 800 m^3/h）汽提，使甲醇液中的 CO_2 进一步解吸，解吸出的 CO_2 气连同汽提氮气一起进入 T1603 下塔上段，塔底出来的富 H_2S 甲醇液（温度 30 ℃，压力

0. 255 MPa，流量 435 m^3/h）经甲醇泵 P1604 送甲醇换热器 E1610 换热后，温度提高到 85. 8 ℃进入热再生塔 T1604 中。

从 H_2S 分离罐 D1607 分离出来的 – 35 ℃的甲醇 0. 45 m^3/h（含 H_2S 13. 27%）也进入 T1603 塔底。

为保证出甲醇洗的富 H_2S 组分中含 H_2S 不低于 25%，为克劳斯硫回收工序提供合格原料气，系统初开车时从 D1607 顶分离出的 H_2S 富气中一部分约 179. 4 Nm^3/h 重新循环回 T1603 塔底部（含 CO_2 46. 1%，含 H_2S 33. 1%），将所携 CO_2 进一步汽提分离。H_2S 得到再浓缩。

5）甲醇再生

从 T1606 塔底进入 T1604 塔的甲醇液在此塔内完成甲醇再生，再生的甲醇作为贫甲醇循环利用。

富含 CO_2、H_2S、COS 的甲醇液被来自塔底再沸器 E1612 加热及甲醇/水分离塔顶的甲醇蒸气汽提，使 CO_2、H_2S、COS 全部解吸。再沸器 E1612 用低压蒸汽加热向 T1604 提供热量。

解吸出的气体离开 T1604 塔顶（0. 31 MPa，91 ℃，含甲醇 85. 5%，含 CO_2 7. 1%，含 H_2S 5. 1%）首先进入 T1604 回流冷却器 E1613 被水冷却，冷凝下来的液体在回流槽 D1606 中分离后经回流泵 P1606 送入 T1604 塔顶回流。气体进入 H_2S 冷却器 E1614 和丙烯冷却器 E1617，再在 H_2S 分离器 D1607 中分离，分离的液体送回 T1603 塔底。分离的气体经 H_2S 冷却器 E1614 复热后送入克劳斯装置（1 230 Nm^3/h，0. 2 MPa（a），33. 7 ℃，含 H_2S 29. 2%，含 CO_2 53. 7%，含 CH_3OH 0. 11%）。

在系统初开车时，由于负荷较低，H_2S 分离器 D1607 中分离出的气体（半负荷 180 Nm^3/h、满负荷 405 Nm^3/h）再次返回 T1603 下塔中部提浓。再生后的贫甲醇以 0. 34 MPa、98. 5 ℃离开 T1604 塔左室，经贫甲醇冷却器 E1610 冷却后进入甲醇收集槽 D1605。定期补充的甲醇也加入到此槽中，经贫甲醇泵 P1605 从 D1605 抽出的贫甲醇压力升到 7. 0 MPa（A），在水冷却器 E1611 中被冷却后分成两股，大部分（435. 8 m^3/h，42 ℃）经 E1619、E1609、E1621、E1608 分别冷却到 7. 9 ℃、– 31. 5 ℃、– 36 ℃和 – 54. 8 ℃进入 T1601 塔顶作为洗涤剂，另一部分（1. 68 m^3/h，42 ℃）作为喷射甲醇送入原料气冷却器 E1601 前的原料气总管中。

T1604 塔右室的甲醇液经回流泵 P1606 抽出，在 S1602 过滤后（2. 5 μm）一部分（102 m^3/h，0. 7 MPa（A），98. 8 ℃）与左室出口液体汇合去 E1610，另一部分（10. 13 m^3/h，0. 7 MPa（A），98. 8 ℃）经 T1605 进料加热器 E1616 冷却到 73. 2 ℃作为 T1605 塔的回流液，同时将所携带的一部分水分

离掉。

6）甲醇/水分离

从D1601分离罐来的甲醇水混合物（2.18 m^3/h，－14.7 ℃，5.56 MPa，含水41.0%，含CH_3OH 48.1%），经E1616加热到73.2 ℃后，进入T1605塔进行甲醇/水蒸馏分离。甲醇/水分离塔T1605塔底再沸器E1615的加热介质为低压蒸汽。塔顶的甲醇蒸气（6057.6 Nm^3/h，0.33 MPa（a），97 ℃，含水0.22%，含CO_2 2.84%，含CH_3OH 96.7%）直接送入T1604塔中部作为热再生塔的汽提气。

由塔底分离的废水（5.58 m^3/h，0.36 MPa（A），140 ℃，含水99.99%，含CH_3OH 0.01%）经废水热交换器E1620与来自尾气洗涤塔T1607的含醇废水换热，温度降至51.5 ℃送往废水处理工段。

由尾气洗涤塔T1607的含醇废水（4.64 m^3/h，0.55 MPa（A），15.8 ℃，含水99.8%，含CH_3OH 0.056%），经废水热交换器E1620换热后，温度提高到115 ℃，进入甲醇/水分离塔T1605中部进行精馏，分离其中的甲醇。甲醇/水分离塔T1605塔顶回流液来自T1604塔右室，含水0.54%，含CH_3OH 99.5%，直接进入T1605塔板。

7）碱液定量给料系统

由于进入低温甲醇洗系统的变换气中含有一定量的HCN（约$2\ 000\times10^{-6}$），该部分HCN在原料气预冷时溶于水分离罐D1601分离出的醇水混合物中，该混合物进入甲醇/水分离塔T1605分离甲醇，HCN将由甲醇/水分离塔T1605塔顶进入甲醇循环系统，高浓度的HCN将导致甲醇循环系统的腐蚀，通过加入NaOH使HCN生成盐由甲醇/水分离塔T1605塔底废水中排出。

由精馏工段（802）提供的碱液（NaOH浓度10%），以120 kg/h速率与来自D1601分离罐来的甲醇水混合物混合后进入甲醇/水分离塔T1605。

8）其他

为了降低甲醇消耗，本工段还设有甲醇收集槽D1608。将收集在集管内的所有排放甲醇或泄漏甲醇汇入D1608。由甲醇泵P1609将D1608内废甲醇循环回甲醇/水分离塔T1605进行提浓，在系统停车时送往甲醇储罐V2301。

定期补充到D1605的新鲜甲醇来自甲醇中间罐区191B的精甲醇储槽V2302及相应的精甲醇给料泵P2302。原始开车时系统充液由中间罐区甲醇泵P2301将粗甲醇罐V2301中的精甲醇打入D1605或H_2S浓缩塔T1603底部。

3. 工艺流程特点

（1）本工艺采用的是四塔流程，设备多、流程长，按照温度等级可将整个系统划分为冷区和热区，冷区主要包括甲醇洗涤塔 T1601、中压闪蒸罐 D1602、中压闪蒸罐 D1603、氮气汽提塔 T1606、硫化氢浓缩塔 T1603 及其有关的换热器、泵、罐。主要用于脱除酸性气体，解吸 CO_2 及浓缩 H_2S 组分。热区主要包括甲醇再生塔 T1604、甲醇/水分离塔 T1605 及其有关的换热器、泵、罐。热区与冷区划分界限为 E1609，因热区设备材质与冷区不同，严禁热区温度降至 0 ℃以下。

根据压力等级的不同将整个系统划分为高、中、低三个区。高压区主要包括 T1601、T1602、D1601 及 E1601 等设备，压力为 5.6 MPa。中压区主要包括 D1602、D1603 及 Y1601 等设备，压力为 1.2 MPa。低压区主要包括 T1603、T1604 及 T1605 等设备，压力为 0.12 ~ 0.25 MPa。因此在停车期间，严禁高、中、低压串压。

（2）甲醇作为吸收剂脱除 CO_2、H_2S 及 COS 的优点：①低温高压下酸性气体在甲醇中的溶解度很大，甲醇循环量小，动力消耗少；②净化度高，出甲醇洗涤塔的工艺气中总硫小于 0.1×10^{-6}，甲醇小于 10×10^{-6}；③选择性好，酸性气体在甲醇中的溶解度为 H_2 的 100 倍，有效气体损失少；④溶剂损失少，低温下甲醇的蒸气压很小，随气体带走的甲醇很少；⑤容易再生，加压后，溶解气体逐渐解吸回收，甲醇热再生后经冷却冷凝，循环使用；⑥甲醇廉价易得。

（3）T1605 塔顶甲醇蒸气能量的合理利用：和常规的精馏塔的设计不同，T1605 塔顶的甲醇蒸气没有经过冷却、分离，再用泵打向 T1605 塔顶回流液，而是直接送回 T1604 塔中部，T1605 塔顶回流液为来自 T1604 塔底的甲醇。这样，这股甲醇蒸气所携带的能量在 T1604 内被利用，作为甲醇再生的一股热源，既减少了投资，又给操作带来了方便。

（4）过滤器的设置：根据运行厂家经验，装置运行一段时间后，由于上游工段的炭黑、触媒粉带入本系统及本系统的腐蚀等原因造成系统脏而堵塞设备（尤其堵塞缠绕式换热器），而增加系统阻力，降低换热器的传热效率，影响本工号的正常运行。鉴于此原因，林德公司在 E1609 和回流泵 P1606 后分别设置了一个 250 μm 的过滤器 S1601 和 2.5 μm 的过滤器 S1602。它们可以将甲醇循环过程中的杂质过滤掉，保证循环甲醇的干净，防止对换热器的堵塞而影响装置的平稳运行。

4. 净化工段点位表

（1）净化工段工艺指标一览表如表 5 - 3 所示。

表5-3　净化工段工艺指标一览表

工段	位号	稳态值	单位	报警低限	报警高限
净化工段	AI16002	0.00	$\times10^{-6}$	/	/
	AI16047	4.53	%	/	/
	FI16001	2 782.35	kg/h	/	/
	FI16003	183 955.1	Nm^3/h	/	/
	FI16016	7 204.11	Nm^3/h	4 700	15 000
	FI16022	1 621.27	Nm^3/h	/	/
	FI16025	5.49	t/h	3.70	10
	FI16028	1.15	Nm^3/h	/	/
	FIC16007	267 444.3	Nm^3/h	200 000	316 000
	FIC16008	3 587.04	kg/h	/	/
	FIC16009	677.15	kg/h	/	/
	FIC16010	630.70	kg/h	/	/
	FIC16014	319.18	t/h	170	500
	FIC16015	18 439.17	kg/h	/	/
	FIC16018	11 419.29	Nm^3/h	7 900	20 000
	FIC16020	11 461.16	kg/h	5 800	15 000
	FIC16021	47.91	t/h	40	80
	FIC16024	9 513.97	kg/h	4 000	10 000
	FIC16026	95 177.77	Nm^3/h	/	/
	FIC16027	5 727.08	kg/h	4 500	10 000
	FIC16031	0.00	t/h	/	/
	FIC16034	1 872.9	Nm^3/h	1 200	3 000
	FY16014	0.12	%	/	/
	FY16015	6.90	%	/	/
	FY16018	4.27	%	/	/
	LI16059	18.47	%	10	70
	LI16087	50.07	%	20	60
	LIC16013	42.02	%	20	70
	LIC16015	40.31	%	20	70
	LIC16020	74.59	%	20	90
	LIC16021	53.58	%	24	75
	LIC16023	47.55	%	20	80
	LIC16025	33.84	%	25	70

续表

工段	位号	稳态值	单位	报警低限	报警高限
净化工段	LIC16027	21. 40	%	5	60
	LIC16030	23. 76	%	0	80
	LIC16033	21. 34	%	15	60
	LIC16044	43. 55	%	25	75
	LIC16048	52. 2	%	35	80
	LIC16061	47. 63	%	10	85
	LIC16065	13. 10	%	10	70
	LIC16067	38. 20	%	20	60
	LIC16069	20. 78	%	4	60
	LIC16071	42. 50	%	20	70
	LIC16075	40. 07	%	20	60
	LIC16080	68. 16	%	25	75
	LIC16084	23. 36	%	15	85
	PDI16020	7. 002	kPa	/	/
	PDI16024	151. 26	kPa	/	/
	PDI16040	44. 038	kPa	/	/
	PDI16051	100. 473	kPa	/	/
	PDI16053	100. 473	kPa	/	/
	PDI16062	131. 911	kPa	/	/
	PDI16067	100. 421	kPa	/	/
	PDI16073	30. 651	kPa	/	/
	PDI16078	9. 804	kPa	/	/
	PDI16083	4. 514	kPa	/	/
	PI16002	0. 599	MPa	0. 55	0. 72
	PI16017	1. 149	MPa	/	/
	PI16019	5. 564	MPa	/	/
	PI16025	5. 461	MPa	/	/
	PI16033	5. 564	MPa	/	/
	PI16126	0. 077	MPa	/	/
	PI16211	0. 499	MPa	/	/
	PI16042	102. 092	kPa	80	120
	PIC16029	1. 149	MPa	/	/
	PIC16061A	2. 928	kPa	/	/

续表

工段	位号	稳态值	单位	报警低限	报警高限
净化工段	PIC16061B	2.93	kPa	/	/
	PIC16063A	207.25	kPa	150	250
	PIC16063B	207.25	kPa	150	250
	PIC16069	164.347	kPa	110	500
	PIC16125	5 452.501	kPa	/	/
	TI16002	-27.55	℃	/	/
	TI16003	-30.87	℃	/	/
	TI16004	-28.92	℃	/	/
	TI16006	-37.79	℃	/	/
	TI16007	-15.12	℃	/	/
	TI16009	-33.31	℃	/	/
	TI16012	71.59	℃	/	/
	TI16014	16.22	℃	/	/
	TI16015	42.04	℃	/	/
	TI16016	42.30	℃	/	/
	TI16017	42.30	℃	/	/
	TI16018	41.85	℃	/	/
	TI16021	38.62	℃	/	/
	TI16023	31.37	℃	25	50
	TI16024	-14.85	℃	-16	0
	TI16025	-14.87	℃	/	/
	TI16026	-15.02	℃	/	/
	TI16027	-37.07	℃	-50	-35
	TI16028	-15.0	℃	/	/
	TI16029	-18.91	℃	/	/
	TI16030	-25.54	℃	/	/
	TI16031	-15.21	℃	/	/
	TI16033	-54.4	℃	/	/
	TI16034	-57.62	℃	/	/
	TI16035	-46.52	℃	/	/
	TI16039	-30.87	℃	/	/
	TI16041	-27.55	℃	/	/
	TI16042	-35.61	℃	/	/

续表

工段	位号	稳态值	单位	报警低限	报警高限
净化工段	TI16043	-37.33	℃	/	/
	TI16044	-33.83	℃	/	/
	TI16050	42.83	℃	35	50
	TI16056	-57.53	℃	/	/
	TI16057	-54.59	℃	/	/
	TI16059	-59.22	℃	/	/
	TI16060	-57.62	℃	/	/
	TI16061	40.00	℃	35	100
	TI16062	-38.00	℃	/	/
	TI16063	-32.9	℃	/	/
	TI16064	3.93	℃	/	/
	TI16065	9.79	℃	/	/
	TI16068	40.68	℃	/	/
	TI16071	33.40	℃	/	/
	TI16072	32.83	℃	/	/
	TI16074	49.68	℃	/	/
	TI16075	46.47	℃	/	/
	TI16076	46.66	℃	/	/
	TI16079	86.79	℃	/	/
	TI16080	98.86	℃	/	/
	TI16081	92.05	℃	/	/
	TI16082	93.26	℃	/	/
	TI16083	97.73	℃	/	/
	TI16084	98.86	℃	/	/
	TI16087	44.57	℃	/	/
	TI16088	37.88	℃	/	/
	TI16089	32.26	℃	30	50
	TI16090	-34.14	℃	/	/
	TI16092	76.19	℃	30	100
	TI16093	97.29	℃	/	/
	TI16094	99.49	℃	/	/
	TI16095	102.47	℃	/	/
	TI16097	112.09	℃	/	/

续表

工段	位号	稳态值	单位	报警低限	报警高限
净化工段	TI16098	133.97	℃	130	200
	TI16100	111.05	℃	/	/
	TI16101	59.37	℃	/	/
	TI16102	16.22	℃	/	/
	TI16103	16.22	℃	/	/
	TI16104	16.22	℃	/	/
	TI16110	-24.06	℃	/	/
	TI16111	-16.08	℃	/	/
	TI16112	-36.52	℃	/	/
	TI16113	-32.87	℃	/	/
	TI16115	-32.89	℃	/	/
	TI16116	31.38	℃	/	/
	TI16206A	-15.95	℃	/	/
	TI16206B	-12.63	℃	/	/
	TIC16096	111.06	℃	100	150
	TIC16124	31.38	℃	25	50
	TIC16206	-3.32	℃	/	/
	硫成分	20.14	%	/	/

（2）净化工段阀门一览表如表5-4所示。

表5-4 净化工段阀门一览表

工段	位号	描述	属性
净化工段	XV16001	变换气进净化截断阀	电磁阀
	XV16002	合成气去合成截断阀	电磁阀
	FV16008	洗氨塔洗涤水调节阀	控制调节阀
	FV16009	1#甲醇喷淋调节阀	控制调节阀
	FV16010	2#甲醇喷淋调节阀	控制调节阀
	FV16014	补充甲醇调节阀	控制调节阀
	FV16015	集液盘回流调节阀	控制调节阀
	FV16018	氮气调节阀	控制调节阀
	FV16020	蒸汽调节阀	控制调节阀
	FV16021	甲醇流量调节阀	控制调节阀
	FV16024	进精馏塔甲醇调节阀	控制调节阀

续表

工段	位号	描述	属性
净化工段	FV16026	尾气副线调节阀	控制调节阀
	FV16027	洗涤水调节阀	控制调节阀
	FV16031	回流调节阀	控制调节阀
	FV16034	汽提氮气调节阀	控制调节阀
	LV16013	洗氨塔液位调节阀	控制调节阀
	LV16015	水分离器液位调节阀	控制调节阀
	LV16020	集液盘液位调节阀	控制调节阀
	LV16021	主吸收塔液位调节阀	控制调节阀
	LV16023	深冷器液位调节阀	控制调节阀
	LV16025	丙烯冷却器液位调节阀	控制调节阀
	LV16027	循环气闪蒸罐 D1602 液位调节阀	控制调节阀
	LV16030	循环气分离器 D1603 液位调节阀	控制调节阀
	LV16033	闪蒸罐 D1604 液位调节阀	控制调节阀
	LV16044	集液盘液位调节阀	控制调节阀
	LV16048	浓缩塔液位调节阀	控制调节阀
	LV16061	甲醇流量调节阀	控制调节阀
	LV16065	H_2S 分离器 D1606 液位调节阀	控制调节阀
	LV16067	H_2S 浓缩换热器 E1617 液位调节阀	控制调节阀
	LV16069	H_2S 分离器 D1607 液位调节阀	控制调节阀
	LV16071	醇水塔液位调节阀	控制调节阀
	LV16075	尾气洗涤塔液位调节阀	控制调节阀
	LV16080	贫甲醇深冷器液位调节阀	控制调节阀
	LV16084	汽提塔液位调节阀	控制调节阀
	PV16017	压缩机进口压力调节阀	控制调节阀
	PV16029	压缩机进口压力调节阀	控制调节阀
	PV16042	尾气压力调节阀	控制调节阀
	PV16061A	系统充压调节阀	控制调节阀
	PV16061B	系统充压调节阀	控制调节阀
	PV16063A	去硫回收压力调节阀	控制调节阀
	PV16063B	火炬放空阀	控制调节阀
	PV16069	热再生塔压力调节阀	控制调节阀
	PV16125	合成气出工段压力调节阀	控制调节阀
	TV16096	蒸汽调节阀	控制调节阀

续表

工段	位号	描述	属性
净化工段	TV16124	合成气温度调节阀	控制调节阀
	TV16206	变换气温度调节阀	控制调节阀
	MV16001	外加甲醇阀	手动调节阀
	MV16002	E1622 冷却水调节阀	手动调节阀
	MV16003	E1602 冷却水调节阀	手动调节阀
	MV16004	E1611 冷却水调节阀	手动调节阀
	MV16005	E1613 冷却水调节阀	手动调节阀
	MV16012	D1602 去甲醇回收截断阀	手动调节阀
	MV16013	D1603 去甲醇回收截断阀	手动调节阀
	MV16014	D1604 去甲醇回收截断阀	手动调节阀
	MV16015	合成气出工段调节阀	手动调节阀
	MV16017	D1607 去甲醇回收截断阀	手动调节阀
	MV16021	D1601 充压阀	手动调节阀
	MV16022	去精馏调节阀	手动调节阀
	MV16025	T1605 塔顶截断阀	手动调节阀
	MV16026	去 E1601 截断阀	手动调节阀

（3）净化工段设备一览表如表 5－5 所示。

表 5－5　净化工段设备一览表

工段	点位	描述
净化工段	C1601	循环气压缩机
	D1601	水分离器
	D1602	1#循环气分离器
	D1603	2#循环气分离器
	D1604	甲醇闪蒸罐
	D1605	甲醇收集槽
	D1606	1# H_2S 分离器
	D1607	2# H_2S 分离器
	D1609	碱液槽
	E1601A	1#原料气冷却器
	E1601B	2#原料气冷却器
	E1602	压缩机后冷器
	E1603	尾气/甲醇换热器
	E1604	富甲醇深冷器

续表

工段	点位	描述
净化工段	E1605	塔中甲醇深冷器
	E1606	循环甲醇冷却器
	E1607	1#甲醇/甲醇换热器
	E1608	贫甲醇冷却器
	E1609	2#甲醇/甲醇换热器
	E1610	4#甲醇/甲醇换热器
	E1611	甲醇水冷器
	E1612	热再生塔再沸器
	E1613	H_2S 浓缩水冷器
	E1614	H_2S 浓缩换热器
	E1615	甲醇/水分离塔再沸器
	E1616	回流冷却器
	E1617	H_2S 浓缩深冷器
	E1618	合成气/甲醇换热器
	E1619	3#甲醇/甲醇换热器
	E1620	废水换热器
	E1621	贫甲醇深冷器
	E1622	循环水冷却器
	S1601	甲醇富液过滤器
	S1602	甲醇贫液过滤器
	T1601	主吸收塔
	T1602	洗氨塔
	T1603	H_2S 浓缩塔低压塔
	T1604	热再生塔
	T1605	甲醇/水分离塔
	T1606	氮气汽提塔
	T1607	尾气洗涤塔
	P1601	甲醇富碱泵 1
	P1602	甲醇富碱泵 2
	P1603	甲醇富碱泵 3
	P1604	甲醇富碱泵 4
	P1605	贫甲醇液泵
	P1606	热再生塔回流泵

续表

工段	点位	描述
净化工段	P1607	热再生塔回流泵
	P1608	尾气洗涤水泵
	P1609	碱液泵

任务二　净化工段开车操作技能训练

一、净化工段开车前的准备

（1）系统内所有设备、管线、仪表、阀门等均已恢复正常。

（2）所有检修过的动静设备、管线、阀门、仪表、电气等均已恢复，检查合格。

（3）所有工艺阀门都处于关闭状态，所有调节阀手动全关。

（4）确认仪表调试合格，处于待用状态。

（5）所有分析、流量、液位及压力仪表的根部阀打开，导淋及放空阀关闭。

（6）各类仪表调试完毕，随时可以投用。

（7）所有报警及联锁整定值静态调试合格，联锁动作正常。

（8）各动设备单试合格，处于备用状态。

二、净化工段开车操作员分工概述

净化工段开车过程复杂，各参量变化较快，控制困难，因此需要多人合作完成开车过程，每个人负责不同部分。

净化工段开车练习共设置 5 个岗位，其中 4 个为 DCS 操作员，分别为操作员 A、操作员 B、操作员 C、操作员 D，他们主要负责净化工段 DCS 界面上的参量监控和自动阀的控制。监控各变量的变化，防止开车过程中，变量变化波动过剧烈、过大。另外，开车过程配备一名现场操作员，记为操作员 E，他负责现场监控和现场手动阀的开关控制。具体分工为：

（1）操作员 A 负责净化工段 DCS 流程画面（一、二）。

（2）操作员 B 负责净化工段 DCS 流程画面（三、四）。

（3）操作员 C 负责净化工段 DCS 流程画面（五、六）。

（4）操作员 D 负责净化工段 DCS 流程画面（七），并负责整体调度。

（5）操作员 E 负责所有净化工段现场画面，在操作员 A ~ D 给出操作信息后，操作对应的现场手动阀；并帮助中控操作员 A ~ D 监控各变量情况，有情况及时向中控操作员反映。

净化工段开车需要的时间较长，在给定课时无法完成开车练习时，可以在教师站上冻结当前状态，同时 DCS 也会冻结各变量当前状态，下次再次培训时，可以继续上次未完成的开车过程。

做开车练习训练时 5 个人组成一组，5 个人各尽其职，以保证开车成功。当开车成功后，系统进入稳态，此时在教师站上可以查阅开车考核成绩。每个人可以依次担任不同岗位，完成对煤化工净化工段的开车练习与培训。

净化工段的操作画面如图 5－2～图 5－15 所示。

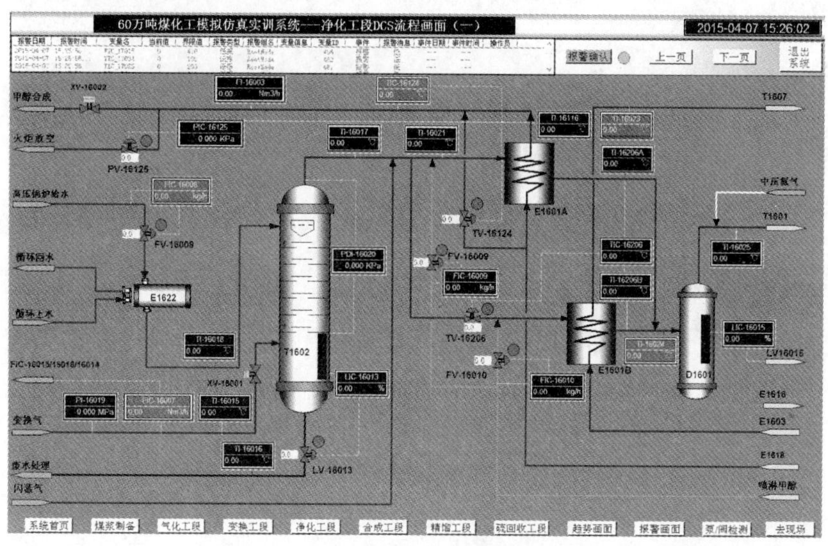

图 5－2　净化工段 DCS 流程画面（一）

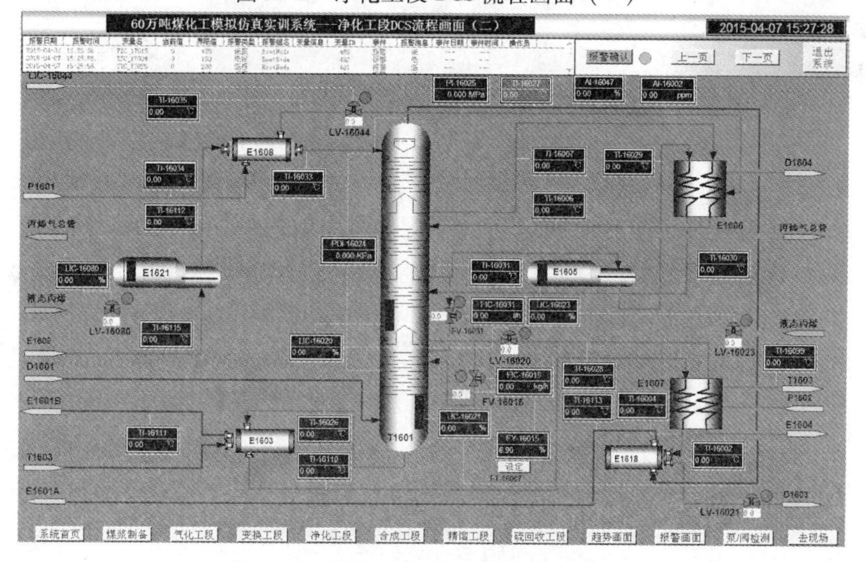

图 5－3　净化工段 DCS 流程画面（二）

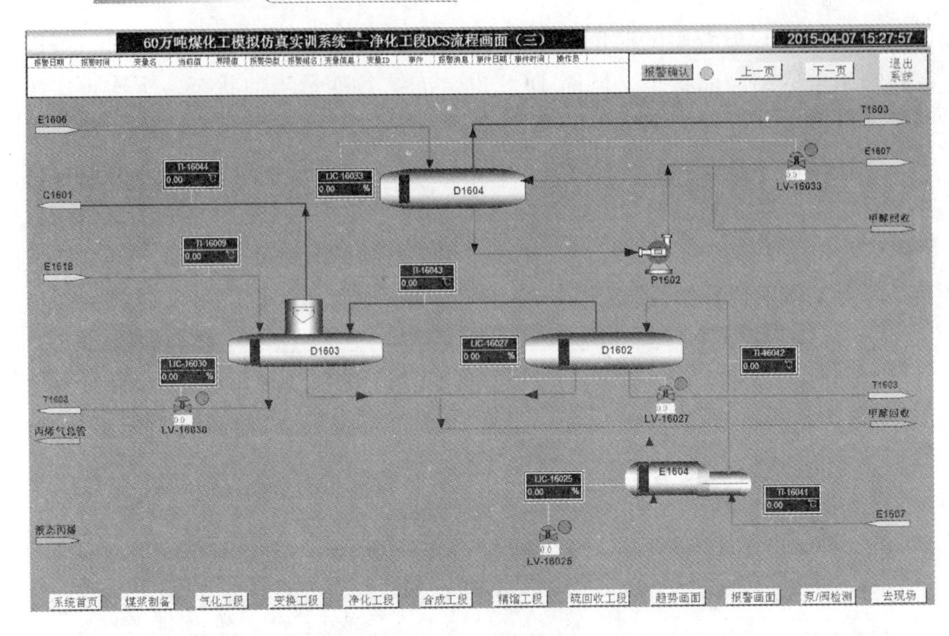

图 5－4　净化工段 DCS 流程画面（三）

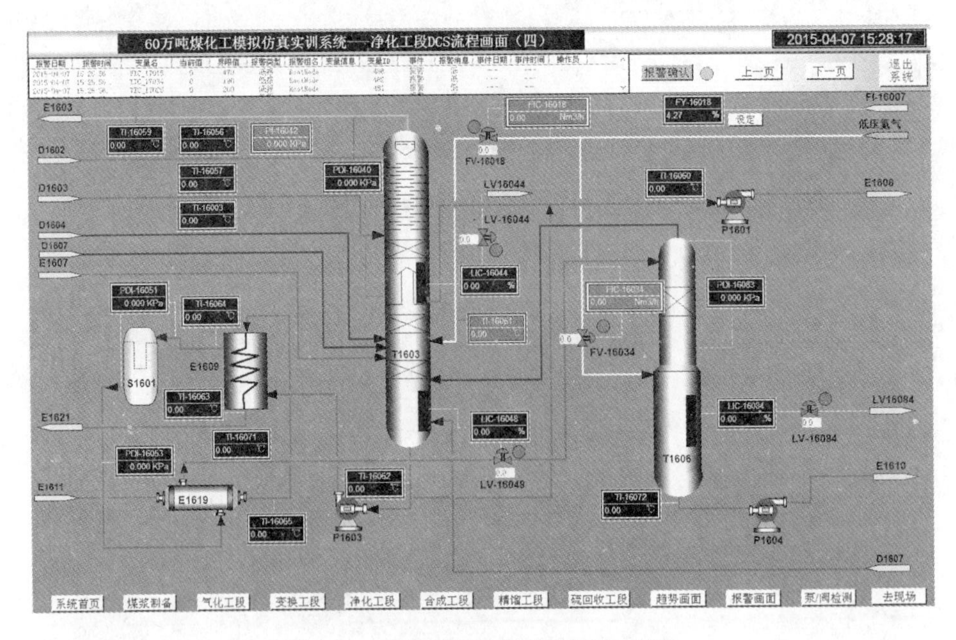

图 5－5　净化工段 DCS 流程画面（四）

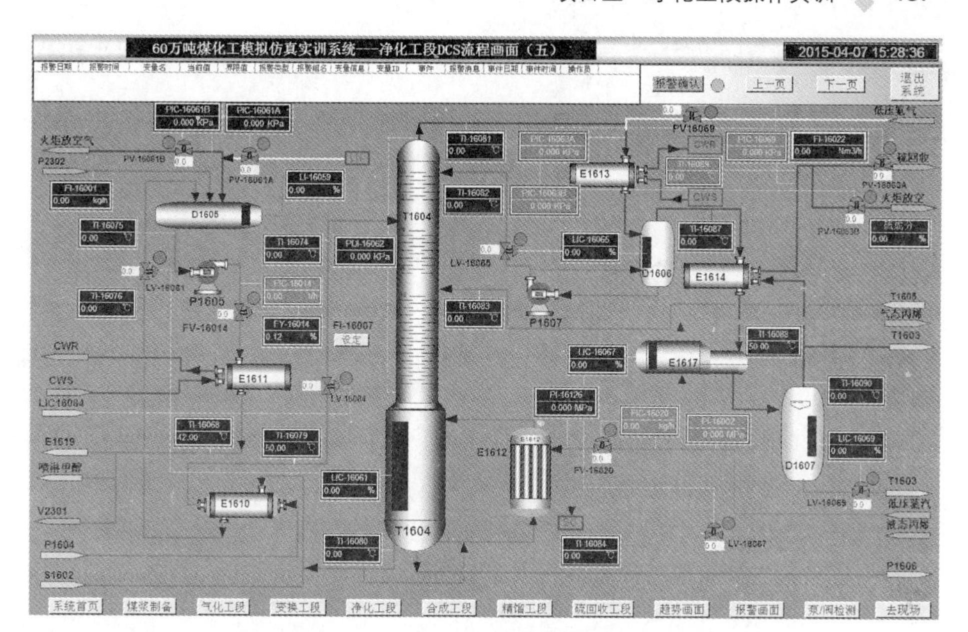

图 5－6 净化工段 DCS 流程画面（五）

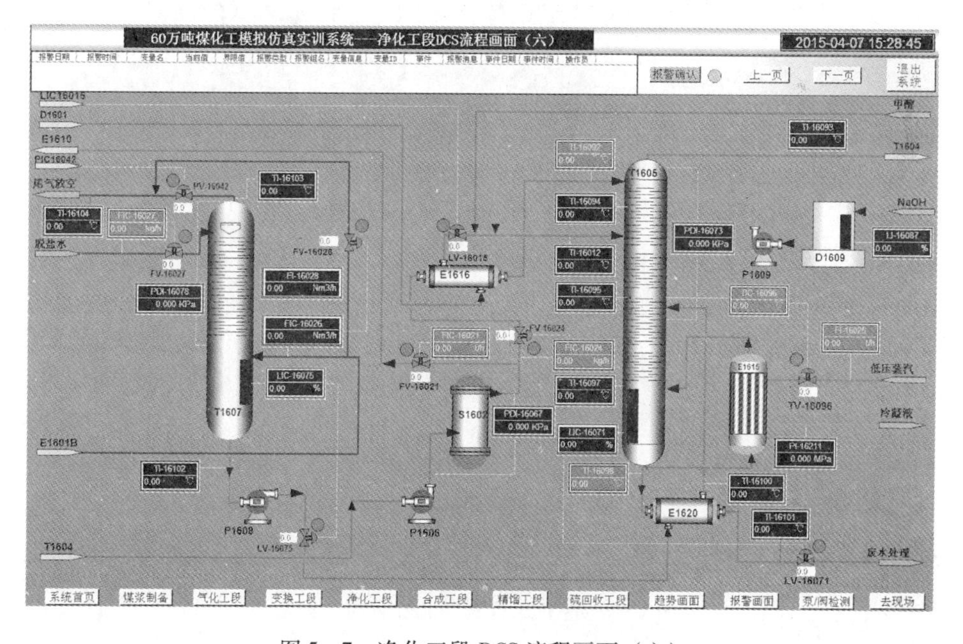

图 5－7 净化工段 DCS 流程画面（六）

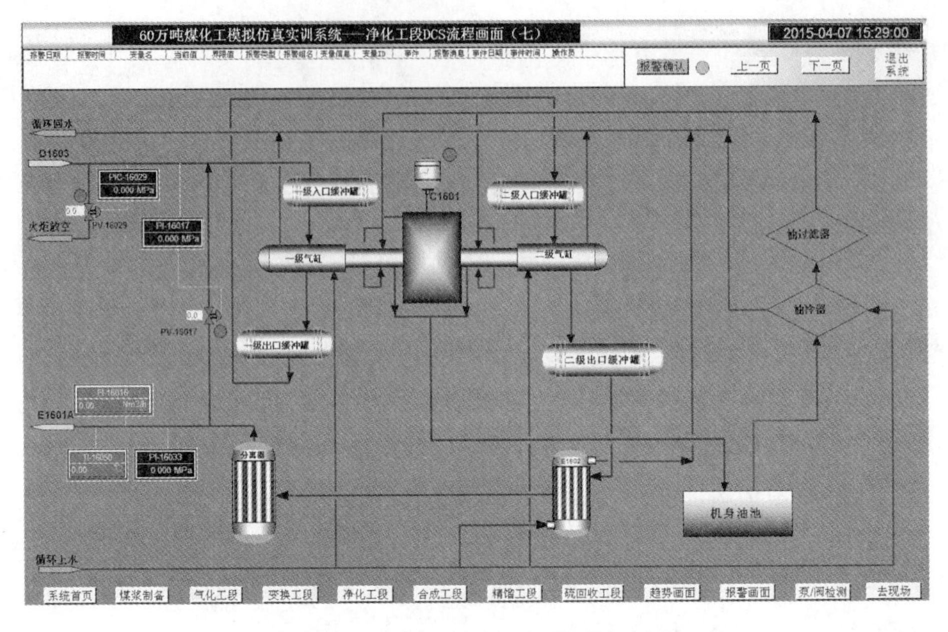

图5-8 净化工段DCS流程画面（七）

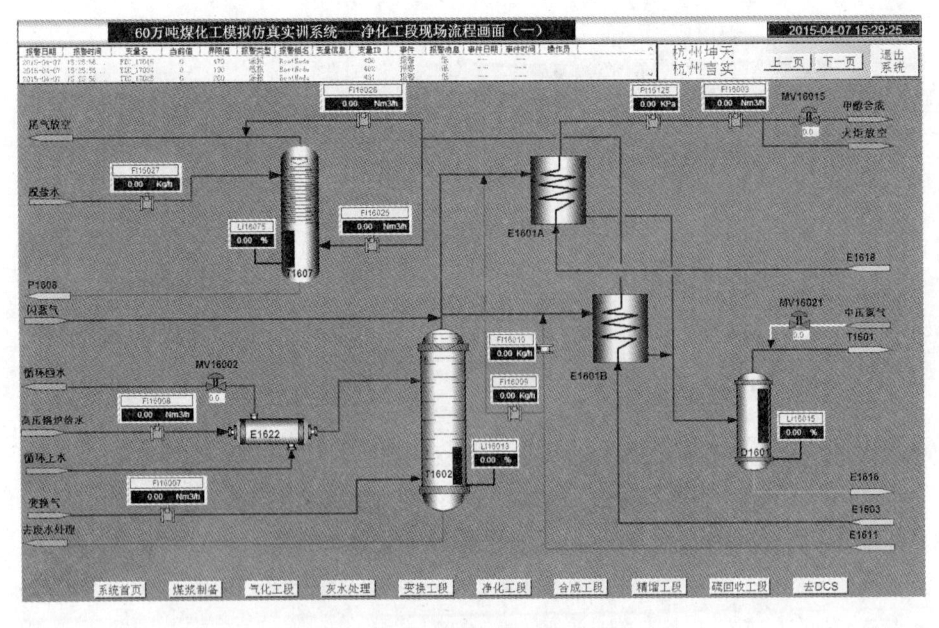

图5-9 净化工段现场流程画面（一）

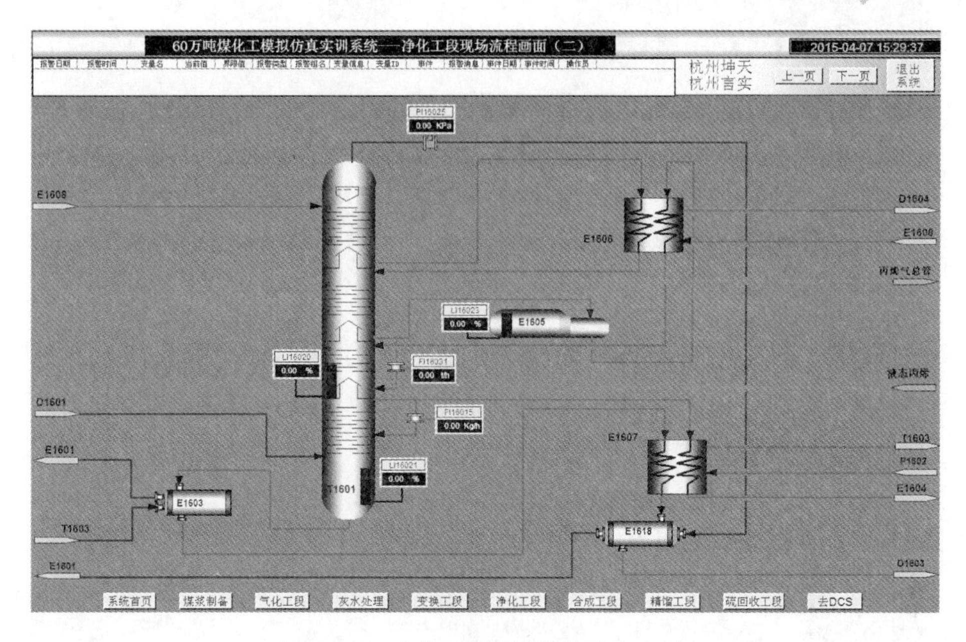

图 5-10　净化工段现场流程画面（二）

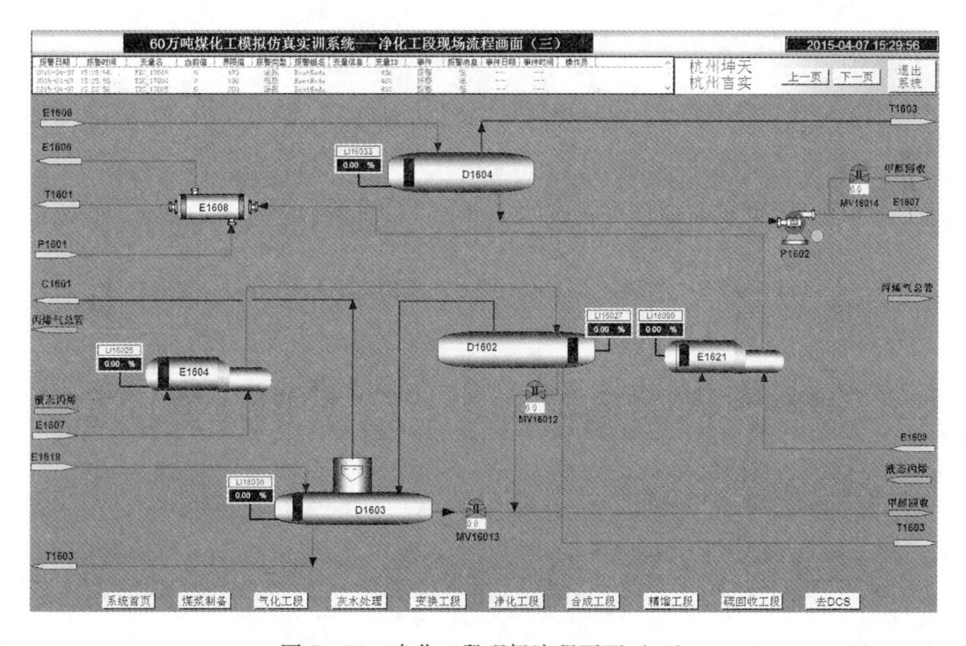

图 5-11　净化工段现场流程画面（三）

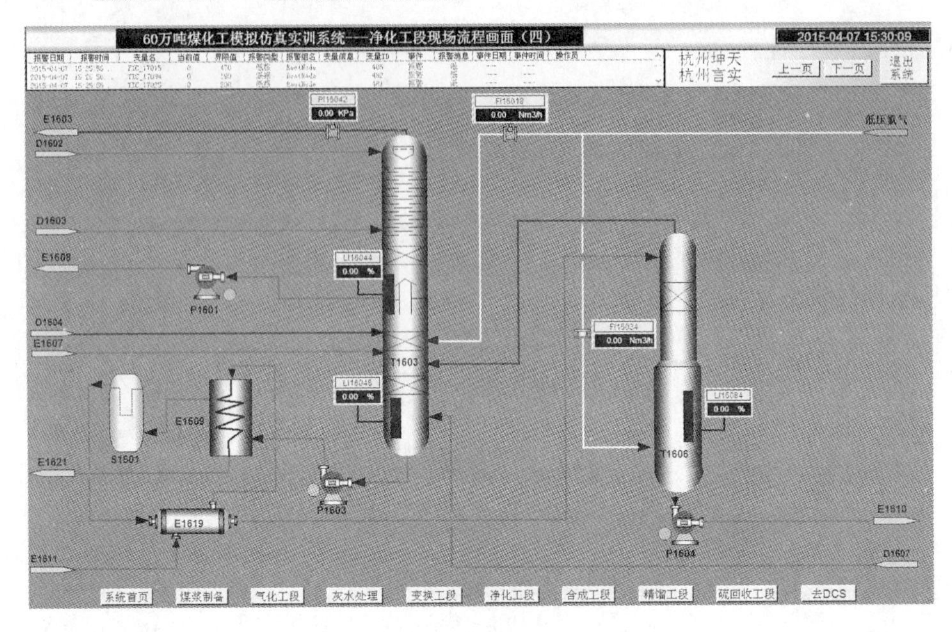

图 5－12　净化工段现场流程画面（四）

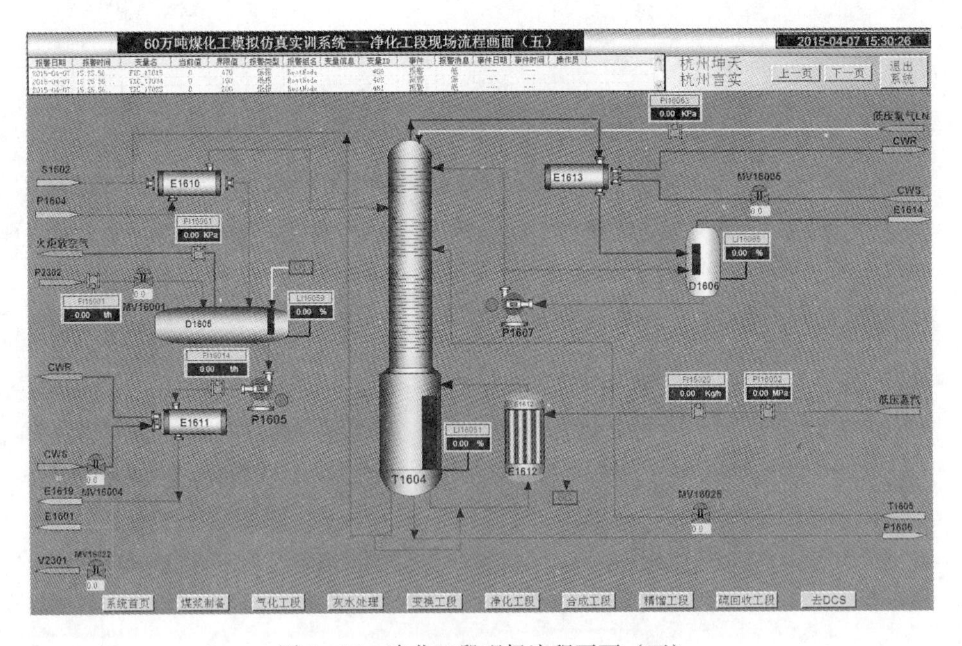

图 5－13　净化工段现场流程画面（五）

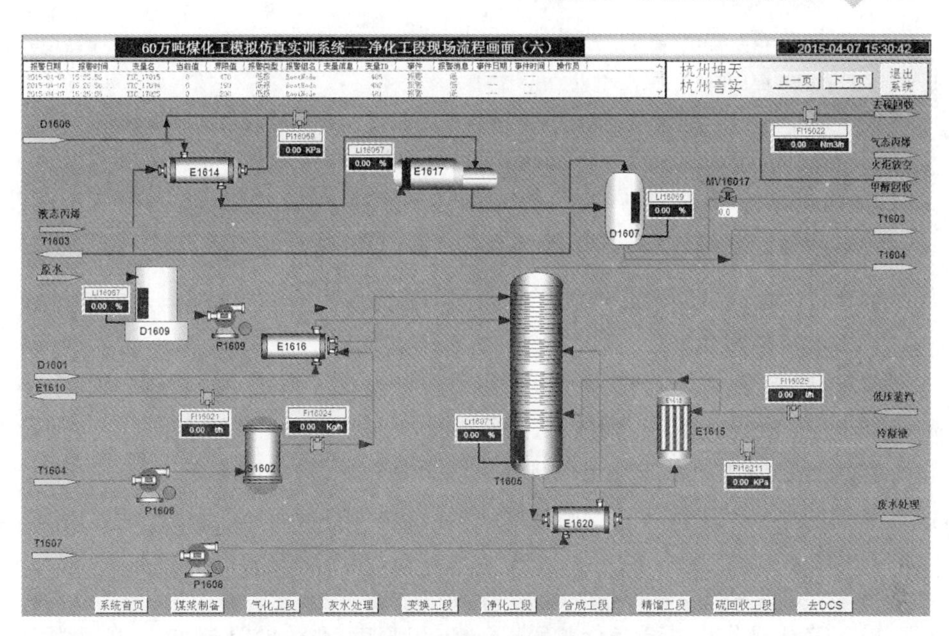

图 5 - 14　净化工段现场流程画面（六）

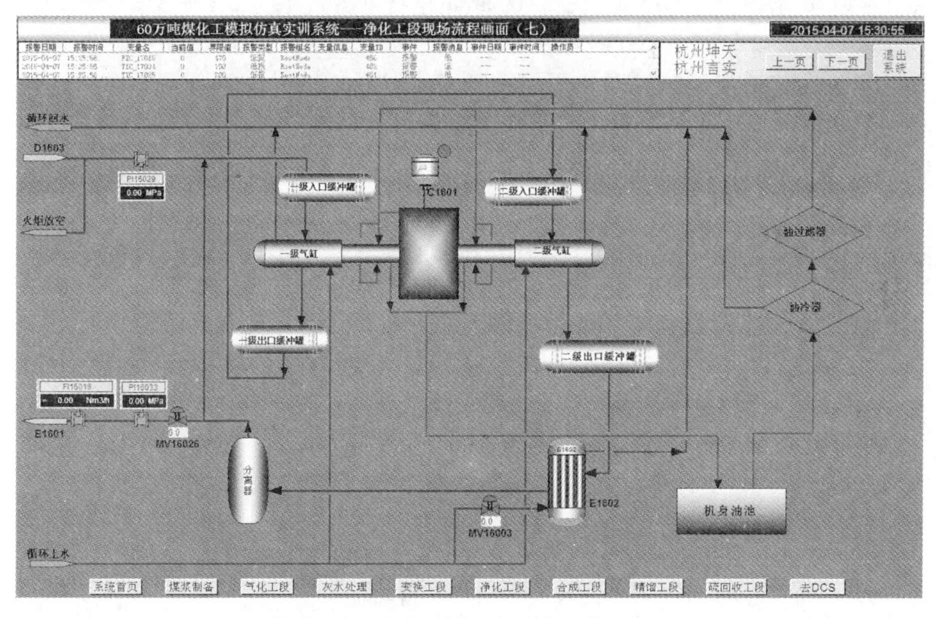

图 5 - 15　净化工段现场流程画面（七）

三、实训开车操作

净化工段开车练习主要包括：系统升压、甲醇循环、冷却系统、启动再生塔和甲醇/水分离塔、投用喷淋甲醇、导气、开压缩机并送气等。

注意：(1) 净化开车中，建立压力等待时间较久，可以启动 2 ~ 4 倍的加速方式进行，等到压力达到要求后，调节回 1 倍速率进行。建立的压力需要时刻控制。

(2) 净化开车，未作说明操作步骤按照顺序由前往后进行，有特殊说明，则按照说明操作。

(3) 在净化开车前，确认净化公用工程丙烯制冷剂压缩机已开启。

1. 系统升压

净化工段开车练习，首先进行系统升压，此过程大约需要 40 min。各操作员检查各人负责的画面，确认开车准备工作完成。

具体操作步骤如下：

(1) 现场操作员在净化工段现场，打开塔 T1605 去 T1604 现场阀 MV16025，开度设为 5%，使体系连通。

(2) 现场操作员在净化工段现场，打开氮气去 T1601 阀 MV16021，开度设为 50%，给 T1601 冲压，控制冲压速率为 0.1 MPa/3 min，等压力 PIC16125 升到 1 400 kPa 后，阀 MV16021 开度设为 5%，对系统冲压。

注意：压力上升时间长，可以启用加速的方式来节约开车时间。

(3) 净化操作员打开净化工段 DCS 流程画面（一），手动控制火炬放空阀 PV16125 来维持 PIC16125 在 1 400 kPa 左右（开度约为 5%）。

注意：在之后的操作中，通过调节阀 PV16125 开度，来保证压力 PIC16125 维持在 1 400 kPa 左右。

(4) 净化操作员打开净化工段 DCS 流程画面（四），开氮气阀 FV16018 和阀 FV16034，开度都设为 10%，给 T1603 塔顶冲压，直到压力 PI16042 达到 104 kPa 后，调节两阀开度均设为 5%。

(5) 净化操作员打开净化工段 DCS 流程画面（六），通过调节尾气排空阀 PV16042 来控制 T1603 塔顶压力 PI16042 维持在 104 kPa 左右（开度约为 0.35%）。

(6) 净化操作员打开净化工段 DCS 流程画面（五），打开氮气补充阀 PV16069，开度设为 20%，给 T1604 塔顶冲压，直到压力 PIC16063B 达到 209 kPa 后调节 PV16069 开度为 5%，并通过调节阀 PV16063B，控制 T1604 塔顶压力 PIC16063B 维持在 209 kPa 左右（开度约为 4%）。

(7) 净化操作员打开净化工段 DCS 流程画面（二），打开 T1601 侧线抽出阀 LV16020，开度设为 80%，给 D1602 和 D1603 冲压。

(8) 净化操作员打开净化工段 DCS 流程画面（七），等待压力 PIC16029 达到 0.7 MPa 左右后，回到净化工段 DCS 流程画面（二），关闭阀 LV16020。

(9) 净化操作员打开净化工段 DCS 流程画面（七），通过阀门 PV16029（该阀门比较灵敏，开度不适宜做大幅度的切换，需要时刻观察）控制 D1603 的压力 PIC16029 为 0.7 MPa 左右；待以上数据都较稳定，可以继续进行甲醇循环，建立液位；在之后的操作中，也要注意以上的工艺指标，使之具有一定的稳定性。

2. 甲醇循环（与投用喷淋甲醇同时进行）

建立甲醇循环过程，需要有两个人控制压力（压力必须时刻控制），两个人控制液位，另有一人负责协调指挥，本过程需要大约 50 min。

具体操作步骤如下：

（1）现场操作员在净化工段现场，打开 D1605 的甲醇补充阀 MV16001，开度设为 5%（开度不能过大），给 D1605 补充液位。

（2）现场操作员在净化工段现场，等待液位 LI16059 达到 40%，打开泵 P1605。

（3）净化操作员打开净化工段 DCS 流程画面（五），打开阀 FV16014，开度设为 2%，保持甲醇少量循环。

（4）现场操作员在净化工段现场，通过 D1605 甲醇补充阀 MV16001 来控制 D1605 的甲醇液位 LI16059 一直保持在 40%。

（5）净化操作员打开净化工段 DCS 流程画面（二），待 T1601 的液位 LIC16020 达到 30% 时，打开阀 FV16015，开度设为 5%，并通过阀 LV16020 来控制 T1601 的液位 LIC16020 维持在 30%。

（6）净化操作员打开净化工段 DCS 流程画面（二），待 T1601 塔釜液位 LIC16021 高于 40% 后，打开阀 LV16021，开度设为 5%，并通过阀 LV16021 来控制液位 LIC16021 始终保持在 40% 左右。

（7）净化操作员打开净化工段 DCS 流程画面（三），待 D1603 的液位 LIC16030 大于 40% 后，打开阀 LV16030，开度设为 5%，然后通过阀 LV16030 来控制 D1603 的液位 LIC16030 维持在 40% 左右。

（8）净化操作员打开净化工段 DCS 流程画面（三），待 D1602 的液位 LIC16027 大于 40% 后，打开阀 LV16027，开度设为 5%，然后通过阀 LV16027 来控制 D1602 的液位 LIC16027 维持在 40% 左右。

（9）净化操作员打开净化工段 DCS 流程画面（四），待 T1603 液位 LIC16044 达到 50% 后，打开阀 LV16044，开度设为 5%，然后通过阀 LV16044 来控制液位 LIC16044 维持在 50% 左右。

（10）现场操作员在净化工段现场，打开泵 P1601。

（11）净化操作员打开净化工段 DCS 流程画面（三），待 D1604 的液位 LIC16033 大于 40% 后，打开阀 LV16033，开度设为 5%，然后通过阀 LV16033 来控制 D1604 的液位 LIC16033 维持在 40% 左右。

（12）现场操作员在净化工段现场，打开泵 P1602，将 D1604 内液体送出。

（13）净化操作员打开净化工段 DCS 流程画面（四），待 T1603 塔釜液位

LIC16048 达到60%后，打开阀 LV16048，开度设为5%，然后通过阀 LV16048 来控制液位 LIC16048 维持在 60% 左右。

（14）现场操作员在净化工段现场，打开泵 P1603，将 T1603 内液体送出。

（15）净化操作员打开净化工段 DCS 流程画面（四），待 T1606 的液位 LIC16084 达到60%时，打开阀 LV16084，开度设为5%，然后通过阀 LV16084 来控制 T1606 的液位 LIC16084 维持在 60% 左右。

（16）现场操作员在净化工段现场，打开泵 P1604。

（17）净化操作员打开净化工段 DCS 流程画面（五），待 T1604 的液位 LIC16061 大于40%后，打开阀 LV16061，开度设为5%，然后通过阀 LV16061 来控制液位 LIC16061 维持在 40% 左右。

（18）甲醇循环建立后，现场操作员在净化工段现场，监控 D1605 液位 LI16059，待其在 50% ~60%时，关 D1605 补甲醇阀 MV16001。

注意观察各个液位的增减趋势，各个液位间都有相互作用关系，在开车过程中最重要的也是建立稳定的液位，各位 DCS 操作员需要时刻注意自己负责画面的液位控制。

3. 冷却系统（可以与投用喷淋甲醇同时进行）

冷却系统的操作与甲醇循环同时进行。

具体操作步骤如下：

（1）现场操作员在净化工段现场，打开换热器 E1622 冷却水阀 MV16002，开度设为 5%。

（2）现场操作员在净化工段现场，打开换热器 E1602 冷却水阀 MV16003，开度设为 5%。

（3）现场操作员在净化工段现场，打开换热器 E1611 冷却水阀 MV16004，开度设为 5%。

（4）现场操作员在净化工段现场，打开换热器 E1613 冷却水阀 MV16005，开度设为 5%。

（5）净化操作员打开净化工段 DCS 流程画面（二），打开阀 LV16023，开度设为 5%，给 E1605 灌液，待液位 LIC16023 达到 50% 后，通过阀 LV16023 来控制液位 LIC16023 维持在 50% 左右。

注意：刚开始时，建议阀门开到 50%，等液位快接近 50%，慢慢关小阀门；液位稳定的情况下，阀门开度在 7% 左右。

（6）净化操作员打开净化工段 DCS 流程画面（三），打开阀 LV16025，开度设为 5%，给 E1604 灌液，待液位 LIC16025 达到 50% 后，通过阀

LV16025 来控制液位 LIC16025 维持在 50% 左右。

注意：刚开始时，建议阀门开到 60%，等液位快接近 50%，慢慢关小阀门；液位稳定的情况下，阀门开度在 10% 左右。

（7）净化操作员打开净化工段 DCS 流程画面（二），打开阀 LV16080，开度设为 5%，给 E1621 灌液，待液位 LIC16080 达到 50% 后，通过阀 LV16080 来控制液位 LIC16080 维持在 50% 左右。

注意：刚开始时，建议阀门开到 60%，等液位快接近 50%，慢慢关小阀门；液位稳定的情况下，阀门开度在 20% 左右。

（8）净化操作员打开净化工段 DCS 流程画面（五），打开阀 LV16067，开度设为 5%，给 E1617 灌液，待液位 LIC16067 达到 40% 后，通过阀 LV16067 来控制液位 LIC16067 维持在 40% 左右。

注意：刚开始时，建议阀门开到 70%，等液位快接近 50%，慢慢关小阀门；液位稳定的情况下，阀门开度在 7% 左右。

各操作员检查各变量是否达到正常值，确定冷却合格。

4. *启动再生塔和甲醇/水分离塔*

待完成系统冷却后，监控 T1601 的温度 TI16033，待其温度降到 -20℃后（等待时间较长），开始启动再生塔和甲醇/水分离塔。

具体操作步骤如下：

（1）净化操作员打开净化工段 DCS 流程画面（二），监控进 T1601 的甲醇温度 TI16033，待其温度降到 -20℃后，打开净化工段 DCS 流程画面（五），打开阀 FV16020，给 T1604 供汽提蒸汽，开度大约为 5%。

（2）净化操作员打开净化工段 DCS 流程画面（五），监控 D1606 的液位 LIC16065，待其达到 20% 后，打开阀 LV16065，开度设为 1%，然后通过阀 LV16065 来控制 D1606 的液位 LIC16065 维持在 30% 左右。（该液位建立的前提是需要 T1604 塔顶产出高温气体，T1604 塔顶温度 TI16081 在 40 ℃前升温较慢所以需要一些时间等待）。

注意：在等待液位上升时，可以先将氮气阀 PV16069 关闭。在液位建立后，再调节进口阀 PV16069、PV16063B 维持 T1604 压力 PIC16063B 在 209 kPa 左右。

（3）现场操作员在净化工段现场，打开热再生塔回流泵 P1607，建立回流。

（4）净化操作员打开净化工段 DCS 流程画面（五），监控 D1607 的液位 LIC16069，待其达到 5% 后，打开阀 LV16069，开度设为 5%；然后通过阀 LV16069 来控制 D1607 的液位 LIC16069 维持在 5% 左右。（实际控制液位为 40%，工厂建立这个液位要几天时间，为了节约时间，我们控制液位为 5%）。

（5）净化操作员打开净化工段 DCS 流程画面（六），打开阀 FV16027，给 T1607 供水，开度设为 5%。

（6）净化操作员打开净化工段 DCS 流程画面（六），监控 T1607 液位 LIC16075，待其达到 40% 左右后，打开液位调节阀 LV16075，开度设为 5%。

（7）现场操作员在净化工段现场，打开尾气洗涤水泵 P1608，输送液体。

（8）净化操作员打开净化工段 DCS 流程画面（六），监控甲醇/水分离塔 T1605 液位 LIC16071，待其大于 10% 后，打开阀 TV16096，给甲醇/水分离塔 T1605 供蒸汽，开度设为 5%；然后打开阀 FV16024 给 T1605 补充甲醇，开度设为 5%。

（9）现场操作员在净化工段现场，打开热再生塔回流泵 P1606，建立回流。

（10）净化操作员打开净化工段 DCS 流程画面（六），关闭洗涤塔液位调节阀 LV16075 和阀洗涤塔进料阀 FV16027。

注意：关闭阀 LV16075 时，先关闭相应的泵 P1608，等阀打开时，再开启泵 P1608。在之后的操作中不再作说明。

5. 投用喷淋甲醇

投用喷淋甲醇过程都是在净化工段 DCS 流程画面（一）上完成，由操作员 A 来操作完成。

具体操作步骤如下：

（1）净化操作员打开净化工段 DCS 流程画面（一），通气前先打开阀 FV16009，通入喷淋甲醇，开度设为 5% 左右，通过 FV16009 来控制喷淋甲醇的流量为 670 kg/h；然后打开阀 FV16010，开度设为 5% 左右，通过 FV16010 来控制流量为 630 kg/h。

（2）净化操作员打开净化工段 DCS 流程画面（一），待 D1601 的液位 LIC16015 达到 40% 后，打开阀 LV16015，开度设为 5%，然后通过阀 LV16015 来控制 D1601 的液位维持在 40% 左右。

（3）现场操作员在净化工段现场，打开碱加料泵 P1609。

6. 导气

导气过程是打开界区入口阀，将变换气引进甲醇洗单元的操作。而去合成的净化气界区阀仍然保持关闭。

具体操作步骤如下：

（1）净化操作员打开净化工段 DCS 流程画面（一），打开变换气进低温甲醇洗切断阀 XV16001，给低温甲醇洗装置通变换气。

（2）现场操作员在净化工段现场，关闭氮气去 T1601 阀 MV16021。

（3）净化操作员打开净化工段 DCS 流程画面（一），关闭阀门 PV16125，让压力 PIC16125 升至 5 450 kPa 之后，然后通过阀 PV16125 来控制压力 PIC16125 维持在 5 450 kPa。

（4）净化操作员打开净化工段 DCS 流程画面（一），打开洗氨塔 E1622 高压给水阀 FV16008，开度设为 5% 左右，使流量 FIC16008 维持在 5 000 kg/h 左右。

（5）净化操作员打开净化工段 DCS 流程画面（六），通过阀 LV16071 来控制 T1605 的液位维持在 40% 左右；调节阀 FV16027，控制进入 T1607 的脱盐水流量 FIC16027 为 5 000 kg/h 左右。

（6）净化操作员打开净化工段 DCS 流程画面（六），监控 T1607 的液位 LIC16075，待其达到 40% 后，通过阀 LV16075 来控制液位维持在 40%。

（7）净化操作员打开净化工段 DCS 流程画面（一），监控 T1602 的液位 LIC16013，待其达到 40% 后，打开阀 LV16013，开度设为 5%，然后通过阀 LV16013 来控制 T1602 的液位 LI16013 维持在 40% 左右。

（8）净化操作员打开净化工段 DCS 流程画面（五），增大甲醇循环阀 FV16014 的开度，直到 5%。

（9）净化操作员打开净化工段 DCS 流程画面（四），调节阀 FV16018 和阀 FV16034，控制流量 FIC16018 为 11 420 Nm^3/h 和 FIC16034 为 1 872 Nm^3/h。

（10）净化操作员打开净化工段 DCS 流程画面（七），通过阀 PV16029 控制压力 PIC16029 维持在 1.15 MPa 左右。

7. 开压缩机并送气

送气过程分别为甲醇合成工段、硫回收工段输送原料气。等待净化气 CO_2 浓度达标后，作为原料气送入甲醇合成单元；硫回收出口 H_2S 达标后，作为原料气送入硫回收单元。

具体操作步骤如下：

（1）净化操作员打开净化工段 DCS 流程画面（二），监控净化气出口 CO_2 浓度 AI16047。

（2）现场操作员在净化工段现场，打开压缩机 C1601，并开压缩机出口切断阀 MV16026，开度设为 5%。

（3）净化操作员打开净化工段 DCS 流程画面（一），确认净化气排空阀 PV16125 已关闭，打开净化气出口切断阀 XV16002。

（4）现场操作员在净化工段现场，打开 MV16015，开度设为 5%，给合成工段供气。

（5）净化操作员打开净化工段 DCS 流程画面（五），当硫回收出口 H_2S

的浓度大于17%时，关闭T1604氮气冲压阀PV16069，关闭H_2S放空阀PV16063B，打开阀PV16063A，开度设为5%左右，给硫回收工段供硫，并控制T1604的塔顶压力为209 kPa左右。

任务三　净化工段稳定生产操作技能训练

一、低温甲醇洗装置稳定生产影响因素分析与操作控制

1. 吸收塔操作温度的控制

在生产过程中，低温甲醇溶液吸收H_2S等酸性气体温度会逐渐上升，从而影响吸收效果。为此，在吸收塔的上段分两次从塔内抽出甲醇溶液用丙烯制冷器通过液体丙烯的蒸发对其进行提供冷量降温，再次送回吸收塔内进行吸收。

为了使吸收塔在较低的温度下平稳运行，需注意以下几点：①粗煤气经过变换后的温度经过洗氨塔洗涤时要确保洗涤水量、水温符合设计要求，从源头上控制温度不超过40 ℃；②换热器A、B在设计制造时，换热器的参数应根据生产工艺进行反复核算并留有一定的余量，确保粗煤气与出洗涤塔原料气、出浓缩塔的尾气充分换热，最大限度地回收冷量后再进入吸收塔；③换热器、主洗塔及各工艺管线应进行保冷；④上游气化工段原料煤、操作参数不稳定，会导致粗煤气成分不稳定，粗煤气中硫含量过高、CO_2含量过低、进吸收塔的煤气压力较低等极端工况都会消耗更多的冷量。根据甲醇洗装置丙烯压缩机运行经验，丙烯压缩机在选型时一般应比理论计算冷量要加30%～40%余量，才能确保吸收塔的冷量供给。

2. 装置压力的控制

根据亨利定律，在一定温度下，气体在液体里的溶解度和该气体的平衡分压成正比。从传质动力学角度来看，吸收过程的压力越高，气体分子的运动扩散速率越快，吸收速率越快。为了维持较好吸收效果，控制吸收塔在较高压力下运行；确保粗煤气的正常供应，尽可能在满负荷的条件下操作，当粗煤气供应不足时，关小吸收塔出口调节阀，减少压力损失；根据粗煤气供应量和压力情况，适时调高循环气压缩机的压力；为了提高节流闪蒸制冷效果，以增加系统冷量，控制高压闪蒸罐、H_2S浓缩塔的操作压力尽可能低；适当增加H_2S浓缩塔汽提N_2量，降低CO_2分压，使溶解的CO_2尽可能地解吸出来。

3. 吸收甲醇质量的控制

低温甲醇的吸收效果还与甲醇的质量有关，甲醇中含水量达到5%时，CO_2在甲醇中的溶解度会降低15%左右，H_2S等酸性气体的溶解度也会大幅度降低。甲醇中含有其他杂质也会影响吸收效果，甲醇中水含量增加，溶液密度变大，增加了动力消耗，甲醇中含水量增加，还会腐蚀设备、管道、阀门，在低温区还会结冰堵塞设备、管道，从而造成事故。在装置运行过程中出界区的净化气、尾气以及到硫回收的酸性气体会带走一部分甲醇，该部分甲醇，可通过甲醇再生塔底再生的贫甲醇补充，也可外购甲醇进行补充。因此，要控制外购甲醇的质量；由于进塔粗煤气有一定的温度会带进吸收塔一定的水分，要控制进吸收塔粗煤气的温度，进塔前要进入气水分离器彻底分离冷凝下来的水分，控制气水分离器的液位，防止液位过高，气体把水带入吸收塔；控制出甲醇再生塔再生甲醇的质量，定期化验，发现质量变化，要加大甲醇再生塔到甲醇/水分离塔废水量，提高甲醇再生塔及甲醇/水分离塔再沸器的温度，确保返回系统再生甲醇质量合格。

二、故障分析与处理操作技能训练

故障1　丙烯冷却器故障

丙烯制冷故障有可能导致整个净化系统的升温。

具体操作步骤如下：

(1) 净化操作员打开净化工段DCS流程画面（五），关闭阀PV16063A。

(2) 净化操作员打开净化工段DCS流程画面（五），将PV16063B的开度开大。控制T1604塔顶的压力PIC16063在209 kPa左右。

(3) 净化操作员打开净化工段DCS流程画面（七），打开阀PV16017，开度开到100%。

(4) 净化操作员打开净化工段DCS流程画面（七），增大阀PV16029的开度，控制D1603的压力PIC16029在1. 15 MPa左右。

故障2　汽提氮气故障

缺乏汽提氮气会使残留在塔底部的甲醇中CO_2的含量增加。没有被汽提的CO_2将被转移到热再生塔T1604中，CO_2将与H_2S和COS混合。由于出热再生塔T1604的顶部CO_2流量增加，有可能造成H_2S浓度降低，影响克劳斯装置的运行。

由于在T1603中的CO_2解吸量减少，需要更多的外供冷量，所以装置的负荷必须降低，以避免贫甲醇升温，并减少进入低温甲醇洗的变换气量。

具体操作步骤如下：

（1）净化操作员打开净化工段 DCS 流程画面（一），关闭 XV16001。

（2）净化操作员打开净化工段 DCS 流程画面（四），全开 T1603 氮气进口阀 FV16018；关闭 T1606 低压氮气进口阀 FV16034。

故障3　电力故障

所有的泵及压缩机 C1601 将停止工作。发生全厂停电时，变换气供应和低温甲醇洗单元的公用工程的介质停止供应，按停车处理。

具体操作步骤如下：

（1）手动关闭所有液位调节阀和流量调节阀，使甲醇存于每台容器内。

（2）关闭所有充氮阀。

（3）关闭系统内的压力调节阀，随着温度的升高，视压力升高情况打开塔内安全阀旁路阀排气，防止系统憋压。

（4）按正在运行泵的停泵按钮。

注意：若仅是低温甲醇洗系统内电力系统发生故障，则停再沸器 E1612 和 E1615 的蒸汽，并尽可能地按正常停车程序处理。

故障4　蒸汽故障

热再生塔 T1604 再沸器蒸汽故障将影响贫甲醇的纯度，进而影响净化气的纯度。通知合成工段停车，停止低温甲醇洗单元变换气供应。提高各容器的液位设定点已储存容留在塔板的甲醇。

甲醇/水分离塔 T1605 的蒸汽故障不会立即影响低温甲醇洗单元的运作。在这种情况下关闭 LIC16015 和 FIC16024，分离器 D1601 液位将上升，醇水混合物会和原料气一起进入洗涤塔 T1601。

故障5　锅炉给水或脱盐水故障

发生此故障将导致洗涤塔 T1602、T1607 不能正常运行。排放尾气中甲醇含量会升高，且氨气在甲醇循环过程中的积聚是不允许的。把装置负荷减至最小值，并观察贫甲醇中的氨气含量。如果再生甲醇中氨气含量达到 $200\times10^{-6}\sim300\times10^{-6}$，停变换气。净化操作员打开净化工段现场流程画面（一），停变换气，关闭变换气切换阀 XV16001。

任务四　净化工段停车操作技能训练

净化停车操作首先要停止对硫回收工段的送气，以及切断变换工段的原料气输送。再进行停止热再生系统、停甲醇循环、停系统供冷、系统泄压以及排甲醇操作。

注意：（1）在控制阀打手动后，显示开度为0时，仍需重新设置0开度。

（2）如果排液速度过慢，可以加大相应排液阀开度，直到100%。

(3) 由于进化精馏塔排液耗时较长，故只将部分塔的液位排空。

(4) 如果排液速度过慢、降压速度过慢，可以加大相应阀开度，或者提高运行速率。

具体操作步骤如下：

(1) 净化操作员打开净化工段 DCS 流程画面（五），将去硫回收阀 PV16063A 投手动，并关闭；打开火炬放空阀 PV16063B，开度设为 20%。

(2) 现场操作员在净化工段现场，停止循环气压缩机 C1601。

(3) 现场操作员在净化工段现场，关闭压缩机出口阀 MV16026。

(4) 现场操作员在净化工段现场，关闭外加甲醇阀 MV16001。

(5) 净化操作员打开净化工段 DCS 流程画面（七），打开阀 PV16029，将尾气放空，开度设为 5%。

(6) 净化操作员打开净化工段 DCS 流程画面（一），切断变换气进低温甲醇洗开关阀 XV16001，将 FIC16008 打手动，关闭高压锅炉给水进口阀 FV16008，然后切断净化气出界切断阀 XV16002。

(7) 现场操作员在净化工段现场，关闭 MV16015。

(8) 净化操作员打开净化工段 DCS 流程画面（六），将 T1607 进口流量调节控制 FIC16027 打手动，关闭 T1607 脱盐水阀 FV16027；将 T1607 液位控制 LIC16075 打手动，关闭 T1607 出液阀 LV16075；将 T1607 尾气调节阀 PV16042 投手动，开度设为 10%。

(9) 现场操作员在净化工段现场，关闭 T1607 出液泵 P1608。

(10) 净化操作员打开净化工段 DCS 流程画面（六），打开排空阀 FV16026，开度设为 50%。

(11) 净化操作员打开净化工段 DCS 流程画面（一），将 FIC16009 和 FIC16010 打手动，关闭喷淋甲醇阀 FV16009 和阀 FV16010，停止喷淋甲醇进料。

(12) 净化操作员打开净化工段 DCS 流程画面（六），将 LIC16015 打手动，D1601 液位控制阀 LV16015 开度设为 50%。

(13) 净化操作员打开净化工段 DCS 流程画面（一），将 TIC16206 投手动，关闭 T1602 去 D1601 阀 TV16206。

(14) 净化操作员打开净化工段 DCS 流程画面（一），将 T1602 液位控制 LIC16013 投手动，排液阀 LV16013 开度设为 50%。

(15) 现场操作员在净化工段现场，关闭加碱泵 P1609，停止向 T1605 加入 NaOH。

(16) 净化操作员打开净化工段 DCS 流程画面（六），将 TIC16096 打手动，关闭 T1605 再废器加热蒸汽阀 TV16096；将 FIC16024 打手动，关闭 T1605 塔顶进料阀 FV16024；将 FIC16021 打手动，关闭阀 FV16021。

（17）净化操作员打开净化工段 DCS 流程画面（六），将 T1605 出口液位控制 LIC16071 投手动，并关闭排液阀 LV16071。

（18）现场操作员在净化工段现场，关闭 T1605 至 T1604 切断阀 MV16025。

（19）净化操作员打开净化工段 DCS 流程画面（五），将 FIC16020 打手动，关闭低压蒸汽进料阀 FV16020；然后将 LIC16065 打手动，关闭 T1604 塔顶回流阀 LV16065。

（20）现场操作员在净化工段现场，关闭 T1604 塔顶回流泵 P1607。

（21）净化操作员打开净化工段现场画面（五），将 LIC16069 打手动，关闭 D1607 液位控制阀 LV16069。

（22）净化操作员打开净化工段 DCS 流程画面（二），将 LIC16080 打手动，关闭 E1621 液位控制阀 LV16080，停止给丙烯蒸发器 E1621 供冷。

（23）净化操作员打开净化工段 DCS 流程画面（二），将 LIC16023 打手动，关闭 E1605 液位控制阀 LV16023，停止给 E1605 丙烯蒸发器供冷。

（24）净化操作员打开净化工段 DCS 流程画面（三），将 LIC16025 打手动，关闭 E1604 液位控制阀 LV16025，停止给丙烯蒸发器 E1604 供冷。

（25）净化操作员打开净化工段 DCS 流程画面（五），将 LIC16067 打手动，关闭 E1617 液位控制阀 LV16067，停止给丙烯蒸发器 E1617 供冷。

（26）净化操作员打开净化工段 DCS 流程画面（五），将 FIC16014 打手动，关闭换热器 E1611 热物料进口阀 FV16014。

（27）现场操作员在净化工段现场，关闭 D1605 出料泵 P1605。

（28）净化操作员打开净化工段 DCS 流程画面（一），等待 T1602 液位 LIC16013 降为 0，关闭阀 LV16013，停止排液。

（29）净化操作员打开净化工段 DCS 流程画面（一），等待 D1601 液位 LIC16015 降为 0，打开净化工段 DCS 流程画面（六），关闭阀 LV16015，停止排液。

注意：以下（30）、（31）、（32）、（33）、（34）、（35）、（36）、（38）、（40）、（42）操作为并列步骤。

（30）净化操作员打开净化工段 DCS 流程画面（二），将 T1601 集液盘液位控制 LIC16020 打手动，开大出口阀 LV16020，开度设为 20%，等待 LIC16020 降为 0。

（31）净化操作员打开净化工段 DCS 流程画面（二），关闭阀 LV16020；将 FIC16015 打手动，关闭阀 FV16015。

（32）净化操作员打开净化工段 DCS 流程画面（三），将循环气闪蒸罐 D1602 液位控制 LIC16027 打手动，关闭阀 LV16027。

（33）净化操作员打开净化工段DCS流程画面（二），将T1601液位控制LIC16021打手动，开大阀LV16021，开度设为20%，待LIC16021降为0后，关闭阀LV16021。

（34）净化操作员打开净化工段DCS流程画面（三），将循环气分离器D1603液位控制LIC16030打手动，关闭阀LV16030。

（35）净化操作员打开净化工段DCS流程画面（三），将闪蒸罐D1604液位控制LIC16033打手动，关闭阀LV16033。

（36）净化操作员打开净化工段DCS流程画面（四），将T1603集液盘液位控制LIC16044打手动，开大阀LV16044，开度设为20%，待LIC16044降为0后，关闭阀LV16044。

（37）现场操作员在净化工段现场，关闭T1603侧线出料泵P1601。

（38）净化操作员打开净化工段DCS流程画面（四），将T1603液位控制LIC16048打手动，开大阀LV16048，开度设为20%；等待LIC16048降为0后，关闭阀LV16048。

注意：需确认T1601集液盘排液阀LV16020、T1601排液阀LV16021、D1602排液阀LV16027、D1603排液阀LV16030、D1604排液阀LV16033均已关闭后，才可以关闭LV16048，否则T1603会产生积液。

（39）现场操作员在净化工段现场，关闭T1603出口泵P1603。

（40）净化操作员打开净化工段DCS流程画面（四），将T1606液位控制LIC16084打手动，开大阀LV16084，开度设为20%；等待LIC16084降为0后，关闭阀LV16084。

注意：需确认T1603出口阀LV16048已经关闭，否则T1606会出现积液。

（41）现场操作员在进化现场，关闭T1606出口泵P1604。

（42）净化操作员打开净化工段DCS流程画面（五），将T1604液位控制LIC16061打手动，开大阀LV16061，开度设为20%；等待LIC16061降为0后，关闭阀LV16061。

注意：需要认T1606出口阀LV16084已经关闭，否则T1604会产生积液。

（43）现场操作员在进化现场，关闭回流泵P1606。

（44）净化操作员打开净化工段DCS流程画面（四），将FIC16018打手动，关闭T1603汽提氮气阀FV16018；将FIC16034打手动，关闭T1606汽提氮气阀FV16034。

（45）净化操作员打开净化工段DCS流程画面（一），打开火炬放空阀PV16125，使压力PIC16125降到400 kPa以下（建议阀门开到100%）后，再关闭阀PV16125。

（46）现场操作员在净化工段现场，打开T1601的中压氮气阀MV16021，开度设为5%。

注意：排液步骤（47）、（48）、（49）、（50）为并列操作。

（47）现场操作员在净化工段现场，打开阀MV16012，开度设为20%，将D1602多余的甲醇回收，待液位LI16027排空后，关出口阀MV16012。

（48）现场操作员在净化工段现场，打开阀MV16013，开度设为20%，将D1603多余的甲醇回收，待液位LI16030排空后，关出口阀MV16013。

（49）现场操作员在净化工段现场，打开阀MV16014，开度设为20%，将D1604多余的甲醇回收，待液位LI16033排空后，关闭D1604出料泵P1602，并关出口阀MV16014。

（50）现场操作员在净化工段现场，打开阀MV16017，开度设为20%，将D1607多余的甲醇回收，待液位LI16069排空后，关出口阀MV16017。

（51）净化操作员打开净化工段DCS流程画面（五），将D1605泄压调节阀PV16061B投手动，并关闭；将D1605增压调节阀PV16061A投手动，并关闭。

（52）净化操作员打开净化工段DCS流程画面（五），关闭火炬放空阀PV16063B。

（53）净化操作员打开净化工段DCS流程画面（五），关闭T1607尾气放空阀PV16042。

（54）净化操作员打开净化工段DCS流程画面（七），关闭尾气排放阀PV16029。

（55）现场操作员在净化工段现场，关闭T1601的中压氮气阀MV16021。

（56）现场操作员在净化工段现场，关闭换热器E1622冷却水阀MV16002。

（57）现场操作员在净化工段现场，关闭换热器E1602冷却水阀MV16003。

（58）现场操作员在净化工段现场，关闭换热器E1611冷却水阀MV16004。

（59）现场操作员在净化工段现场，关闭换热器E1613冷却水阀MV16005。

项目测评

一、填空题

1. 低温甲醇洗岗位的任务是将变换气中的________、________、________等对甲醇合成有害的气体脱除掉。

2. 正常开工步骤为：系统充压、建立甲醇循环、________、________、________、________、________、________、送净化气。

3. 在低温甲醇洗工艺中，________和________是影响甲醇洗净化效果的重要因素。

4. 甲醇洗的冷量来源是：________、________和________。

5. 甲醇洗主要是用________来吸收原料气中的酸性气体。

6. 出净化工段去合成工段的合成气中主要成分是________、________。

7. 甲醇再生时主要采用________方法。

8. H_2S、COS、CO_2 在甲醇中的溶解度最大的是________。

9. 喷淋甲醇前的变换气设计温度为________。

10. 影响吸收操作的因素有________、________、________、________和________。

二、思考题

1. 低温甲醇洗岗位任务是什么？

2. 什么叫吸收？

3. 低温甲醇洗的吸收原理是什么？

4. 溶液的吸收温度对操作有什么影响？

5. 甲醇循环量多少的依据是什么？怎样才能使循环量降低？

6. 为什么工艺气在进入甲醇洗前要喷入少量甲醇？

7. 再生塔、汽提塔的再生原理是什么？

8. 设置醇/水分离塔系统的目的是什么？

9. 甲醇洗涤塔为什么要分上塔和下塔？

10. 为什么甲醇洗停气后在甲醇循环不停的情况下，汽提氮不停？

三、技能操作题

1. 规范进行低温甲醇洗工段的开车操作。

2. 规范进行甲醇/水分离塔停车操作。

项目六

甲醇合成工段操作实训

学习目标

总体技能目标		能够根据生产要求正确分析工艺条件；能进行本工段所属动静设备的开停、置换、正常运转、常见生产事故处理、日常维护保养和有关设备的试车及配合检修，具备岗位操作的基本技能；能初步优化生产工艺过程
具体目标	能力目标	（1）能根据生产任务查阅相关书籍与文献资料； （2）能进行工艺参数选择、分析，具备操作过程中工艺参数调节能力； （3）能进行本工段所属动静设备开车、置换、正常运转、停车操作； （4）能对生产中异常现象进行分析诊断，具有事故判断与处理的技能； （5）能进行设备的日常维护保养和有关设备的试车及配合检修； （6）能正确操作与维护相关机电、仪表
	知识目标	（1）掌握甲醇工艺所遵循的原理及工艺过程； （2）掌握甲醇合成工段主要设备的工作原理与结构组成； （3）熟悉工艺参数对生产操作过程的影响，会进行工艺条件的选择； （4）熟悉甲醇合成所用催化剂的性能及使用工艺； （5）掌握生产工艺流程图的组织原则、分析评价方法； （6）了解岗位相关机电、仪表的操作与维护知识
	素质目标	（1）培养学生的自我学习能力和查阅资料能力； （2）培养学生化工生产规范操作意识判断力和紧急应变能力； （3）培养学生综合分析问题和解决问题的能力； （4）培养学生职业素养、安全生产意识、环境保护意识及经济意识； （5）培养学生沟通表达能力和团队精神

项目导入

经甲醇洗脱硫脱碳净化后产生的合成气压力约为 5.6 MPa，与甲醇合成循环气混合，经甲醇合成循环气压缩机增压至 6.5 MPa，然后进入冷管式反应器（气冷反应器）冷管预热到 235 ℃，进入管壳式反应器（水冷反应器）进行甲醇合成，CO、CO_2 和 H_2 在 Cu－Zn 催化剂作用下，合成粗甲醇。

任务一　开车前准备工作

一、合成岗位概述

将低温甲醇洗工段来的新鲜气经精脱硫、合成气压缩机（K2001/K2002）加压后送入合成塔 R2002，在一定压力、温度及铜基催化剂的作用下合成甲醇，反应后的气体经冷却、冷凝分离出产品粗甲醇送入粗醇储槽 V2301A/B，未完全反应的气体进入 K2002 加压后返回合成系统重新利用，甲醇合成放出的反应热用于副产中压饱和蒸汽，副产蒸汽送入中压蒸汽管网。

1. 岗位任务

（1）中控岗位：严格遵守岗位操作规程与安全技术等规定。负责将合成气（主要成分是 H_2、CO 和 CO_2）在铜基催化剂作用下反应生成粗甲醇。并冷却分离成甲醇送至中间罐区。

（2）现场岗位：认真进行巡回检查，对运转设备和生产设备做好维护和管理，及时、准确地填写岗位记录，遵守公司劳动纪律。严格遵守岗位操作规程与安全技术等规定。认真执行上级指示。

2. 岗位职责

1）中控岗位

（1）负责本岗位微机的操作、控制调节。

（2）严格执行岗位操作规程和安全技术规定。

（3）按照岗位记录规定，按时填写本岗位设备运行状况、工艺操作参数。

（4）不断加强技术学习，吸取、总结先进操作经验，努力提高自身操作技术水平。

（5）按照岗位生产情况及时联系调节。

（6）负责本辖区内的清洁卫生。

（7）精心操作、控制好各项工艺指标，努力做到高产、低耗、安全、稳产。熟知生产的特点和详细流程，知道正常操作的程序和不正常现象的处理。

（8）在岗期间接受班长领导，对生产中出现的问题及时向班长、调度、技术人员汇报。

（9）负责保管好本岗位的工器具及防护器材，做到文明安全生产。

（10）认真做好交接班工作。

2）现场岗位

（1）认真贯彻“维护为主、检修为辅”的方针，严格按操作规程操作，努力维持工艺条件正常平稳。

（2）认真执行设备运转管理制度，保证转动设备供有合格的足够的润滑油。

（3）按照岗位记录规定，按时填写本岗位设备运行状况、工艺操作参数。

（4）不断加强技术学习，吸取、总结先进操作经验，努力提高自身操作技术水平。

（5）按照岗位巡检规定路线定时巡回检查。

（6）负责本辖区内的清洁卫生。

（7）精心操作、控制好各项工艺指标，努力做到高产、低耗、安全、稳产。熟知生产的特点和详细流程，知道正常操作的程序和不正常现象的处理方法。

（8）在岗期间接受班长领导，对生产中出现的问题及时向班长、调度、技术人员汇报。

（9）负责保管好本岗位的工器具及防护器材，做到文明安全生产。

（10）认真做好交接班工作。

二、甲醇合成工段工艺说明

1. 氧化锌脱硫工艺原理

新鲜气在进入脱硫保护器前与喷入的高压锅炉给水混合，原料气中的有机硫先在脱硫罐中水解转化为无机硫，然后再用氧化锌脱硫剂吸收脱除无机硫。反应方程式如下：

$$COS + H_2O \longrightarrow H_2S + CO_2$$

$$ZnO + H_2S \longrightarrow ZnS + H_2O$$

$$ZnO + C_2H_5SH \longrightarrow ZnS + C_2H_4 + H_2O$$

$$ZnO + C_2H_5SH \longrightarrow ZnS + C_2H_5OH$$

当气体中有氢存在时，硫氧化碳、二硫化碳、硫醚等硫化物在氧化锌脱硫剂内活性组分的作用下，先转化成硫化氢，然后硫化氢和氧化锌反应被脱除。反应方程式如下：

$$COS + H_2 \longrightarrow CO + H_2S$$

$$CS_2 + 4H_2 \longrightarrow CH_4 + 2H_2S$$

$$RSR' + 2H_2 \longrightarrow RH + R'H + H_2S$$

氧化锌和硫化物反应生成的硫化锌比较稳定，所以氧化锌一般不能进行再生，需要定期更换。

2. 甲醇合成的化学反应

用氢与一氧化碳在催化剂的作用下合成甲醇，是工业化生产甲醇的主要方法，氢与一氧化碳在一定条件下生成甲醇，是由它们的化学结构所决定的。很多研究证明，氢与一氧化碳在合成反应中发生的变化很复杂，可以用以下的几个化学反应式来说明。

1）主反应

氢与一氧化碳在一定的温度、压力并有催化剂的作用下合成甲醇：

$$2H_2 + CO \rightleftharpoons CH_3OH + 99\ 579.2\ J$$

这个反应就是合成甲醇的主反应。

反应方程式表示在发生化学变化时原料与产物之间数量上的关系。这个反应式表示两个氢分子和一个一氧化碳分子可以生成一个甲醇分子。这个反应是一个放热较大的反应，因此，工业生产上要求合成塔必须有良好的散热系统。

2）副反应

除上述主反应外，在合成甲醇的过程中，无论从产物出发或从原料出发都可以进行一系列的副反应。

从产物（甲醇）出发的副反应是：

（1）二甲醚：$2CH_3OH \rightleftharpoons CH_3OCH_3 + H_2O + Q$。

（2）高级醇：$CH_3OH + nCO + 2nH_2 \rightleftharpoons C_nH_{2n+1} + CH_2OH + nH_2O$。

（3）有机酸：$CH_3OH + nCO + 2(n-1)H_2 \rightleftharpoons C_nH_{2n+1} + COOH + (n-1)H_2O$。

这些副反应产物还可以进行脱水、缩合、酯化或酮化等反应，生成烯烃、酯类或酮类等副产物。当催化剂中混有碱类时，这些化合物的生成大大地被加强。

从原料（一氧化碳和氢）出发，还有很多副反应与主反应相竞争：

（1）$CO + 3H_2 \rightleftharpoons CH_4 + H_2O + Q$。

（2）$2CO + 2H_2 \rightleftharpoons CO_2 + CH_4$。

（3）当有铁、钴、钼、镍等金属存在时，可能会有：$2CO \longrightarrow CO_2 + C + Q$。

以上是最主要的几个副反应，由于反应条件（温度、压力、原料组成、催化剂）的变化，副产物的生成量在一个范围内波动。

3. 合成甲醇的平衡常数

氢和一氧化碳合成甲醇是一个气相可逆反应，压力对反应起着重要作用，用气体分压表示的平衡常数可用下面公式表示：

$$K_p = pCH_3OH/pCO \cdot pH_2$$

式中　K_p——甲醇的平衡常数；

pCH_3OH、pCO、pH_2——甲醇、一氧化碳、氢气的平衡分压。

反应温度也是影响平衡的一个重要因素，下面公式用温度来表示合成甲醇的平衡常数：

$$\lg K_a = 3\ 921/T - 7.971\ 1\lg T + 0.002\ 499T - 2.953 \times 10^{-7}T + 10.20$$

式中 K_a——用温度表示的平衡常数；

T——反应温度（K）。

用公式计算的反应平衡常数如表6－1所示。

表6－1 不同温度下甲醇反应的平衡常数

反应温度/℃	0	100	200	300	400
平衡常数 K_p	667.30	12.92	1.909×10^{-2}	2.42×10^{-4}	1.079×10^{-5}

由表6－1可知，平衡常数随着温度的上升而很快减小。

4. 影响甲醇合成的工艺因素及工艺条件的选择

甲醇合成反应为放热、体积缩小的可逆反应，温度、压力及气体组成对反应进行的程度及速度有一定的影响。下面围绕温度、压力、气体组成及空间速度（空速）对甲醇合成反应的影响来讨论工艺条件的选择。

1）温度

在甲醇合成反应过程中，温度对于反应混合物的平衡和速率都有很大影响。

对于化学反应来说，温度升高会使分子的运动加快，分子间的有效碰撞增多，并使分子克服化合时的阻力的能力增大，从而增加了分子有效结合的机会，使甲醇合成反应的速度加快；但是，由一氧化碳加氢生成甲醇的反应和由二氧化碳加氢生成甲醇的反应均为可逆的放热反应，对于可逆的放热反应来讲，温度升高固然使反应速率常数增大，但平衡常数的数值将会降低。因此，选择合适的操作温度对甲醇合成至关重要。

所以必须兼顾上述两方面，温度过低达不到催化剂的活性温度，则反应不能进行；温度太高不仅增加了副反应，消耗了原料气，而且反应过快，温度难以控制，容易使催化剂衰老失活。一般工业生产中反应温度取决于催化剂的活性温度，不同催化剂其反应温度不同。另外为了延长催化剂寿命，反应初期宜采用较低温度，使用一段时间后再升温至适宜温度。

2）压力

甲醇合成反应为分子数减少的反应，因此增加压力有利于反应向甲醇生成方向移动，使反应速度提高，增加装置生产能力，对甲醇合成反应有利。但压力的提高对设备的材质、加工制造的要求也会提高，原料气压缩功耗也要增加以及由于副产物的增加还会引起产品质量变差。所以工厂对压力的选择要在技术、经济等方面综合考虑。

3）气体组成

气体组成对催化剂活性的影响是比较复杂的，现就以下几种原料气成分对催化剂活性的影响做简要讨论。

（1）惰性气体（CH_4、N_2、Ar）的影响。

合成系统中惰性气体含量的高低，影响到合成气中有效气体成分的高低。惰性气体的存在引起 CO、CO_2、H_2 分压的下降。

合成系统中惰性气体含量，取决于进入合成系统的新鲜气中惰性气体的多少和从合成系统排放的气量的多少。排放量过多，增加新鲜气的消耗量，损失原料气的有效成分；排放量过少则影响合成反应进行。

调节惰性气体的含量，可以改变触媒床层的温度分布和系统总体压力。当转化率过高而使合成塔出口温度过高时，提高惰性气体含量可以解决温度过高的问题。此外，在给定系统压力操作下，为了维持一定的产量，必须确定适当的惰性气体含量，从而选择（驰放气）合适的排放量。

（2）CO 和 H_2 比例的影响。

从化学反应方程式来看，合成甲醇时 CO 与 H_2 的分子比为 1:2，CO_2 和 H_2 的分子比是 1:3，这时可以得到甲醇最大的平衡浓度。而且在其他条件一定的情况下，可使甲醇合成的瞬间速度最大。但由生产实践证明，当 CO 含量高时，温度不易控制，且会导致羰基铁聚集在催化剂上，引起催化剂失活，同时由于 CO 在催化剂的活性中心的吸附速率比 H_2 要快得多，因此要求反应气体中的氢含量要大于理论量，以提高反应速度。氢气过量同时还能抑制高级醇、高级烃和还原物质的生成，减少 H_2S 中毒，提高粗甲醇的浓度和纯度。同时又因氢的导热性好，可有利于防止局部过热和降低整个催化层的温度。但氢气过量会降低生产能力，工业生产中用铜系催化剂进行生产时，一般认为在合成塔入口的 $V(H_2):V(CO)=4\sim5$ 较为合适。

实际生产中氢碳比按照以下关系确定：

$$(H_2-CO_2)/(CO+CO_2)=2.05\sim2.15$$

（3）CO_2 的影响。

CO_2 对催化剂活性、时空产率的影响比较复杂而且存在极值。完全没有 CO_2 的合成气，催化剂活性处于不稳定区，催化剂运转几十小时后很快失活。所以 CO_2 是活性中心的保护剂，不能缺少。CO_2 浓度在 4% 以前，CO_2 对时空产率的影响呈正效应，促进 CO 合成甲醇，自身也会合成甲醇；但如果 CO_2 含量过高，就会因其强吸附性而占据催化剂的活性中心，因此阻碍反应的进行，会使时空产率下降，同时也降低了 CO 和 H_2 的浓度，从而降低反应速度，影响反应平衡，而且由于存在大量的 CO_2，使粗甲醇中的水含量增加，在精馏过程中增加能耗。一般认为 CO_2 在3% ~5% 为宜。

4）空速

空速的大小意味着气体与催化剂接触时间的长短，在数值上，空速与接触时间互为倒数。一般来说，催化剂活性越高，对同样的生产负荷所需的接触时间就越短，空速越大。甲醇合成所选用的空速的大小，既涉及合成反应的醇净值、合成塔的生产强度、循环气量的大小和系统压力降的大小，又涉及反应热的综合利用。

当甲醇合成反应采用较低的空速时，气体接触催化剂的时间长，反应接近平衡，反应物的单程转化率高。由于单位时间通过的气量小，总的产量仍然是低的。由于反应物的转化率高，单位甲醇合成所需要的循环量较少，因此气体循环的动力消耗小。

当空速增大时，将使出口气体中醇含量降低，即醇净值降低，催化剂床层中既定部位的醇含量与平衡醇浓度增大，反应速度也相应增大。由于醇净值降低的程度比空速增大的倍数要小，从而合成塔的生产强度在增加空速的情况下有所提高，因此可以增大空速以增加产量。但实际生产中也不能太大，否则会带来一系列的问题，例如：①提高空速，意味着循环气量的增加，整个系统阻力增加，使得压缩机循环功耗增加。②甲醇合成是放热反应，依靠反应热来维持床层温度。那么若空速增大，单位体积气体产生的反应热随醇净值的下降而减少；若空速过大，催化剂温度就难以维持，合成塔不能维持自热，则可能在不启用加热炉的情况下使床层温度难以控制。

5. 甲醇合成催化剂

甲醇合成是典型的气－固相催化反应过程。没有催化剂的存在，合成甲醇反应几乎不能进行。合成甲醇工业的进展，很大程度上取决于催化剂的研制成功以及质量的改进。在合成甲醇的生产中，很多工艺指标和操作条件都由所用催化剂的性质决定。

自一氧化碳加氢合成甲醇工业化以来，合成催化剂合成工艺不断研究改进，实验室已研究出了多种甲醇合成催化剂。本工艺采用了铜基催化剂。

1）铜基催化剂（$CuO/ZnO/Cr_2O_3$ 或 $CuO/ZnO/Al_2O_3$）

铜基催化剂是20世纪60年代开发的产品，它具有良好的低温活性，较高的选择性，通常用于低、中压流程。

（1）组成。

铜基催化剂的主要化学成分是 $CuO/ZnO/Cr_2O_3$ 或 $CuO/ZnO/Al_2O_3$，其活性组分是 CuO 和 ZnO，同时还要添加一些助催化剂，提高催化剂活性。Cr_2O_3 的添加可以提高铜在催化剂的分散度，同时又能阻止分散的铜晶粒在受热时被烧结、胀大，延长催化剂的使用寿命。添加 Al_2O_3 助催化剂使催化剂活性更高，而且 Al_2O_3 价廉、无毒，用 Al_2O_3 代替 Cr_2O_3 的铜基催化剂更好。

（2）还原。

氧化铜对甲醇合成无催化活性，投入使用之前需将氧化铜还原成单质铜，工业上采用氢气、一氧化碳作为还原剂，对铜基催化剂进行还原。其反应如下：

$$CuO + H_2 \longrightarrow Cu + H_2O + Q$$

$$CuO + CO \longrightarrow Cu + CO_2 + Q$$

氧化铜的还原反应是强烈的放热反应，而且铜基催化剂对热比较敏感，因此要严格控制氢及一氧化碳浓度和温度，还原升温要缓慢，出水均匀，以防温度猛升和出水过快，影响催化剂的活性寿命。

还原后的催化剂与空气接触时，产生下列反应：

$$Cu + 1/2O_2 \longrightarrow CuO + Q$$

如果与大量的空气接触，放出的反应热将使催化剂超温结烧。因此，停车卸出之前，应先通入少量氧气逐步进行氧化，在催化剂的表面形成一层氧化铜保护膜，这一过程称为催化剂的钝化。

铜基催化剂最大的特点是活性高，反应温度低，操作压力低。其缺点是对合成原料气杂质要求严格，特别是原料气中的 S、As 必须精脱除。

2）铜基催化剂的中毒和寿命

铜基催化剂对硫的中毒十分敏感，一般认为其原因是 H_2S 和 Cu 形成 CuS，也可能生成 Cu_2S，反应如下：

$$Cu + H_2S \longrightarrow CuS + H_2$$

$$2Cu + H_2S \longrightarrow Cu_2S + H_2$$

因此原料气中硫含量应小于 0.1×10^{-6}，与此类似的是氢卤酸对催化剂的毒性。

催化剂使用的寿命与合成甲醇的操作条件有关，铜基催化剂比锌铬催化剂的耐热性差得多，因此防止超温是延长寿命的重要措施。

6. 合成气（$CO + H_2$）生产甲醇的方法

以一氧化碳与氢气为原料合成甲醇的方法有高压、中压和低压三种方法。

1）高压法

用 CO 与 H_2 在高温（340 ℃～420 ℃）高压（30.0～50.0 MPa）条件下用锌－铬氧化物作催化剂合成甲醇。用此法生产甲醇已有 70 多年的历史，这是 20 世纪 80 年代以前世界各国生产甲醇的主要方法。

2）中压法

CO 和 H_2 在一定温度（235 ℃～315 ℃）和压力（10.0～27.0 MPa）条

件下合成甲醇。

3）低压法

CO 和 H_2 在一定温度（275 ℃）和压力（5.0 MPa）条件下用铜基催化剂合成甲醇。随着甲醇合成催化剂和反应器新技术的不断发展，低压法合成甲醇已日趋显示出明显的优势。低压法生产甲醇的压力一般在 5.0 MPa 左右，为了实现等压甲醇合成、节省甲醇合成气压缩机及压缩功耗、降低投资费用和生产成本，甲醇合成原料气的生产及净化一般在低压下进行。

7. 甲醇合成工段工艺流程（图 6－1）

来自低温甲醇洗工段的新鲜气（5.2 MPa，30 ℃）与来自氢回收的渗透气（富氢气）混合，进入合成气压缩机一段压缩至 8.05～9.05 MPa，87 ℃，随后和喷入的一小部分高压锅炉给水（9.4 MPa，133 ℃）混合，一起（8.05～9.05 MPa，77.7 ℃～94.2 ℃）进入第一原料气中间换热器 E2001，加水是为了保证有机硫化物在下游的脱硫罐 R2001 中 COS 水解，原料气在第一原料气中间换热器 E2001 中被来自甲醇反应器 R2002 出口的气体加热，原料气预热后（8.0～9.0 MPa，210 ℃～230 ℃）进入脱硫罐 R2001，按照以下反应脱除 COS 和 H_2S：

$$COS + H_2O \longrightarrow CO_2 + H_2S$$

$$H_2S + ZnO \longrightarrow H_2O + ZnS$$

脱硫罐是一个装有 ZnO 脱硫剂的简单的固定床反应器，采用托普 HTZ－5 型脱硫剂。来自循环气压缩机 K2002 的循环气（8.0～9.0 MPa，47 ℃）在第二中间换热器 E2002 被预热至 210 ℃～230 ℃。然后与来自脱硫罐 R2001 温度为 212 ℃ 的原料气混合。混合后的气体（7.95～8.95 MPa，211 ℃～230 ℃）由顶部进入甲醇反应器 R2002，在此，氢气、一氧化碳、二氧化碳按照以下反应式转化为甲醇：

$$CO + 2H_2 \longrightarrow CH_3OH + Q$$

$$CO_2 + 3H_2 \longrightarrow CH_3OH + H_2O + Q$$

另外还发生一些非常有限的副反应，形成少量的副产物，这些副产物的沸点有的比甲醇低，有的比甲醇高。主要的副反应有：

$$2CO + 4H_2 \longrightarrow CH_3OCH_3 + H_2O$$

$$2CO + 4H_2 \longrightarrow C_2H_5OH + H_2O$$

$$CO + 3H_2 \longrightarrow CH_4 + H_2O$$

$$nCO + 2nH_2 \longrightarrow (CH_2)_n\text{烃类} + nH_2O$$

合成反应器出口反应气体的温度为 230 ℃～259 ℃，出塔气分为两部分，分别在第一和第二中间换热器 E2001 和 E2002 被新鲜气和循环气冷却到

127 ℃ ~ 130 ℃和 117 ℃ ~ 120 ℃，此时有少部分的甲醇冷凝下来，然后两部分气体汇合，混合后温度为 120 ℃ ~ 123 ℃，再进入循环水冷却器 E2005 中被进一步冷却至 40 ℃，此时大部分甲醇冷凝下来，气液混合物在高压分离器 B2002 中进行气液分离后，底部出来的粗甲醇经液位调节阀控制液位并减压进入低压分离器 B2003。原料气中包含少量的惰性气体，如 N_2、Ar、CH_4 等，为了防止这些气体在合成循环气中累积，必须把这些气体的一部分从循环气中排放出去，这些要清除的气体从高压分离器 B2002 分离后单独抽出，在此惰性气浓度最高。排出的驰放气进入驰放气水洗塔内，水洗塔为填料塔，驰放气在水洗塔内与脱盐水逆流充分接触，吸收驰放气中的甲醇后，送入氢回收装置回收氢气，然后渗透气送回到甲醇合成单元回收利用，非渗透气体（尾气）和低压分离器产生的膨胀气混合后送往工厂燃料系统，作为硫回收的燃料气。洗涤塔底排出的稀甲醇溶液送往粗甲醇储槽。来自 B2002 排放惰性气后的循环气（7.6 ~ 8.55 MPa，40 ℃）经循环气压缩机 K2002 加压到 8.0 ~ 9.0 MPa，47 ℃，进入 E2002 加热后循环利用。

粗甲醇进入低压分离器 B2003 进行闪蒸，以除去液体甲醇中溶解的大部分气体，然后粗甲醇（约 89 t/h）被送往中间罐区的粗甲醇储罐 V2301A/B，再用粗甲醇泵送往精馏工段。甲醇合成反应是强放热反应，反应热由甲醇合成反应器 R2002 壳侧的饱和水汽移出。甲醇合成反应器壳侧副产 2.7 ~ 3.88 MPa 的饱和蒸汽，进入汽包 B2004，再经调节阀调压后，送饱和中压蒸汽管网（2.5 MPa），汽包 B2004 和甲醇合成反应器 R2002 为一自然循环式锅炉。汽包 B2004 所用锅炉给水温度 133 ℃，压力 4.5 MPa，来自变换工段，甲醇合成反应器 R2002 内床层温度通过调节汽包的压力进行控制。为控制汽包内炉水的总溶固量及防止结垢，除连续加入少量磷酸盐外，还连续排放部分炉水，排出的汽包废水进入排污罐 B2001，再经排污冷却器 E2006 冷却至 50 ℃后排入界外。合成触媒的升温加热，由开工喷射器 J2001 加入饱和中压蒸汽进行，饱和中压蒸汽的压力为 3.8 MPa，温度为 249 ℃。饱和中压蒸汽经开工蒸汽喷射器 J2001 喷射进入合成塔，带动炉水循环，使床层温度逐渐上升。合成触媒使用前，需用合成新鲜气进行还原，还原方程式主要为：

$$CuO + H_2 \longrightarrow Cu + H_2O$$

触媒升温还原的载体采用氮气，由开工管线加入合成气来调节入塔气的 H_2 浓度。在合成新鲜气的管线上配备有小阀，便于根据不同的还原阶段控制 H_2 的含量。还原过程中生成的水分，含少量的触媒粉末和其他杂质，收集于高压分离器 B2002 中，经计量过滤后，排至污水处理系统。

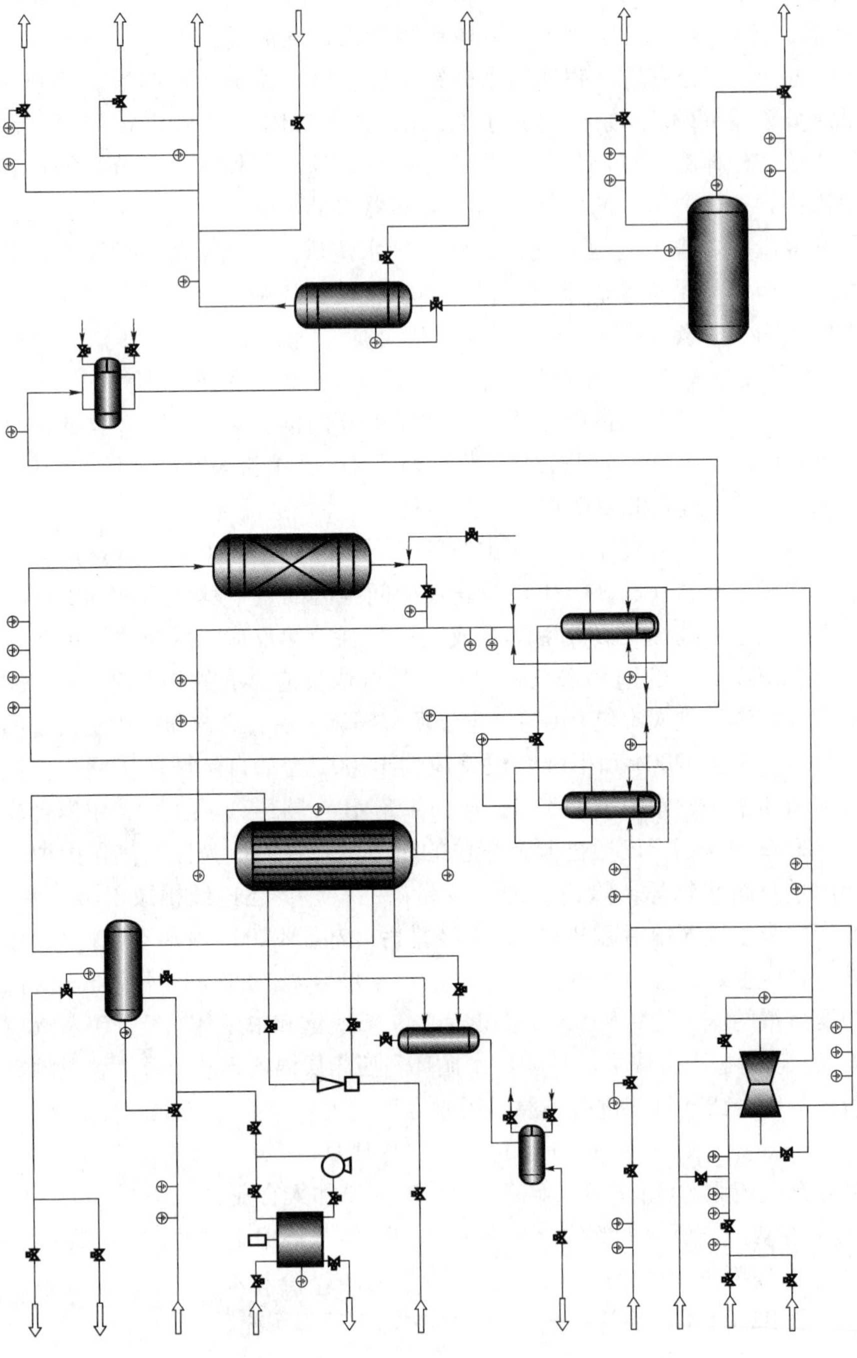

图6-1 甲醇合成工段工艺流程

8. 甲醇合成工段点位表

（1）甲醇合成工段工艺指标一览表如表 6－2 所示。

表 6－2　甲醇合成工段工艺指标一览表

工段	位号	稳态值	单位	报警低限	报警高限
合成工段	AI20001	6. 93	%	/	/
	AI20001A	5. 28	%	/	/
	AI20001B	68. 14	%	/	/
	AI20001C	3. 97	%	/	/
	AI20001D	4. 50	%	/	/
	AI20002	0. 50	%	/	/
	AI20003	0. 00	$\times 10^{-6}$	/	/
	AI20004	67. 65	%	/	/
	FI20001	214 359. 88	Nm^3/h	/	/
	FI20020	123. 94	kg/h	/	/
	FI20034	668 266. 44	Nm^3/h	220000	880000
	FI20053	12 096. 06	Nm^3/h	/	/
	FI20060	1 857. 36	Nm^3/h	/	/
	FI20062	71 113. 13	Nm^3/h	/	/
	FIC20008	0. 93	m^3/h	/	/
	LI20010	74. 99	%	20	90
	LIC20020	50. 46	%	20	80
	LIC20050	50. 00	%	30	80
	LIC20060	50. 00	%	20	80
	PDI20010	0. 61	MPa	/	/
	PDI20034	4. 993	Nm^3/h	/	/
	PI20001	9. 047	MPa	/	/
	PI20002	5. 20	MPa	/	/
	PI20008	9. 40	MPa	/	/
	PI20009	8. 997	MPa	/	/
	PI20033	8. 947	MPa	/	/
	PI20035	8. 947	MPa	7	10
	PIC20020	3. 88	MPa	3	4. 5
	PIC20052	8. 538	MPa	/	/
	PIC20053	8. 538	MPa	7	9. 3

续表

工段	位号	稳态值	单位	报警低限	报警高限
合成工段	PIC20060	0.399	MPa	/	/
	TI20001	89.64	℃	/	/
	TI20002	20.00	℃	/	/
	TI20008	133.00	℃	/	/
	TI20009	47.28	℃	/	/
	TI20020	133.00	℃	/	/
	TI20030	83.24	℃	/	/
	TI20032	230.07	℃	/	/
	TI20033	228.06	℃	/	/
	TI20034	228.71	℃	/	/
	TI20035	258.81	℃	240	600
	TI20036	132.09	℃	/	/
	TI20037	123.24	%	/	/
	TI20051	126.11	℃	/	/
	TI20052	40.58	℃	/	/
	TI20060	39.56	℃	/	/
	TI20062	39.58	℃	/	/
	TIC20031	230.07	℃	/	/

(2) 甲醇合成工段阀门一览表如表 6－3 所示。

表 6－3　甲醇合成工段阀门一览表

工段	位号	描述	属性
合成工段	XV20108	新鲜气进料切断阀	电磁阀
	XV20109	气体进工段切断阀	电磁阀
	USV20011	高压锅炉给水切断阀	电磁阀
	USV20012	空气切断阀	电磁阀
	LV20020	汽包液位调节阀	可控调节阀
	LV20050	高压分离器液位调节阀	可控调节阀
	LV20060	低压分离器液位调节阀	可控调节阀
	FV20008	给水调节阀	可控调节阀
	PV20020	汽包压力调节阀	可控调节阀
	PV20052	高压闪蒸压力调节阀	可控调节阀

续表

工段	位号	描述	属性
合成工段	PV20053	去氢回收调节阀	可控调节阀
	PV20060	低压闪蒸压力调节阀	可控调节阀
	TV20031	煤气温度调节阀	可控调节阀
	MV20040	混合气进料调节阀	手动调节阀
	MV20041	蒸汽调节阀	手动调节阀
	MV20042	冷却水进 E2006 调节阀	手动调节阀
	MV20102	冷却水进 E2005 调节阀	手动调节阀
	MV20045	去管网蒸汽调节阀	手动调节阀
	MV20046	放空蒸汽调节阀	手动调节阀
	MV20047	循环气调节阀	手动调节阀
	MV20051	混合气压力调节阀	手动调节阀
	MV20052	循环气压力调节阀	手动调节阀
	MV20061	倒淋调节阀	手动调节阀
	MV20063	药液调节阀	手动调节阀
	MV20107	排污调节阀	手动调节阀
	MV20109	充压氮气调节阀	手动调节阀

（3）甲醇合成工段设备一览表如表 6－4 所示。

表 6－4　甲醇合成工段设备一览表

工段	点位	描述
合成工段	B2001	排污罐
	B2002	甲醇分离器
	B2003	甲醇膨胀槽
	B2004	甲醇合成汽包
	E2001	第一中间换热器
	E2002	第二中间换热器
	E2005	循环水冷却器
	E2006	排污冷却器
	J2001	开工喷射器
	K2001/K2002	合成气压缩机
	M2001	X2002 搅拌电动机
	P2002	汽包加药装置出口泵
	R2001	脱硫反应器
	R2002	甲醇合成塔
	X2002	汽包加药装置

三、实训开车前的准备

(1) 开车所用循环水、一次水、照明电、仪表电、事故电、蒸汽、仪表空气、N_2、驰放气等确保稳定供应，各种测试仪表，工具皆已齐备。

(2) 设备和管道系统的内部处理及耐压试验、气密性试验已经全部合格。

(3) 开车范围内的电器系统、仪表装置的检测系统、自动控制系统、联锁及报警系统等应符合设计或有关规范的规定。

(4) 开车现场有碍安全的机器、设备、场地、走道处的杂物均已清理干净。

(5) 开车记录报表已印制齐全，发到岗位。

(6) 机、电、仪修理人员和化验分析室能满足开车要求。

(7) 通信系统已畅通。

(8) 消防设施、安全设施系统能满足开车需要。可燃气体报警系统已处于完好状态。

(9) 安全阀调试合格。

任务二　甲醇合成工段开车操作技能训练

一、甲醇合成工段开车操作员分工概述

甲醇合成工段开车操作员根据操作内容不同，分为合成操作员和现场操作员。合成操作员负责对中控室甲醇合成工段 DCS 界面的自动阀和自动开关进行操作；现场操作员负责对甲醇合成工段工艺现场部分的手动阀及现场开关进行操作。

二、甲醇合成工段开车操作手册

合成工段将净化来的新鲜气，脱硫、加压后送入合成塔，在一定压力、温度及铜基催化剂的作用下合成甲醇。反应后制成的粗甲醇运往粗甲醇管，未完全反应的气体加压后返回合成系统重新利用。甲醇合成放出的反应热用于副产中压饱和蒸汽，副产蒸汽送入中压蒸汽管网。具体操作步骤如下：

(1) 现场操作员在合成工段现场，打开低压氮气的进口手动阀 MV20109，开度设为 10%，对反应器 R2001 及 R2002 进行充压。

(2) 合成操作员打开合成工段 DCS 流程画面（一），在体系压力 PI20035 上升过程中，打开 E2001 进口蝶阀 TV20031，开度设为 20%。

（3）现场操作员在合成工段现场，等体系压力 PI20035 升至 0.400 MPa 后，关闭氮气进口阀 MV20109。

（4）现场操作员在合成工段现场，检查压缩机组 K2001/K2002 防喘振阀 MV20051 和 MV20052，确认阀门开启，开度设为 20%。

（5）合成操作员打开合成工段 DCS 流程画面（一），打开中压锅炉给水控制 LV20020，开度设为 20%，向锅炉 B2004 给水。

（6）合成操作员打开合成工段 DCS 流程画面（一），等待汽包液位 LIC20020 达到 20% 后关闭阀 LV20020。

注意：液位 LIC20020 开始不上升，等一会后开始上升，原因是需要先加满 B2004 底层液位。

（7）现场操作员在合成工段现场，将水冷器 E2005 进水蝶阀 MV20102 打开，开度设为 20%。

（8）现场操作员在合成工段现场，将合成压缩机 K2001/K2002 进口连通 MV20047 打开，开度设为 20%。

（9）现场操作员在合成工段现场，启动合成压缩机 K2001/K2002，并调节 K2001/K2002 喘振阀（MV20051 和 MV20052），使得循环总量 FI20034 在 22 000 ~ 40 000 Nm^3/h（防喘振阀的开度一般是 50% ~ 80%，开度越大，循环量越小）。

注意：在循环量不够时，微开新鲜段入口氮气进口阀 MV20109，开度设为 1%，提高系统压力 PI20035，使循环量上升，提高系统空速；调节阀 MV20109 开度，维持循环总量 FI20034 在 22 000 ~ 40 000 Nm^3/h，直至反应器温度 TI20035 升到 230 ℃。

（10）现场操作员在合成工段现场，将开工加热器进口阀 MV20041 打开，开度设为 10%，对催化剂进行升温。

（11）现场操作员在合成工段现场，在升温过程中，观察到汽包液位 LIC 20020 大于 50% 后，打开冷凝水阀 MV20042，开度设为 20%。

（12）现场操作员在合成工段现场，打开汽包排污阀 MV20107，开度设为 30%，进行排污。

注意：在之后的操作中，调节排污阀 MV20107 的开度来维持汽包液位 LIC20020 在 50% 左右。

（13）合成操作员打开合成工段 DCS 流程画面（一），等待催化剂温度 TI20035 升至 130 ℃后，通知现场操作员在合成工段现场，将开工加热器进口阀 MV20041 开大至 20%，加快升温速率。

（14）合成操作员打开合成工段 DCS 流程画面（一），等待催化剂温度 TI20035 升至 17 ℃后，通知现场操作员在合成工段现场，将开工加热器进口阀 MV20041 关小至 7%，使催化剂温度 TI20035 稳定在 170 ℃，对体系进行恒温处理，直至 B2002 液位 LIC20050 不再上升而且催化剂温度 TI20035 开始上升为止。

注意：此过程大约需要 30 min，恒温过程中，通过控制排污阀 MV20107 来稳定汽包液位 LIC20020 在 50% 左右）。

（15）现场操作员在合成工段现场，观察到 B2002 液位 LIC20050 不再上升后，打开 B2002 导淋阀 MV20061，开度设为 50%。

（16）现场操作员在合成工段现场，排空 B2002 后，关闭导淋阀 MV20061。

（17）现场操作员在合成工段现场，开大开工加热器进口阀 MV20041，开度设为 20%。

（18）合成操作员打开合成工段 DCS 流程画面（一），观察汽包压力 PIC20020，待压力达到 3. 882 MPa 后，将 PV20020 打开，开度设为 5%。

（19）现场操作员在合成工段现场，打开现场放空阀 MV20046，开度设为 20%。

（20）合成操作员打开合成工段 DCS 流程画面（一），在之后的操作中，通过调节阀 PV20020 的开度来控制汽包压力 PIC20020 稳定在 3. 882 MPa。

注意：在之后的操作中，通过调节阀 PV20020 的开度来控制压力 PIC20020 稳定在 3. 882 MPa 左右。

（21）现场操作员在合成工段现场，关闭现场放空阀 MV20046，同时打开副产蒸汽外送阀 MV20045，开度设为 20%。

（22）合成操作员打开合成工段 DCS 流程画面（一），等待反应器温度 TI20035 上升至 230 ℃，通知现场操作员在合成工段现场，关小开工加热器进口阀 MV20041 至 2%。

（23）合成操作员打开合成工段 DCS 流程画面（一），打开中压锅炉给水阀 LV20020，开度设为 20%。

（24）现场操作员在合成工段现场，打开磷酸盐槽搅拌电动机 M2001，打开磷酸盐加料阀 MV20063，开度设为 10%，最后开启加料泵 P2002。

注意：通过控制排污 MV20107 来稳定汽包液位 LIC20020 在 50% 左右。

（25）合成操作员打开合成工段 DCS 流程画面（一），打开送气开关 XV20108 和送氢气开关 XV20109。

（26）现场操作员在合成工段现场，关闭 K2001 与 K2002 进口连通阀 MV20047，同时关闭压缩机防喘振阀 MV20051 和 MV20052。

（27）现场操作员在合成工段现场，将新鲜气大阀 MV20040 缓慢开大，先设置开度为 5%，以每分钟 5% 的频率开大到 20%；

（28）现场操作员在合成工段现场，在新鲜气接气过程中，关闭开工加热器进口阀 MV20041。

注意：通过控制排污阀 MV20107 来稳定汽包液位在 50% 左右。

（29）合成操作员打开合成工段 DCS 流程画面（二），待回路压力 PIC20052 升至 4.5 ~ 5.0 MPa 时，微开驰放气排放阀 PV20052（开度约为 5%），缓慢排放出回路中的惰性气体。

（30）合成操作员打开合成工段 DCS 流程画面（一），打开高压锅炉给水管线切断阀 USV20011。

（31）合成操作员打开合成工段 DCS 流程画面（一），将阀 FV20008 打开，开度设为 20%。

（32）现场操作员在合成工段现场，缓慢开大新鲜气大阀 MV20040 到 80%，如果出现降温，则降低循环量，直至出口温度 TI20035 回升。

注意：新鲜气进口阀 MV20040 建议先开到 30%，等汽包压力与汽包液位稳定后逐次增大 10%，直到 80%，如果在加新鲜气的过程中，汽包中的液体因为加热蒸发，液位不断地下降，可以适当加大 LV20020 的开度来确保液位稳定在 50%。

（33）合成操作员打开合成工段 DCS 流程画面（二），在高压分离器 B2002 液位 LIC20050 达到正常值 50% 后，打开 LV20050，开度设为 20%；在之后操作中，通过控制 LV20050 来维持液位在 50% 左右。

（34）合成操作员打开合成工段 DCS 流程画面（二），在低压分离器 B2003 的压力 PIC20060 达以 0.400 MPa 后，打开 PV20060，开度设为 20%；在之后操作中，通过控制 PV20060 来维持压力在 0.400 MPa 左右。

（35）合成操作员打开合成工段 DCS 流程画面（二），在低压分离器 B2003 液位 LIC20060 达到正常值 50% 后，打开 LV20060，开度设为 20%；在之后操作中，通过控制 LV20060 来维持液位在 50% 左右。

（36）合成操作员打开合成工段 DCS 流程画面（二），在 B2002 压力 PIC20052 达到操作压力 8.540 MPa 后，微开 PV20052，开度设为 1%；在之后操作中，通过调节阀 PV20052 开度来维持压力在 8.540 MPa 左右。

（37）合成操作员打开合成工段 DCS 流程画面（一），待氢回收装置具备开车条件后（即 AI20001B 达到 68.18%），打开甲醇合成工段 DCS 流程画面（二），逐渐将阀 PV20053 打开至 20%，同时逐渐关小阀 PV20052。

（38）合成操作员打开合成工段 DCS 流程画面（一），当 FI20053 达到正常流量 12 100 Nm^3/h 左右，将 PV20052 关闭，打开 PV20053，开度设为 21.2%；通过调节阀 PV20053 开度来维持压力 PIC20053 在 8.540 MPa 左右。

开车结束的主要指标 PIC20020 为 3.882 MPa；PIC20053 为 8.540 MPa；TI20035 为 258.8 ℃。总控操作员监视各项指标达到稳定值后，开车结束。

合成工段的操作画面如图 6-2 ~ 图 6-5 所示。

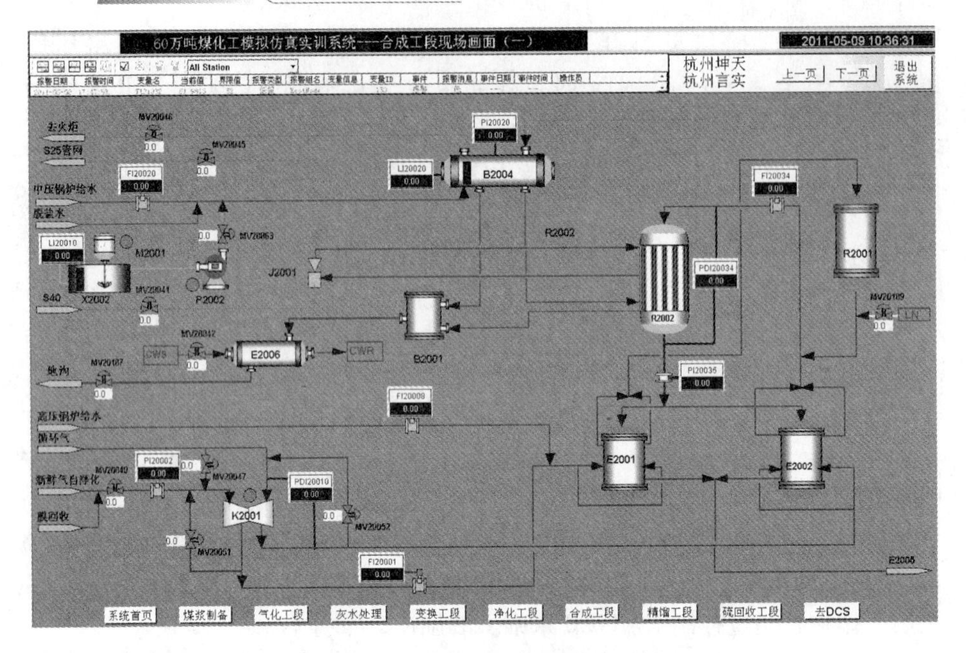

图6-2　合成工段现场画面（一）

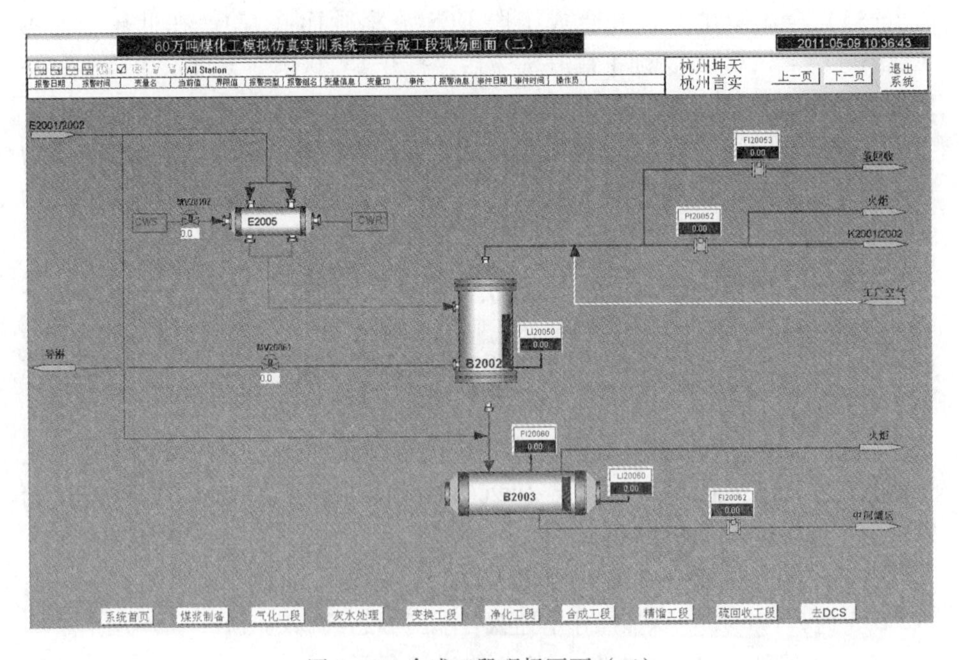

图6-3　合成工段现场画面（二）

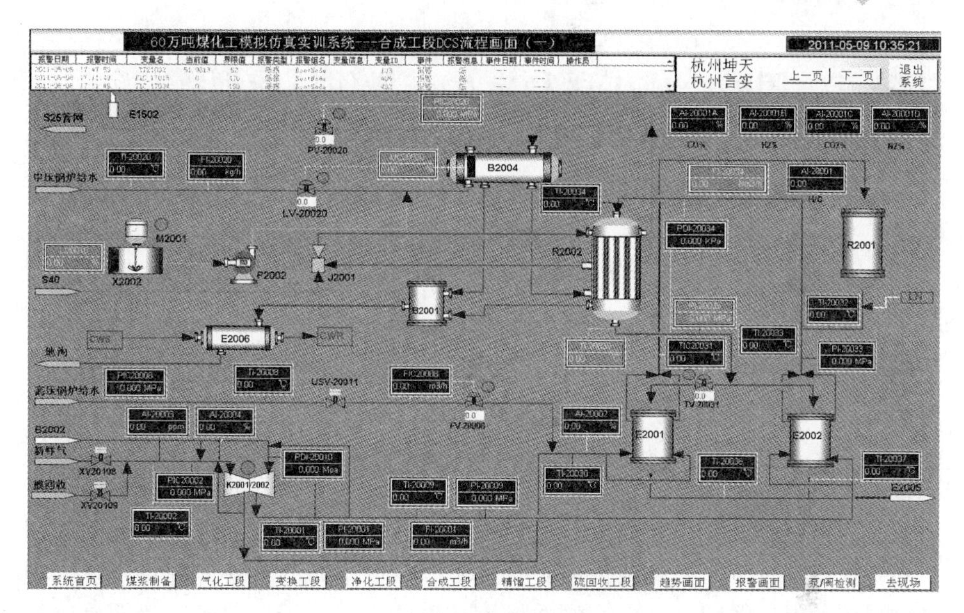

图6－4　合成工段DCS流程画面（一）

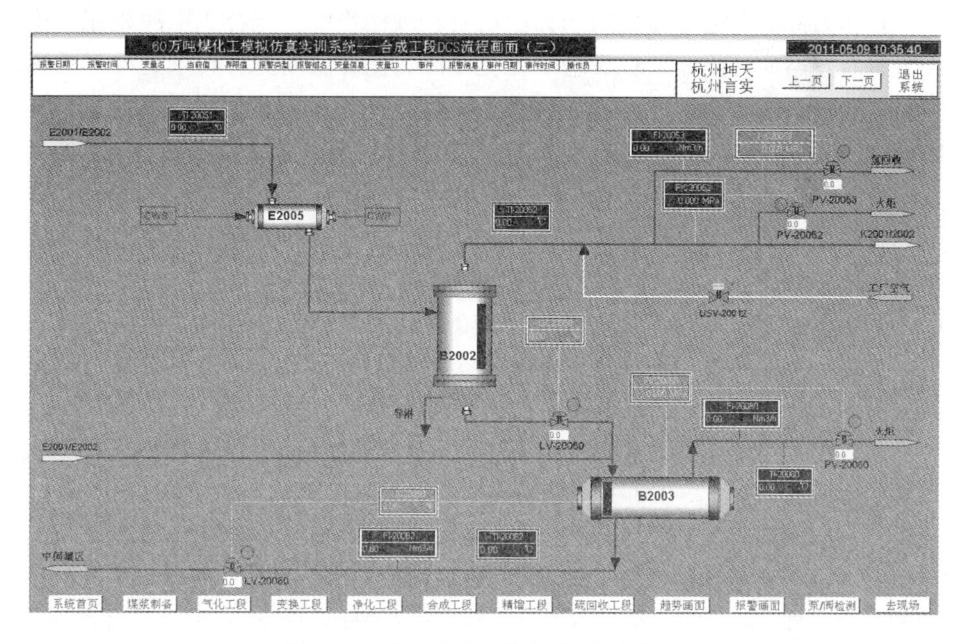

图6－5　合成工段DCS流程画面（二）

任务三　甲醇合成工段稳定生产操作技能训练

一、甲醇合成副反应的控制

甲醇合成过程不可避免地会生成一些副产物，副产物的生成不但影响产品质量，造成各项消耗的上升，而且还会经常使换热器堵塞直至停车，造成损失。为此研究副产物的生成机制，并在生产中进行合理的控制是非常必要的。

1. 催化剂的选择性

甲烷、乙醇等副产物热力学上较甲醇更稳定，更容易生成。因而它们生成量的多少，主要为反应动力学所控制，即取决于催化剂的性能与操作条件的变化。也就是说，在合成甲醇过程中，在催化剂表面上存在着甲醇反应与诸多副反应的竞争，如果催化剂对合成甲醇具有很高的活性，相对来说抑制了副反应的发生，即具有良好的选择性，当催化剂使用后期或发生严重中毒而使其活性明显衰退时，对副反应的竞争有利，催化剂的选择性逐渐降低，副产物的生成量逐渐增加。

2. 操作条件的选择

操作条件的变化对催化剂选择性也有较大的影响。与合成甲醇相比，副反应具有较高的活化能，对反应温度更敏感，提高温度更有利于副反应的进行，对于铜系催化剂，当反应温度超过300℃时，就容易发生甲烷化反应。同时研究表明催化剂在210℃以下与原料气接触时，有可能导致蜡的产生，操作中应避开这一温度区域。

提高反应压力也会有利于副反应的进行，因为这些副反应发生时，反应前后其体积收缩程度较合成甲醇反应更明显。

采用低空速运转时，合成甲醇反应在接近平衡状态下进行，反应速度较低，反之，反应物及产物在催化剂表面上停留时间延长了，这对副反应的进行是有利的，对于碳链增长的反应尤为有利。

气体组成对催化剂的选择性也有影响，适当提高 CO_2 含量可抑制醚等副产物的生成；当（H_2-CO_2）/（$CO+CO_2$）比值提高时，相应降低了 CO 的浓度而抑制了副反应的发生。当气体中硫含量较高时，必须逐步提高反应温度以弥补催化剂活性的下降，与此同时，也加速了副反应的进行，降低了催化剂的选择性。

总之，为减少副产物的生成，必须使催化剂中有害杂质含量尽可能低，活性要好，原料气中硫含量要低，操作条件以低温（210℃以上）、低压、高空速对生产有利。同时尽可能减少开停车次数，避免操作条件的波动。

二、故障分析

1. 甲醇合成工段故障操作员分工概述

甲醇合成工段故障操作员根据操作内容不同，分为合成操作员和现场操作员。合成操作员负责对中控室甲醇合成工段 DCS 界面的自动阀和自动开关进行操作；现场操作员负责对甲醇合成工段工艺现场部分的手动阀及现场开关进行操作。

2. 甲醇合成工段故障操作手册

甲醇合成工段在故障部分主要包括：合成塔触媒层温度升高、合成塔触媒层温度下降、汽包 B2004 液位低、高压分离器 B2002 液位过低，以及一些其他故障等。系统出现故障后可以自己尝试寻找故障点和故障原因。以下简单介绍几种故障的处理方法。

故障 1　合成塔触媒层温度升高

合成塔触媒层温度升高是由汽包液位过低或者已经为空造成的，应立即给汽包补水。该处理除现场操作，都由合成操作员在合成工段 DCS 流程画面（一）上完成。

具体操作步骤如下：

（1）合成操作员将汽包 B2004 的补水阀 LV20020 投手动，开度设为 40%。

（2）现场操作员调节汽包 B2004 出口阀 MV20107，开度设为 5%。

（3）合成操作员将汽包 B2004 的泄压阀 PV20020 投手动，开度设为 10%。

（4）等待 B2004 液位 LIC20020 达到 50%，合成操作员调节阀 LV20020，开度设为 20%。

（5）等待 B2004 压力回升到 3.882MPa，调节阀 PV20020，开度设为 19.8%。(此步骤与上步并列)。

（6）监视 5 分钟，调节 LV20020 开度，使 B2004 液位 LIC20020 维持在 50% 左右。

（7）监视 5 分钟，调节 PV20020 开度，使 B2004 压力 PIC20020 维持在 3.882 MPa 左右。

（8）监视 5 分钟，确保合成塔触媒层温度 TI20035 维持在 258.81 ℃左右。

故障 2　合成塔触媒层温度下降

合成塔触媒层温度下降是由于压力过低，应调节相应阀开度，提升压力。

该处理均由合成操作员在合成工段 DCS 流程画面（一）上完成。

具体操作步骤如下：

（1）合成操作员将汽包 B2004 的泄压阀 PV20020 投手动，并关闭。

（2）等待 B2004 压力回升到 3.882MPa，调节阀 PV20020，开度设为 19.8%。（此步骤与上步并列）。

（3）监视 5 分钟，调节 LV20020 开度，使 B2004 液位 LIC20020 维持在 50%左右。

（4）监视 5 分钟，调节 PV20020 开度，使 B2004 压力 PIC20020 维持在 3.882 MPa 左右。

（5）监视 5 分钟，确保合成塔触媒层温度 TI20035 维持在 258.81 ℃左右。

故障 3　汽包 B2004 液位低

汽包 B2004 液位低是由排污量过大造成的，应减小排污。该处理均由合成操作员在合成工段 DCS 流程画面（一）上完成。

具体操作步骤如下：

（1）合成操作员将汽包 B2004 的补水阀 LV20020 投手动，开度设为 20%。

（2）现场操作员关闭汽包 B2004 出口阀 MV20107。

（3）合成操作员将汽包 B2004 的泄压阀 PV20020 投手动，开度设为 10%。

（4）等待 B2004 液位 LIC20020 达到 50%，现场操作员调节阀 MV20107，开度设为 5%。

（5）等待 B2004 压力回升到 3.882 MPa，调节阀 PV20020，开度设为 19.8%。（此步骤与上步并列）。

（6）监视 5 分钟，调节 LV20020 开度，使 B2004 液位 LIC20020 维持在 50%左右。

（7）监视 5 分钟，调节 PV20020 开度，使 B2004 压力 PIC20020 维持在 3.882 MPa 左右。

（8）监视 5 分钟，确保合成塔触媒层温度 TI20035 维持在 258.81 ℃左右。

故障 4　高压分离器 B2002 液位过低

高压分离器 B2002 液位过低是由控制器失灵造成的，应手动调节阀门，控制液位。该处理均由合成操作员在合成工段 DCS 流程画面（二）上完成。

具体操作步骤如下：

（1）将阀 LV20050 投手动并关闭。

（2）将阀 LV20060 投手动并关闭。

（3）等待 B2002 液位 LIC20050 回升到 50%，打开阀 LV20050，开度设为 20%；打开阀 LV20060，开度设为 20%。

（4）监视 5 分钟，调节 LV20050 开度，使 B2002 液位 LIC20050 维持在 50% 左右。

（5）监视 5 分钟，调节 LV20060 开度，使 B2003 液位 LIC20060 维持在 50% 左右。

三、安全操作要点

（1）合成触媒在合成环路停车时，死气必须立即进行氮气置换。

（2）合成触媒还原后切忌与空气接触，停车后必须置于氮气正压保护下，防止发生氧化反应。

（3）合成气中含有 CO 有毒气体，严禁在泄漏点的下风头及附近长期停留。人员需要进入合成系统的设备，必须进行空气通风置换，取样分析 $O_2 \geq 20\%$ 合格，有毒有害气体浓度在允许范围内，方可允许人员进入。

（4）甲醇是剧毒物品，严禁误服，皮肤接触和长期呼吸甲醇蒸汽。

（5）甲醇是易燃、易爆、剧毒、易挥发物品，在气温 30℃以上时，甲醇储槽必须加水喷淋，以保证安全。

（6）甲醇分离器严禁低液位，防止高压气窜入低压系统。

（7）合成气放空时，要注意防火、防雷击，应加强环境检测。

（8）本工序属一级防爆区，禁止可燃气体、液体乱排乱放，以免引起火灾。

（9）生产中严格按照操作规程控制升降压速度，以免损坏设备和触媒。

（10）合成系统属高压系统，无特殊工种作业证，严禁带压维修作业。

（11）本工序产品是易燃、易爆、剧毒、易挥发的粗甲醇液体，严禁乱排乱放，有飞溅可能的操作应戴护目镜。

任务四　甲醇合成工段停车操作技能训练

一、甲醇合成工段停车操作员分工概述

甲醇合成工段停车操作员根据操作内容不同，分为合成操作员和现场操作员。合成操作员负责对中控室甲醇合成工段 DCS 界面的自动阀和自动开关进行操作；现场操作员负责对甲醇合成工段工艺现场部分的手动阀及现场开关进行操作。

二、实训现场停车操作训练

甲醇合成停车包括停氢回收、切断新鲜气、排空副产蒸汽及汽包排液。在汽包排液之前，需要注意维持其液位的稳定。具体操作步骤如下：

（1）合成操作员打开合成工段 DCS 流程画面（二），将控制 PIC20053 打手动，关闭氢回收阀 PV20053。

（2）合成操作员打开合成工段 DCS 流程画面（一），将控制器 TIC20031 打手动，阀 TV20031 开度设为 20%，直至反应器出口温度 TI20035 降至 240℃。

注意：等待过程中可进行后续操作。

（3）现场操作员在合成工段现场，将补新鲜气阀 MV20040 的开度以每分钟关小 20% 的速度关小至零。

（4）合成操作员打开合成工段 DCS 流程画面（一），关闭膜回收补气开关阀 XV20109。

（5）合成操作员打开合成工段 DCS 流程画面（一），关闭新鲜气截止阀 XV20108。

（6）合成操作员打开合成工段 DCS 流程画面（一），将控制器 FIC20008 打手动，关闭高压锅炉进水阀 FV20008。

（7）合成操作员打开合成工段 DCS 流程画面（一），关闭切断阀 USV20011。

（8）现场操作员在合成工段现场，打开 K2001/K2002 进口连通阀 MV20047，开度设为 20%。

（9）现场操作员在合成工段现场，打开开工喷射器 J2001 前现场阀 MV20041，开度设为 10%。

（10）现场操作员在合成工段现场，开大汽包排污阀 MV20107，开度设为 30%，增加排污。

（11）合成操作员打开合成工段 DCS 流程画面（一），将控制器 LIC20020 打手动，并设定中压补水阀 LV20020 开度为 5%。

（12）现场操作员在合成工段现场，在之后的停车过程中注意观察汽包的液位 LIC20020，通过控制汽包排污阀 MV20107 来维持汽包液位 LIC20020 稳定在 50%。

（13）合成操作员打开合成工段 DCS 流程画面（一），将控制器 PIC20020 打手动，关闭汽包压力控制阀 PV20020。

（14）现场操作员在合成工段现场，关闭副产蒸汽外送阀 MV20045，同时打开副产蒸汽放空阀 MV20046，开度设为 20%。

（15）现场操作员在合成工段现场，将开工喷射器 J2001 前现场阀 MV20041 开大至 20%。

（16）合成操作员打开合成工段 DCS 流程画面（一），通过控制压力阀 PV20020 的开度，将气包内压力 PIC20020 控制在 3.400 MPa。（稳定时，PV20020 的开度在 6.0% ~6.5%）。

（17）合成操作员打开合成工段 DCS 流程画面（二），将控制器 LIC20050 打手动，设置 LV20050 开度为 20%，等待高压分离器的液位 LIC20050 降为 0。

（18）合成操作员打开合成工段 DCS 流程画面（二），关闭高压分离器排液阀 LV20050。

（19）合成操作员打开合成工段 DCS 流程画面（一），确保 K2001/K2002 继续运行，使循环气中的 CO、CO_2 继续反应，至取样分析（$CO + CO_2$）% ≤ 0.5%（即 AI20001A 与 AI20001C 示数之和≤0.5%）时，合成系统开始循环降温。

（20）现场操作员在甲醇合成工段工艺现场，逐渐关小开工喷射器前切断阀 MV20041，直至开度为 0%，使合成系统逐渐降温。

（21）合成操作员打开合成工段 DCS 流程画面（一），关闭中压锅炉给水阀 LV20020。

（22）现场操作员在合成工段现场，关闭添加剂槽搅拌电动机 M2001，关闭添加剂进口阀 MV20063，最后关闭泵 P2002。

（23）现场操作员在合成工段现场，关闭汽包连续排污阀 MV20107。

（24）合成操作员打开合成工段 DCS 流程画面（一），将汽包压力控制阀 PV20020 开大至 20%，加快卸压速率，使反应器内温度下降。

（25）合成操作员打开合成工段 DCS 流程画面（一），等待汽包压力 PIC20020 低于 0.900 MPa 后，将压力控制阀 PV20020 开大到 100%，加快卸压速率。

（26）合成操作员打开合成工段 DCS 流程画面（一），在汽包降压过程中，微开中压锅炉给水阀 LV20020（开度为 3% ~5%），维持液位 LIC20020 稳定在 50%。

（27）合成操作员打开合成工段 DCS 流程画面（一），待反应器 R2002 出口温度 TI20035 降到 120 ℃后，通知现场操作员在合成工段现场，关闭合成压缩机 K2001/K2002 开关。

（28）合成操作员再打开合成工段 DCS 画面（一），关闭 PV20020 及 LV20020。

（29）现场操作员在合成工段现场，关闭 K2001/K2002 进口连通阀 MV20047。

（30）现场操作员在合成工段现场，关闭蒸汽放空阀 MV20046。

（31）合成操作员打开合成工段 DCS 流程画面（二），将控制器 LIC20060 打手动，开度设为 20%，当低压分离器的液位 LIC20060 为 0 后，关闭阀 LV20060。

（32）合成操作员打开合成工段 DCS 流程画面（二），打开火炬放空阀 PV20052，开度设为 20%，对合成系统进行卸压。

（33）现场操作员等待系统压力 PI20035 降至 0.200MPa 后，在合成工段现场，打开氮气充压阀 MV20109，开度设为 20%，对整个系统进行置换。

（34）合成操作员打开合成工段 DCS 流程画面（一），等待置换至氮气浓度 AI20001D 高于 99.50% 后；打开合成工段 DCS 流程画面（二），关闭 PV20052。

（35）现场操作员等待系统内压力 PI20035 升至 1.900 MPa，在合成工段现场，关闭氮气充压阀 MV20109。

（36）合成操作员打开合成工段 DCS 流程画面（二），将控制器 PIC20060 打手动，关闭放空阀 PV20060。

（37）现场操作员在合成工段现场，关闭水冷器上水阀门 MV20102。

（38）现场操作员在合成工段现场，关闭废水冷却器上水阀 MV20042。

（39）合成操作员打开合成工段 DCS 流程画面（一），关闭阀门 TV20031。

（40）现场操作员在合成工段现场，打开汽包排污阀 MV20107，开度设为 50%，等待汽包液位 LIC20020 降至 0。

（41）现场操作员在合成工段现场，关闭汽包排污阀 MV20107。

知识拓展

甲醇合成塔

甲醇合成的主要设备有甲醇合成塔、水冷却器、甲醇分离器、滤油器、循环压缩机等。

目前世界上比较常见的甲醇合成反应器有 ICI 多段段间冷激型甲醇反应器、鲁奇管冷式合成塔、三菱瓦斯冷激型合成塔（四段冷激塔）、三菱重工与瓦斯联合开发的管壳-冷管复合型合成塔（双套管反应器）、TOPSOE 托普索径向反应器、东洋的 MRF－Z 型反应器、卡萨利的轴径向反应器、林德等温型螺旋管反应器（等温型水冷型合成塔）等。

甲醇合成塔的类型很多。由于甲醇合成反应是一个可逆的放热反应，反应热效应大，为使反应始终处于较高的速度下，必须及时移走这些热量，因此，按不同的移热方法可分为冷管型连续换热式和冷激型多段换热式两大类；按反应气流动的方式有轴向、径向和混合三种类型。

甲醇合成塔的基本结构主要由外筒、内件和电加热三部分组成。外筒是一个高压容器，一般由多层钢板卷焊而成，有的则用扁平绕带绕制而成。内件是由催化剂筐和换热器两部分组成。

催化剂筐是填装催化剂进行合成反应的组合件。为了及时溢出甲醇合成反应时生产的热量，在催化剂筐内安装了冷管，冷管内大多数是走冷原料气作为“冷却剂”，使催化剂床层得到冷却而原料气则被加热到略高于催化剂的活性温度，然后进入催化剂进行反应。冷管内也有走其他介质的，如 Lurgi 型反应器中采用高压沸腾水作为冷却剂。

冷管的结构一般有以下几种：并流双套管、并流三套管、单管并流（内又分多种形式)、单管折流、U 形管等。这种移走甲醇合成反应热的方式称为冷管型连续换热式。

还有一种移走甲醇合成反应热的方式即冷激型多段换热式。冷激型多段换热式又可分为两类：多段间接换热式和多段直接换热式。多段间接换热式催化剂反应器的段间接换热过程在间壁式换热器中进行。多段直接换热式是向反应混合气体中加入部分冷却剂，两者直接混合，以降低反应混合物的温度。冷却剂就是原料气。

换热器通常放在塔的下部。大直径的合成塔为了装卸催化剂方便和利用高压空间，有把换热器放在塔的上部或放在塔外。

塔内换热器有列管式、螺旋板式、波纹板式等多种形式。换热器的作用是回收合成气的热量。为适应控制催化剂层温度的需要，在换热器中心设置冷气副线，该股气体不经过换热器而直接进催化剂层冷管。

合成塔内还安装有电加热器，主要用于催化剂的升温还原。甲醇合成塔大型化后，为充分利用合成高压空间，而在塔外设开工加热炉提供甲醇合成塔还原时所需要热量。但多数中小型合成塔则仍在塔内安装电加热器。如图 6-6所示为并流三套管式甲醇合成塔。

甲醇合成塔设计的关键技术之一就是要高效移走和利用甲醇合成反应所放出的巨大热量。甲醇合成反应器根据反应热回收方式不同有许多不同的类型，下面将应用较广的几种合成器分别予以简单介绍。

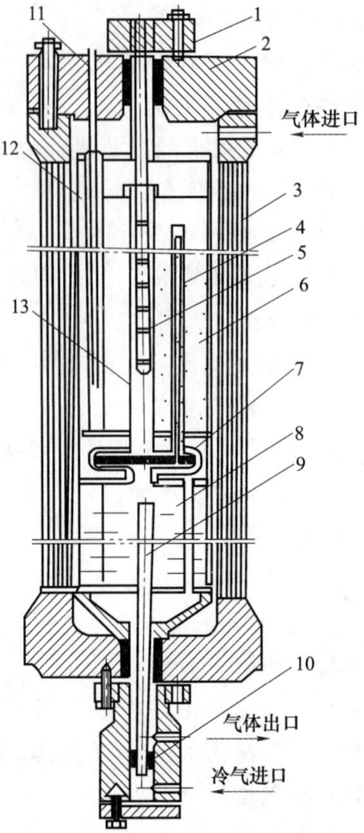

图6-6 并流三套管式甲醇合成塔

1—塔顶小盖；2—塔顶盖；3—高压外筒；4—三套管冷管；
5—电加热器；6—催化剂；7—分气盒；8—热交换器；
9—冷气副线；10—进出气密封填料；11—温度计套管；
12—催化剂筐筒体；13—中心管

一、ICI 反应器

英国ICI公司低压法甲醇合成塔采用多层冷激式绝热反应器，内设3~6层催化剂，催化剂用量较大，合成气大部分作为冷激气体由置于催化剂床层不同高度平行设立的菱形分布器喷入合成塔，另一部分合成气由顶部进入合成塔，反应后的热气体与冷激气体均匀混合以调节催化床层反应温度，并保证气体在催化床层横截面上均匀分布。反应最终气体的热量由废热锅炉产生低压蒸汽或用于加热锅炉给水回收。该法循环气量比较大，反应器内温度分布不均匀，呈锯齿形。

ICI冷激塔结构简单、用材省且要求不高并易于大型化。单塔生产能力大。但由于催化剂床层各段为绝热反应，使催化剂床层温差较大，在压力为

8.4 MPa和空速为12 000 h^{-1}的条件下，当出塔气甲醇浓度为4%时，一、二两段升温约50℃，反应副产物多，催化剂使用寿命较短，循环气压缩功耗大，用冷原料气喷入各段触媒之间以降低反应气温度。因此在降温的同时稀释了反应气中的甲醇含量，影响了触媒利用率，而且反应热只能在反应器出口设低压废锅回收低压蒸汽。为了防止触媒过热，采用较大的空速，出塔气中甲醇含量不到4%。最大规模3 000 t/天，全世界现有40多套。

二、德国林德 Lurgi 管壳式反应器

水冷型Lurgi甲醇合成反应器是管壳式的结构。管内装催化剂，管外充满中压沸腾水进行换热。合成反应几乎是在等温条件下进行，反应器能除去有效的热量，可允许较高CO含量气体，采用低循环气流并限制最高反应温度，使反应等温进行，单程转化率高，杂质生成少，循环压缩功消耗低，而且合成反应热副产中压蒸汽，便于废热综合利用。可以看出Lurgi公司正是根据甲醇合成反应热大和现有铜基触媒耐热性差的特点而采用列管式反应器。管内装触媒，管间用循环沸水，用很大的换热面积来移去反应热，达到接近等温反应的目的，故其出塔气中甲醇含量和空时产率均比冷激塔高，触媒使用寿命也较长。其主要性能特点是：该塔反应时触媒层温差小，副产物低，需传热面大。但该反应器比ICI反应器结构复杂，上下管板处连接点和焊点多，制作困难，为防壳体和管板、反应管之间产生焊接热应力，对材料及制造方面的要求较高，投资高。反应器催化剂装填系数也不如ICI反应器大，只有30%，且装卸触媒不方便。塔径大，运输困难。

Lurgi管壳式反应器已在国内不少甲醇厂使用，但在大型化甲醇装置中因结构复杂、反应管数较多、体积大，需多套塔。国内目前单塔最大生产能力为1 250 t/天。产量增大时，反应器直径过大，而且由于管数太多，反应管长度只能做到10 m，因此在设计与制造时就有困难了。

鲁奇公司曾提出两塔并联的流程，近年来又提出与冷管型串联的流程以适应大型化生产的需求，但是都还未工业化。最大规模3 000 t/天（两个塔），全世界现有29套甲醇装置（约40座合成塔），总产能810万t/年。

三、东洋公司（TEC）的MRF型反应器

MRF型反应器为多段间接冷却径向流动反应器，采用套管锅炉水强制循环冷却副产蒸汽，反应气体呈径向流过沿径向分布的多级冷却套管管外分布的触媒层，温度分布呈多段Z字分布，从而有利于提高催化剂寿命；径向流动使气体通过床层的阻力降低；多孔板可保证气体分布均匀；催化剂在管外装填，反应器催化剂装填系数得到适当增大，有利于实现大型化，但其结构复杂，制造难度大。

据了解TEC可用单台MRF－Z型反应器达到日产5 000 t的产能，甲醇塔直径5 m，反应器管长22.4 m，催化剂装填量为350 m^3。产能14万t/年的反应器直径2.5 m，床高12 m，催化剂装填量43 m^3，合成压力5.82 MPa，催化剂生产强度约0.4 t/（m^3·h）。工业业绩：特立尼达产能1 380 t/天；中国产能315 t/天；泸天化正在建产能40万t/年反应器。

四、日本三菱MGC反应器

气冷－水冷型。双套管反应器，内/外管间装触媒。内管冷气，外管管间沸水自然循环。接近最佳平衡线处进行等温反应，单程转化率高，出塔浓度高，相同规模催化剂用量减少30%，循环量降低50%，蒸汽产量增加25%。设备复杂，造价高，床层阻力大，触媒装卸不方便。最大规模2 500 t/d。1993年日本产能500 t/天，1999年沙特产能2 500 t/天。重庆化医与三菱产能85万t/年（两塔）反应器在建。

五、德国林德Linde螺旋管反应器

水冷型。Linde在催化反应层中设置螺旋管，用锅炉水自然对流循环移去管外催化剂层反应热。壳侧反应物料与螺旋冷却管横向接触，传热效率极高，所需冷却面积为管式的60%～75%。半球形管板消除了热应力，不需昂贵的双相钢，上半球管板使汽包与合成塔合为一体，而且催化剂装填系数大，有利于大型化。但设备加工难度进一步增加，据报道国内只有川维厂使用一套。全球已有5套甲醇装置。最大规模4 000 t/天。

六、未来合成塔技术发展状况

在合成甲醇反应中，CO的单程转化率较低，为了克服传统的气相法合成甲醇工艺的缺点，近年开发了一些新型反应器，比较有代表性的有GSSTFR、RSIPR、气－液相并存式反应工艺和浆态床（三相床）甲醇合成工艺。

1. GSSTFR（气－固－固滴流流动反应器）

在反应器内用一种极细的吸附剂（如硅钢铝酸盐）与反应气体做逆向运动，反应过程中所生成的甲醇被固体吸附剂吸收，促使平衡向生成甲醇的方向移动。这种反应工艺一般是几个反应器串联使用，反应器之间有冷却器，能将反应气体冷却到合适的温度。吸收甲醇的吸附剂有反应器外加热解吸，再生后的吸附剂可重复使用。该法的CO单程转化率可达100%。

2. RSIPR（级间产品脱除反应器）

反应器之间有一吸收塔，内装四甘醇二甲醚，反应过程中生成的气体进入下一反应器继续进行反应，反应器的体积按气体的流向逐渐变小。吸收饱和后的溶剂再生后可继续使用。四级反应器的CO转化率可达97%，优点是对原料气的V（CO）/V（H_2）比要求不严，简化了造气过程，同时该工艺的

原材料消耗和能耗也较低。

3. 气－液相并存式反应工艺

气、液两相共存，生成的部分甲醇在反应器中循环，并在催化剂的表面形成一层液膜，反应过程中生成的甲醇即溶解在这一液膜中，据报道，当原料气组成为：CO 29.2%、CO_2 3.0%、H_2 67.5% 左右时，该工艺单个反应器的 $CO+CO_2$ 转化率可达 90% 以上。

4. 浆态床（三相床）甲醇合成工艺

浆态床甲醇合成工艺是指：气相以氢、一氧化碳和二氧化碳为甲醇原料气，液相以惰性液相为介质，固相以细颗粒固体为催化剂，在一定的温度和压力下，合成塔中气－液－固三相之间进行传质，并在固相催化剂活性内表面上反应而制取甲醇。该工艺传热性和热稳定性较好，反应温度接近等温，易于控制，一氧化碳与二氧化碳的单程转化率和气相产物中的甲醇百分含量高于传统的气－固相催化法。

项目测评

一、填空题

1. 合成铜基催化剂的主要成分为________、________、________。

2. 甲醇合成是指用________、________和氢气经化合反应或复分解反应生成________的过程，其主反应式为________________________________。

3. 目前，制取甲醇的方法有________、________、碳的氧化物和氢合成法。

4. 合成汽包压力调节位号________，操作压力为________MPa。

5. 利用 CO 和 H_2 进行甲醇合成反应的理论氢碳比为________；而由转化工序来的新鲜气体的氢碳比为________。

6. 甲醇合成反应特点为________、________、________。

7. 甲醇合成塔为________反应器。

8. 合成催化剂装填要________，注意防止催化剂________。

9. 粗甲醇主要含有________以及________、________、________等物质。

10. 甲醇合成塔的循环气包括________、________、________、________等物质。

二、思考题

1. 简述甲醇合成反应机制。

2. 目前世界上甲醇生产工艺有哪几种？

3. 甲醇合成催化剂种类及主要成分是什么？

4. 甲醇反应的影响因素有哪些?

5. 目前世界上比较常见的甲醇合成反应器种类有哪些?

6. 压缩机循环段的作用是什么?

7. 循环气中的惰性气体有哪些成分? 对合成甲醇有哪些影响?

8. 甲醇分离器液位为什么是一个重要工艺指标? 指标为多少?

9. 影响催化剂使用寿命的因素有哪些?

三、技能操作题

1. 规范进行合成岗位的开车操作。

2. 规范进行合成岗位的停车操作。

3. 反应器进口温度偏高，请操作调节。

4. 新鲜气进口阀 MV20040 建议先开到 30%，在加新鲜气的过程中，汽包中的液体因为加热蒸发，液位不断下降，请操作调节。

5. 将汽包液位 LIC20020 稳定在 50% 左右，请操作调节。

项目七

甲醇精馏工段操作实训

教学目标

总体技能目标		能够根据生产要求正确分析工艺条件；能操作本工段所属动静设备的开停、正常运转、常见生产事故处理、日常维护保养和有关设备的试车及配合检修，具备岗位操作的基本技能；能初步优化生产工艺过程
具体目标	能力目标	（1）能根据生产任务查阅相关书籍与文献资料； （2）能进行工艺参数的选择、分析，具备操作过程中工艺参数的调节能力； （3）能进行本工段所属动静设备的开车、正常运转、停车操作； （4）能对生产中的异常现象进行分析诊断，具有事故判断与处理的技能； （5）能进行设备的日常维护保养和有关设备的试车及配合检修； （6）能正确操作与维护相关机电、仪表
	知识目标	（1）掌握甲醇精馏工段所遵循的原理及工艺过程； （2）掌握甲醇精馏工段主要设备的工作原理与结构组成； （3）熟悉工艺参数对生产操作过程的影响，会进行工艺条件的选择； （4）掌握生产工艺流程图的组织原则、分析评价方法； （5）了解岗位相关机电、仪表的操作与维护知识
	素质目标	（1）培养学生的学习能力和创新能力； （2）培养学生规范操作意识及观察力、判断力和紧急应变能力； （3）培养学生综合分析问题和解决问题的能力； （4）培养学生职业素养、安全生产意识、环境保护意识及经济意识； （5）培养学生具有团队精神和与人合作能力； （6）培养学生具有与人交流沟通能力； （7）培养学生具有较强的表达能力

项目导入

在甲醇合成时，因合成条件如压力、温度、合成气组成及催化剂性能等因素的影响，在产生甲醇反应的同时，还伴随着一系列副反应。所得产品除甲醇外，还有水、醚、醛、酮、酯、烷烃、有机酸、有机胺、高级醇、硫醇、甲基硫醇和羰基铁等几十种有机杂物。甲醇作为有机化工的基础原料，用它加工的产品种类很多，因此对甲醇的纯度均有一定的要求。粗甲醇通过精馏，可根据不同要求，制得不同纯度的精甲醇，使各类杂物降至规定指标以下，从而确保精甲醇的质量。所以在合成甲醇生产后，需设置甲醇精馏工段。

任务一　开车前准备工作

一、粗甲醇精馏岗位的任务

本岗位的任务就是通过精馏脱除粗甲醇中的硫回收烷烃、羰基化合物等轻组分和水分、乙醇及其他高级醇等重组分，生产出符合美国联邦 AA 级 GB 338—2004 优等品标准的精甲醇，分别送中间罐区精甲醇储槽 V2302A/B，经分析合格后送往成品罐区进行灌装销售，同时副产杂醇油及预塔轻馏分，废水经废水泵送往废水处理工段。本岗位还承担着给净化工段输送补充精甲醇的任务。

二、甲醇精馏岗位原料组成

1. 原料组成

甲醇原料组成如表 7－1 所示。

表 7－1　甲醇原料组成

组分	原料甲醇各组分质量分数/%	精甲醇产品各组分质量分数/%
甲醇	92.41	>99.8
水	6.93	<0.1
高级醇	0.28	0.001
酮	0.01	0.003
气体	0.28	0
其他	0.09	0

2. 粗甲醇中含有的杂质

（1）还原性物质：主要有醛、胺、羰基等。

（2）溶解性杂质：①水溶性杂质：醚、$C_1 \sim C_5$ 醇类、酮、醛、胺、有机酸等。②醇溶性杂质：$C_6 \sim C_{15}$ 烷烃、$C_6 \sim C_{16}$ 醇类。③不水溶性杂质：C_{16} 以上烷烃、C_{17} 以上醇类。

（3）水：粗甲醇中水是一种特殊的杂质，水的含量仅次于甲醇。

（4）无机杂质：生产系统中夹带机械杂质及微量其他杂质。

（5）电解质：有机酸、有机胺、氨及金属离子，还有微量的硫化物和氯化物。

3. 精甲醇的质量标准

精甲醇的质量标准如表7－2所示。

表7－2　精甲醇的质量标准

项　目	指　标		
	一级品	二级品	合格品
密度（20 ℃）/（g·cm^{-3}）	0.791～0.792	0.791～0.793	
温度范围（0 ℃，101 325 Pa）/℃	64.0～65.5		
沸程（包括64.6 ℃±0.1 ℃）/℃	≤0.8	≤1.0	≤1.5
高锰酸钾试验/min	≥50	≥30	≥20
水溶性试验	澄清		—
酸度（以HCOOH计）/%	≤0.0015	≤0.0030	≤0.0050
碱度（以NH_3计）/%	≤0.0002	≤0.0008	0.0015
水分含量/%	≤0.10	≤0.15	—
羰基化合物含量（以CH_3O计）/%	≤0.002	≤0.005	≤0.010
蒸发残渣含量/%	≤0.001	0.003	0.005

注：本表数据来源于GB 338—92（工业精甲醇）。

三、粗甲醇精馏的目的

在甲醇生产中，当原料气在甲醇合成塔内发生甲醇反应的同时，还伴随一系列的副反应。其产物是由甲醇、水及有机杂质等组成的混合溶液，我们称之为粗甲醇，粗甲醇中带有很多杂质，必须经过精馏才能获得我们需要的精甲醇。

四、精馏工艺原理

1. 精馏工艺原理

在精馏过程中，混合料液由塔的中部某适当位置连续加入，塔顶设有冷凝器，将塔顶蒸汽冷凝为液体，冷凝液的一部分返回塔顶，进行回流，其余作为塔顶产品连续排出，塔底部装有再沸器以加热液体产生蒸汽，蒸汽沿塔上升，与下降的液体在塔板或填料上充分的逆流接触并进行热量交换和物质传递，塔底连续排出部分液体作为塔底产品。

1）精馏

将由挥发度不同的组分组成的混合液，在精馏塔内通过同时而且多次进行部分气化和部分冷凝，使其分离成几乎纯态组分的过程。

2）精馏段

在加料位置以上，上升蒸汽中所含的重组分向液相传递，而回流液中的轻级分向汽相传递。如此反复进行，使上升蒸汽中轻组分的浓度逐渐升高。只要有足够的相互接触面和足够的液体回流量，到达塔顶的蒸汽将成为高纯度的轻组分。塔的上半部完成了上升蒸汽的精馏，即除去了其中的重组分，因而称为精馏段。

3）提馏段

在加料位置以下，下降液体中轻组分向汽相传递，上升蒸汽中的重组分向液相传递。这样只要两相接触面和上升蒸汽量足够，到达塔底的液体中所含的轻组分可降至很低。塔的下半部完成了从下降液体中提取轻组分，即重组分的提浓，因而称为提馏段。

一个完整的精馏塔应包括精馏段和提馏段，在精馏塔内可将一个双组分混合物连续地、高纯度地分离为轻组分和重组分。

2. 精馏工艺计算

1）全塔效率 E_T

全塔效率又称总板效率，是指达到指定分离效果所需理论塔板数与实际塔板数的比值，即

$$E_T = \frac{N_T - 1}{N_P}$$

式中 N_T——完成一定分离任务所需的理论塔板数，包括再沸器（精馏釜）；

N_P——完成一定分离任务所需的实际塔板数，本装置 $N_P = 10$。

全塔效率简单地反映了整个塔内塔板的平均效率，说明了塔板结构、物性系数、操作状况对塔分离能力的影响。对于塔内所需理论塔板数 N_T，可由已知的双组分物系平衡关系，以及试验中测得的塔顶、塔釜出液的组成，回流比 R 和热状况 q 等，用图解法求得（图 7－1）。

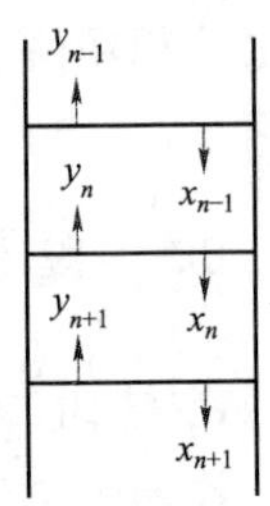

图 7－1 塔板气液流向示意

2）精馏段的操作线方程

$$y_{n+1} = \frac{R}{R+1}x_n + \frac{x_D}{R+1}$$

式中 y_{n+1}——精馏段第 $n+1$ 块塔板上升的蒸汽组成（物质的量分数）；

x_n——精馏段第 n 块塔板下流的液体组成（物质的量分数）；

x_D——塔顶溜出液的液体组成（物质的量分数）；

R——泡点回流下的回流比。

3）提馏段的操作线方程

$$y_{m+1}=\frac{L'}{L'-W}x_m-\frac{Wx_W}{L'-W}$$

式中　y_{m+1}——提馏段第 $m+1$ 块塔板上升的蒸汽组成（物质的量分数）；

x_m——提馏段第 m 块塔板下流的液体组成（物质的量分数）；

x_W——塔底釜液的液体组成（物质的量分数）；

L'——提馏段内下流的液体量（$kmol \cdot s^{-1}$）；

W——釜液流量（$kmol \cdot s^{-1}$）。

4）加料线（q 线）方程

$$y=\frac{q}{q-1}x-\frac{x_F}{q-1}$$

其中，

$$q=1+\frac{c_{pF}(t_S-t_F)}{r_F}$$

式中　q——进料热状况参数；

r_F——进料液组成下的汽化潜热（$kJ \cdot kmol^{-1}$）；

t_S——进料液的泡点温度（℃）；

t_F——进料液温度（℃）；

c_{pF}——进料液在平均温度（t_S-t_F）/2 下的比热容（$kJ \cdot kmol^{-1} \cdot ℃^{-1}$）；

x_F——进料液组成（物质的量分数）。

5）回流比 R 的确定

回流比的定义就是：回流液体量与采出量的质量比。通常用 R 来表示，即

$$R=L/D$$

式中　R——回流比；

L——回流液量（$kmol \cdot s^{-1}$）；

D——馏出液量（$kmol \cdot s^{-1}$）。

实际操作时为了保证上升气流能完全冷凝，冷却水量一般都比较大，回流液温度往往低于泡点温度，即冷液回流。

最小回流比是在规定的分离要求下，即塔顶、塔釜采出的组成为一定时，逐渐减少回流比，此时所需理论塔板数逐渐增加。当回流比减少到某一数值时，所需理论塔板数增加到无穷多，这个回流比的数值，称为完成该预定分离任务的最小回流比。它是精馏塔设计计算中的重要数据之一，通常操作时的实际回流比取最小回流比的 1.3～2 倍。

6）塔顶回流量

如图 7－2 所示，从全凝器出来的温度为 t_R、流量为 L 的液体回流进入塔顶第 1 块板，由于回流温度低于第 1 块塔板上的液相温度，离开第 1 块塔板的

一部分上升蒸汽将被冷凝成液体，这样塔内的实际流量将大于塔外回流量。

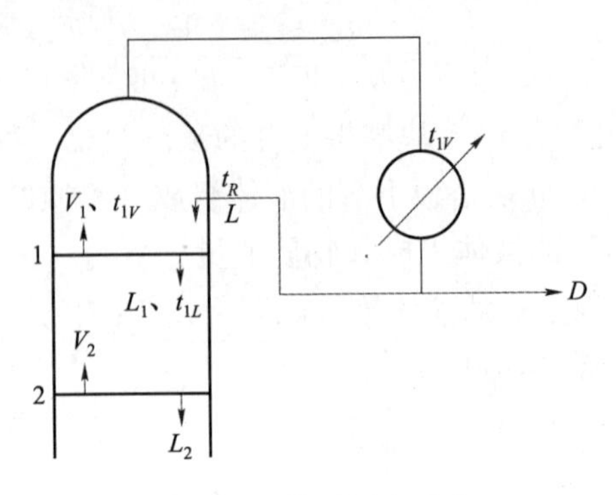

图 7－2　塔顶回流示意

对第 1 块板作物料、热量衡算：

$$V_1 + L_1 = V_2 + L$$

$$V_1 I_{V_1} + L_1 I_{L_1} = V_2 I_{V_2} + L I_L$$

对以上两式整理、化简后，近似可得：

$$L_1 \approx L\left[1 + \frac{c_p\ (t_{1L} - t_R)}{r}\right]$$

即实际回流比：

$$R_1 = \frac{L_1}{D}$$

$$R_1 = \frac{L\left[1 + \frac{c_p\ (t_{1L} - t_R)}{r}\right]}{D}$$

式中　V_1，V_2——离开第 1、2 块板的气相流量（$\mathrm{kmol \cdot s^{-1}}$）；

L_1——塔内实际液流量（$\mathrm{kmol \cdot s^{-1}}$）；

I_{V_1}，I_{V_2}，I_{L_1}，I_L——对应 V_1，V_2，L_1，L 下的焓值（$\mathrm{kJ \cdot kmol^{-1}}$）；

r——回流液组成下的汽化潜热（$\mathrm{kJ \cdot kmol^{-1}}$）；

c_p——回流液在 t_{1L} 与 t_R 平均温度下的平均比热容（$\mathrm{kJ \cdot kmol^{-1} \cdot ℃^{-1}}$）。

7）连续生产回流操作

连续生产回流操作时，如图 7－3，图解法的主要步骤为：

（1）根据物系和操作压力在 $y-x$ 图上作出相平衡曲线，并画出对角线作为辅助线。

（2）在 x 轴上定出 $x = x_D$、x_F、x_W 三点，依次通过这三点作垂线分别交对角线于点 a、f、b。

（3）在 y 轴上定出 $y_C = x_D/(R+1)$ 的点 c，连接 a、c 作出精馏段操作线。

（4）由进料热状况求出 q 线的斜率 $q/(q-1)$，过点 f 作出 q 线交精馏段

操作线于点 d。

（5）连接点 d、b 作出提馏段操作线。

（6）从点 a 开始在平衡线和精馏段操作线之间画阶梯，当梯级跨过点 d 时，就改在平衡线和提馏段操作线之间画阶梯，直至梯级跨过点 b 为止。

（7）所画的总阶梯数就是全塔所需的理论塔板数（包含再沸器），跨过点 d 的那块板就是加料板，其上的阶梯数为精馏段的理论塔板数。

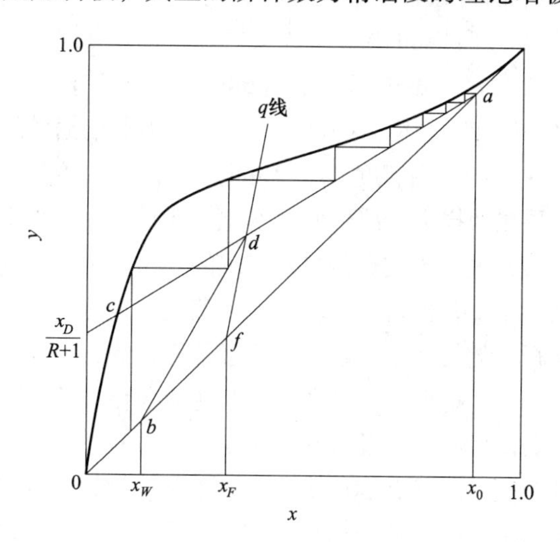

图 7－3　连续操作回流时理论板数的确定

8）精馏正常操作的控制

（1）塔的物料平衡：

$$F = D + W \text{ 与 } F_x F_i = D_x D_i + W_x W_i$$

式中　F——进料量；

D——塔顶出料量；

W——塔底出料量；

x_{Fi}——进料组成；

x_{Di}——塔顶出料组成；

x_{Wi}——塔底出料组成。

物料平衡体现了塔的生产能力，它主要是靠进料量和塔顶、塔釜采出量来调节，当塔的操作不符合总的物料平衡时，可以从塔压差的变化上看出，进得多，取得少，则塔压差上升。对于应该固定的精馏塔来讲，塔压差应在一定的范围内。塔压差过大，说明塔内上升蒸汽的速度过大，雾沫夹带严重，甚至发生液泛，破坏塔的正常操作；塔压差过小，表明塔内上升蒸汽的速度过小，塔板上气液湍动的程度过低、传质效果差。

（2）气液相平衡：

$$y_i = p_i X_i \text{ 或 } y_i = K_i X_i$$

式中 y_i——混合气中 i 组分的物质的量；

p_i——纯组分 i 在该温度下的饱和蒸汽压；

X_i——溶液中 i 组分的物质的量；

K_i——气液平衡常数。

气液平衡主要体现了产品的质量及损失情况。它是靠调节塔的操作条件（温度、压力）及塔板上气液接触的情况来达到的。因为只有在温度、压力固定时，才有确定的气液平衡组成。精馏塔的操作温度和压力是根据塔的分离任务（即关键组分的分离度）决定的。当温度、压力发生变化时，气液平衡所决定的组成就发生变化，产品的质量及损失情况也发生变化。但是，气液平衡组成又是靠在每块塔板上气液互相接触进行传质和传热而实现的。这就是说，气液平衡是和物料平衡密切相关。物料平衡掌握得好，塔内上升蒸气的速度合适，气液接触好，则传质效率高，每块板上的气液组成就越接近于平衡组成，也就是板效率高；反之则低。当然，温度、压力也会随物料平衡的改变而变化。总之气液平衡的组成与物料平衡有着不可分割的关系。反过来，温度、压力的改变又可造成塔板上气相和液相的相对量的改变，从而破坏原来的物料平衡。例如，在甲醇生产中，釜温低于规定值，会使塔板上的液相量增加，蒸气量减少，釜液量增加，甲醇组分下移，顶部甲醇量减少；当顶温高于规定值，就会使塔板上的气相量增加，液相量减少，顶部产物量增加，釜液量减少。这些都会破坏正常的物料平衡。

（3）热量平衡：

$$Q_{冷凝} = Q_{汽化} \text{（对每块塔板）}$$

$$Q_{入} = Q_{出} + Q_{损} \text{（指全塔）}$$

式中 $Q_{冷凝}$——每块塔板上气相的冷凝热量；

$Q_{汽化}$——每块塔板上液相的汽化热量；

$Q_{入}$——物料带入的总热量及外加热总量；

$Q_{出}$——物料带出的总热量；

$Q_{损}$——全塔损失的热量。

热量平衡是物料平衡和气液平衡得以实现的基础。没有塔釜供热就没有上升蒸汽，没有塔顶冷凝就没有回流液，整个精馏过程就无法实现。而热量平衡又是依附于物料平衡和气液平衡的。例如，进料量或组成发生了改变，则塔釜耗热量及塔顶耗冷量均应该作相应的改变。否则，不是回流量过小影响甲醇的质量，就是回流比过大造成不必要的浪费。当塔的操作压力、温度发生了改变（即气液平衡组成发生变化），则每块板上气相冷凝的放热量和液体汽化的吸热量也会发生改变，总之都体现在塔釜供热和塔顶取热的变化上。反过来，热量平衡发生了变化也会影响物料平衡和气液平衡的改变。

根据进料量，给塔釜一定的热量，建立热量平衡，随之达到一定的溶液平衡，然后用物料平衡为正常的调节手段，控制热量平衡和汽液平衡的稳定。

三、甲醇精馏工业方法

甲醇精馏工业方法：双塔精馏和三塔精馏。

1. 双塔精馏

双塔精馏设备由一个预精馏塔、一个主精馏塔、各种换热设备、管线以及流体输送设备等组成。

2. 三塔精馏

三塔精馏设备由一个预精馏塔、两个主精馏塔、各种换热设备、管线以及流体输送设备等组成。

（1）预精馏塔的主要作用是脱除甲酸甲酯、二甲醚、丙酮等轻组分杂质。这类物质沸点较低，常温下为气态，因此不凝气温度的高低决定着轻组分的脱除效果，继而影响到产品质量。

（2）低压塔的主要作用是在一定的塔板层数下通过调节回流比控制该塔和常压精馏塔产品中乙醇的含量达到 AA 级合格的要求，同时通过调整两塔塔顶采出量使得加压精馏塔的高品位冷凝热能够满足常压精馏塔再沸器所需的热量。所以该塔的回流比和采出量控制着常压精馏塔中乙醇的含量，通过调节此回流比和采出量可以达到两塔分别生产出不同质量的精甲醇产品的目的。

（3）中压精馏塔的操作相对于加压塔较困难，不但要采出合格的精甲醇产品，同时还要保证塔底废水含醇尽量低，必须通过调节回流比控制精甲醇质量。在该塔上部和下部分别设侧线采出口，通过调节侧线杂醇油采出量控制精甲醇质量和废水中甲醇含量。

3. 双塔精馏和三塔精馏的主要操作条件

双塔精馏和三塔精馏的主要操作条件见表 7－3。

表 7－3　双塔精馏和三塔精馏的主要操作条件

项　目	双塔精馏		三塔精馏		
	预塔精馏	主塔精馏	预塔精馏	主塔精馏	主塔精馏
操作压力/MPa	0.55	0.88	0.55	0.57	0.006
塔顶温度/℃	67～68	68～69	70～75	120.5	65.9
塔底温度/℃	74～77	111～116	80～85	126.2	110

4. 双塔精馏和三塔精馏的投资和操作费用比较

1）产品质量

三塔精馏可制取乙醇含量较低的优质甲醇，乙醇含量一般小于 100×10^{-6}，大部分时间可保持在 50×10^{-6} 以下，其他有机杂质含量也相对减少。精甲醇产品质量不仅跟精馏工艺有关系，而且还跟甲醇合成压力、合成气组成、合成催化剂有关，甚至和合成塔等设备的选材也有关系。甲醇产品中乙醇含量的高低与粗甲醇中乙醇含量有很大关系，粗甲醇中乙醇含量低时，精甲醇中乙醇含量自然也低。在三塔精馏中常压塔采出的精甲醇质量更好些。实际分析结果表明，常压塔采出的精甲醇中乙醇含量极低，仅 $1\times10^{-6}\sim2\times10^{-6}$，有时甚至分析不出来，而加压塔采出的精甲醇中乙醇含量大多在 $20\times10^{-6}\sim80\times10^{-6}$。

2）能耗

甲醇是一种高能耗产品，而精馏工序的能耗占总能耗的 10% ~30%，所以精馏的节能降耗不容忽视。双塔精馏每吨精甲醇耗蒸汽为 1.8 ~2.0 t，不少工厂消耗蒸汽量在 2.0 t 以上。三塔精馏与双塔精馏的区别在于三塔精馏采用了两个主精馏塔，一个加压操作，一个常压操作，利用加压塔的塔顶蒸汽冷凝热作为常压塔的加热源，既节约了蒸汽，也节约了冷却用水。每精制 1 t 精甲醇约节约 1 t 蒸汽，所以三塔精馏的能耗较低。

3）投资与操作费用

双塔精馏与三塔精馏的投资、操作费用、能耗的相互关系与生产规模有很大关系，随着生产规模的增大，三塔精馏的经济效益就更加明显。

由上分析，双塔精馏工艺投资省、建设周期短、装置简单、易于操作和管理。虽然消耗高于三塔精馏工艺，但在 5 万 t/年生产规模以下时其技术经济指标较占优势，其节能降耗途径可以采用高效填料来达到降低蒸汽消耗的目的。5 万 t/年生产规模以上时，宜采用三塔精馏技术，虽然一次性投资较高，但是操作费用和能耗都相对较低。

在节能型三塔双效精馏中，用中压塔顶出来的甲醇蒸气作为低压塔再沸器的热源，这样既节省了冷凝中压塔顶蒸汽用的循环水，又节省了低压塔再沸器加热用蒸汽。

任务二 甲醇精馏工段开车操作技能训练

一、甲醇精馏工段开车操作员分工概述

甲醇精馏工段开车操作员根据操作内容不同，分为甲醇精馏操作员和现

场操作员。精馏操作员负责对中控室甲醇精馏工段 DCS 界面的自动阀和自动开关进行操作；现场操作员负责对甲醇精馏工段工艺现场部分的手动阀及现场开关进行操作。

二、甲醇精馏工段开车操作

甲醇精馏工段开车步骤主要分三部分，分别对应的就是 3 个塔的顺利开车，所以在下面开车步骤中，需要分别对待，一个塔一旦开始开车，就要时刻进行控制。下面希望先熟悉有关概念，有个全局概念后再进行操作。

考虑到精馏的复杂性，精馏开车操作与其他工段不同，各人的操作会造成各步骤达到需求的先后顺序不同，因此操作提供的只是大致操作顺序，不在手册中罗列出具体的并列步骤。

关键位的控制：

（1）甲醇精馏工段开车对于压力、温度、液位的控制都有较高的要求。

（2）在开始操作后，需要建立的关键压力有 3 个：T1201 压力 PIC21030 在 8.60 kPa 左右；压力 PIC21094A 在 5 kPa 左右；压力 PI21130 在 190 kPa 左右。

（3）F2103 液位 LIC21130 建立耗时比较久。

（4）建立 F2103 的温度 TI21139 关键在于不可通入过量液体，因这样会导致温度难以上升。

1. 画面（图 7－4～图 7－11）

精馏工段的操作画面如图 7－4～图 7－11 所示。

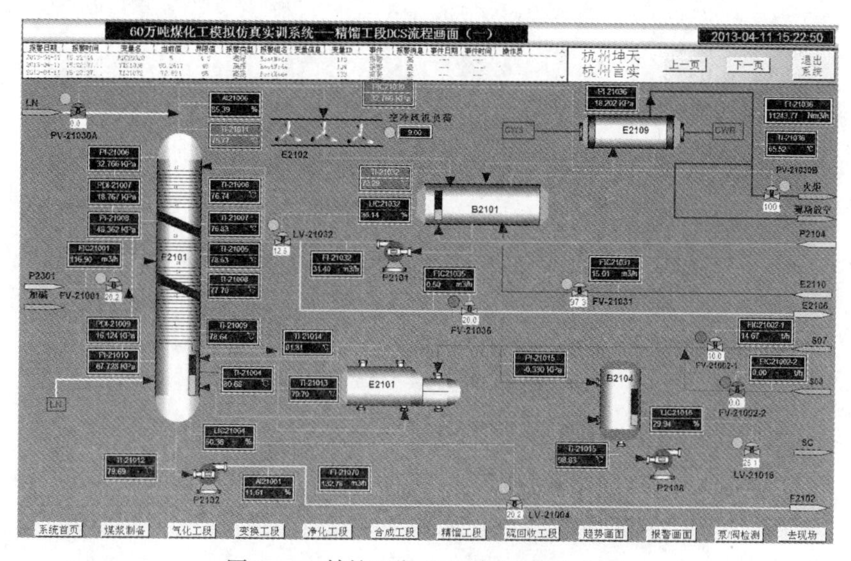

图 7－4　精馏工段 DCS 流程画面（一）

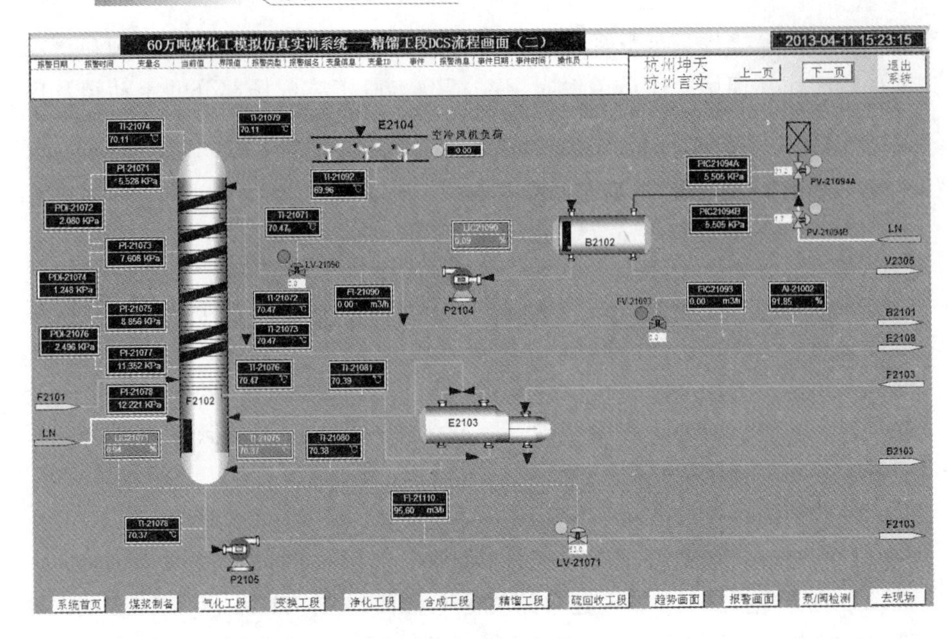

图7-5 精馏工段DCS流程画面（二）

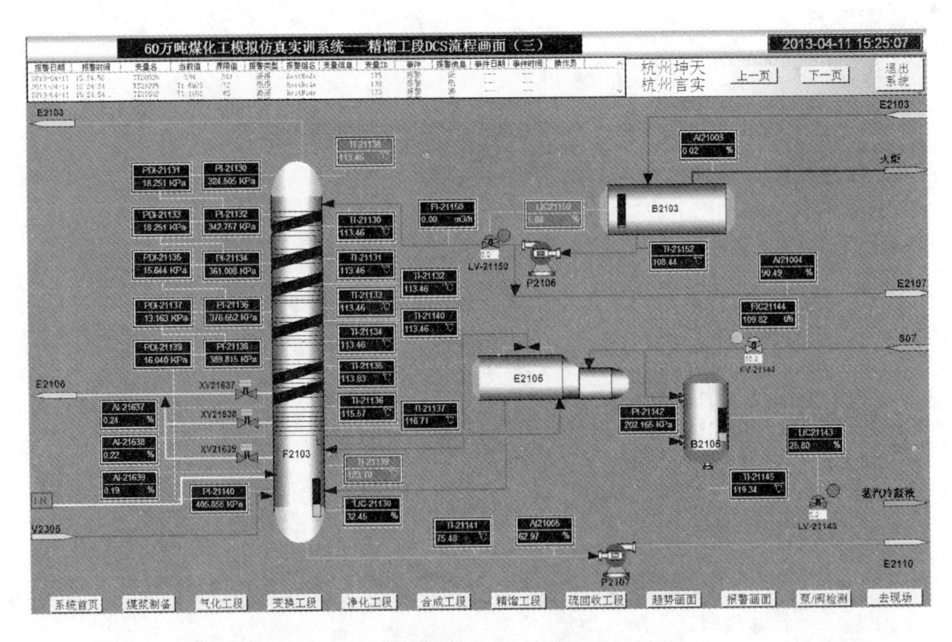

图7-6 精馏工段DCS流程画面（三）

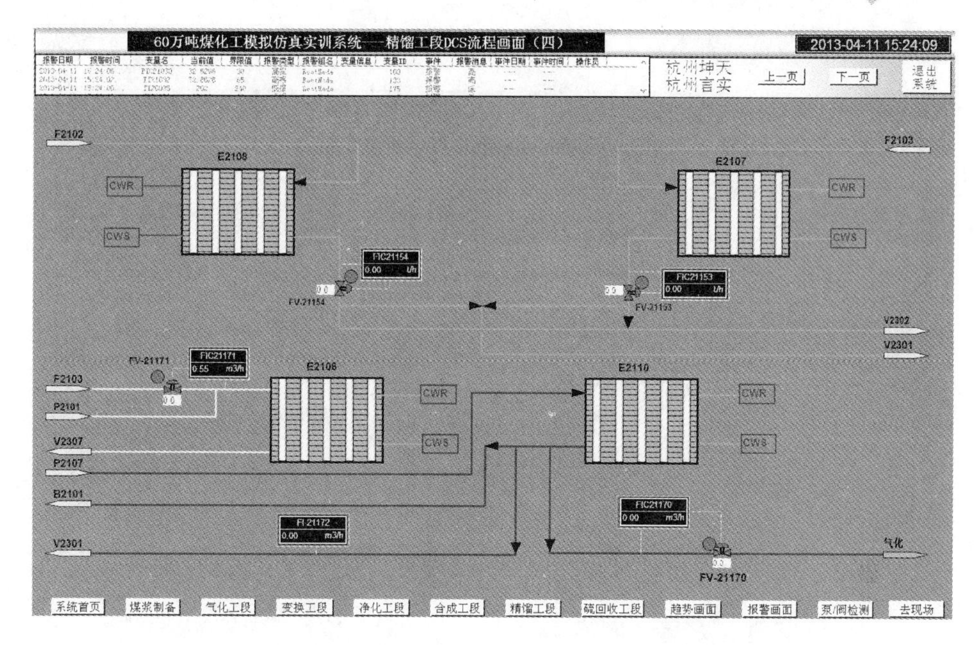

图7－7　精馏工段DCS流程画面（四）

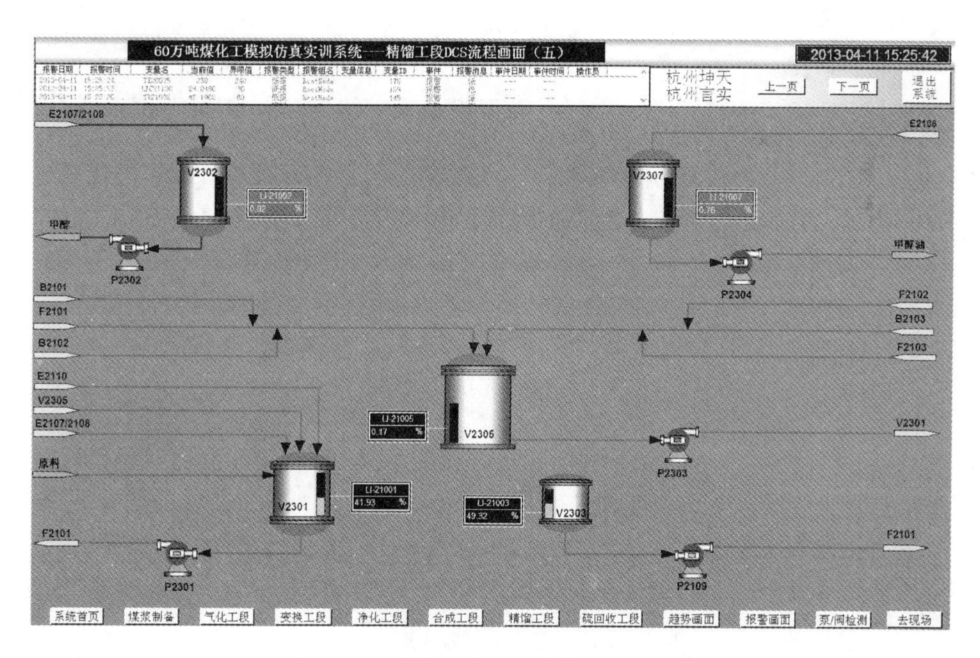

图7－8　精馏工段DCS流程画面（五）

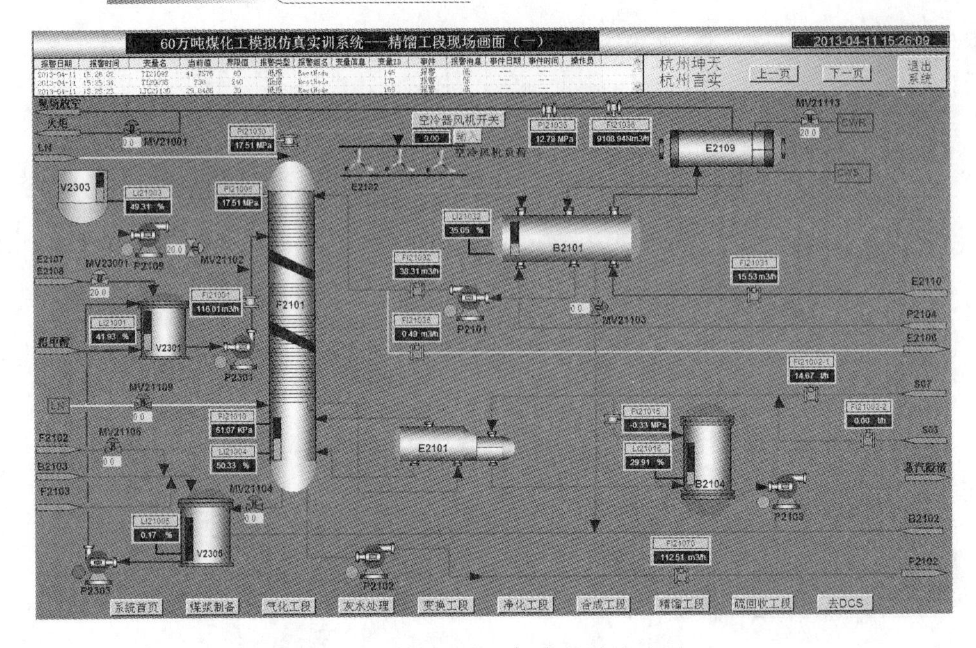

图7－9　精馏工段现场流程画面（一）

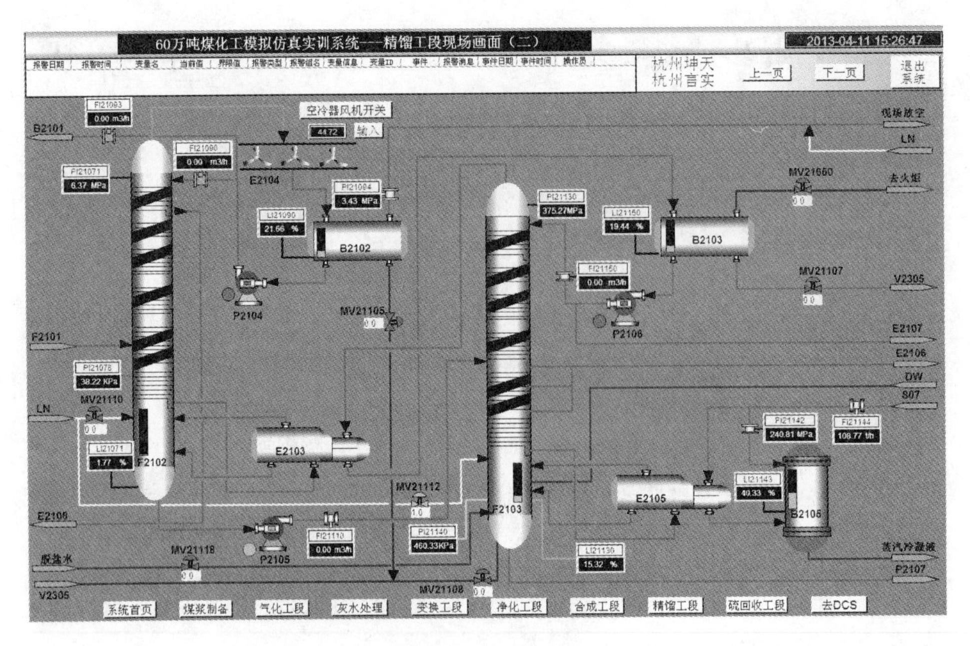

图7－10　精馏工段现场流程画面（二）

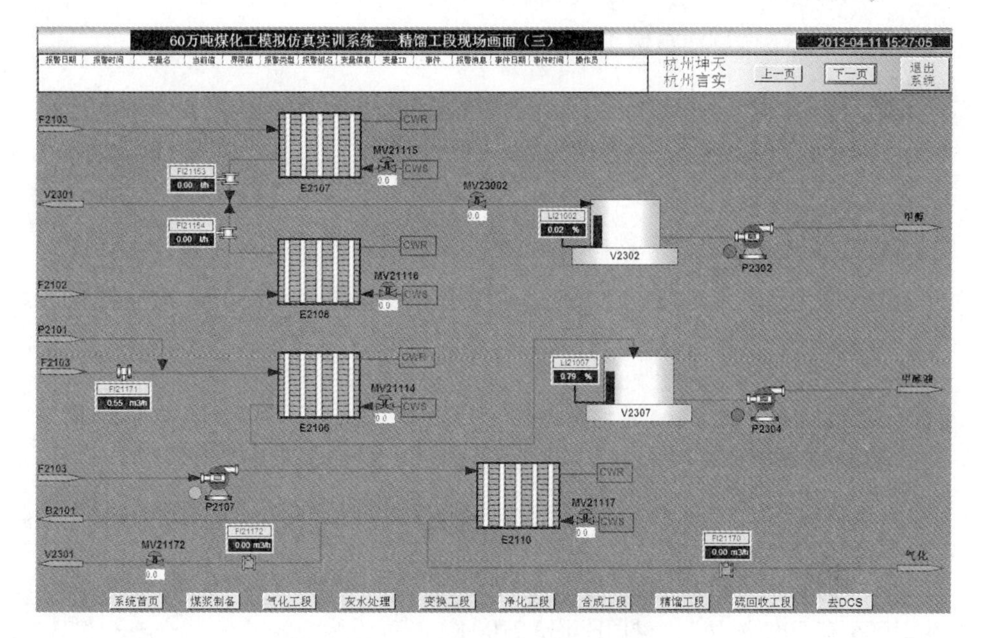

图 7－11　精馏工段现场流程画面（三）

2. 操作步骤

（1）现场操作员在精馏工段现场，开中压塔塔釜备用脱盐水阀 MV21118，开度设为 20%，向中压塔塔釜灌液，直到塔釜液位 LIC21130 达到 20% 后，关闭脱盐水阀 MV21118。

（2）精馏操作员确认整个体系处于微正压（压力 > 0kPa）并处于氮气保护状态，如某塔体系压力不在微正压，通知现场操作员在精馏工段现场开启对应氮气加料阀（F2101 氮气加料阀 MV21109，F2102 氮气加料阀 MV21110，F2103 氮气加料阀 MV21112），使体系压力达标；（只要保证三塔塔顶压力 PIC21030（精馏工段 DCS 流程画面（一））、PI21071（精馏工段 DCS 流程画面（二））和 PI21130（精馏工段 DCS 流程画面（三））都处于微正压的状态，即可认为整个体系达到微正压。）

注意：如果系统已经处于微正压，则无须开相应的氮气阀，以防系统压力过高，精馏开车失败。

（3）现场操作员在精馏工段现场，启动离心泵 P2301，输入粗甲醇。

（4）精馏操作员打开精馏工段 DCS 流程画面（一），打开进料阀 FV21001，开度设为 20%，对预塔进料。

（5）精馏操作员打开精馏工段 DCS 流程画面（一），待预塔塔釜 LIC21004 有 40% 液位后，打开热蒸汽自调阀 FV21002－1，开度设为 20%。

（6）现场操作员在精馏工段现场，打开碱液出口阀 MV21102，开度设为 20%，再开启碱液泵 P2109 注碱。

（7）现场操作员在精馏工段现场，开启预塔塔顶空冷器 E2102 开关，进行降温。

（8）现场操作员在精馏工段现场，设置空冷机 E2102 的负荷为 44.72%。

（9）现场操作员在精馏工段现场，打开预塔塔顶冷凝水调节阀 MV21113，开度设为 20%。

（10）精馏操作员打开精馏工段 DCS 流程画面（一），在塔顶压力控制器 PIC21030 压力达到 8.6 kPa 后，通过控制火炬放空阀 PV21030B，来维持压力在 8.6 kPa。

注意：压力没到 8.6 kPa 时无须做此操作，等压力达到再进行操作。压力控制在开车过程中很重要，之后也有类似的操作，必须时刻注意控制压力。

（11）现场操作员在精馏工段现场，开启精馏水泵 P2107。

（12）精馏操作员打开精馏工段 DCS 流程画面（一），开启阀门 FV21031，开度设为 0.2%，观察预后甲醇的水含量 AI21001，使其为 6% ~10%。

（13）精馏操作员打开精馏工段 DCS 流程画面（一），在预塔塔釜 LIC21004 有 50% 液位时，打开阀 LV21004，开度设为 20%。

注意：在之后的操作中，控制 LV21004 的开度来维持液位 LIC21004 在 50% 左右。

（14）现场操作员在精馏工段现场，启动低压塔进料泵 P2102，开始向低压塔进料。

（15）精馏操作员打开精馏工段 DCS 流程画面（一），在预塔回流槽 B2101 液位 LIC21032 达到 30% 后，打开阀 LV21032，开度设为 5%。

注意：在此后的操作中，通过控制 LV21032 的开度，维持回流罐 B2101 的液位 LIC21032 在 30% 左右。

（16）现场操作员在精馏工段现场，开启预塔回流泵 P2101，预塔建立回流。

（17）精馏操作员打开精馏工段 DCS 流程画面（一），待预塔系统稳定，温度 TI21011 在 66.4 ℃左右，甲醇含量 AI21006 达到 95% 后，打开阀门 FV21035，开度设为 20%，预塔开始排出甲醇油。

（18）精馏操作员打开甲精馏工段 DCS 流程画面（一），等待预塔的塔釜温度 TI21004 达到 78.4 ℃。

注意：在此后的操作中，调节阀 FV21002 -1 开度，控制预塔再沸器加热蒸汽的加入量，使得预塔的塔釜温度 TI21004 为 78.4 ℃左右。

（19）现场操作员在精馏工段现场，调整空冷机 E2102 负荷，控制预塔塔顶回流液温度 TI21032（精馏工段 DCS 流程画面（一））为 58.5 ℃左右。

注意：在之后的操作中，调节 E2102 负荷，维持 TI21032 温度在 58.5℃左右，直到系统稳定时，负荷为 44.72%。

（20）精馏操作员打开精馏工段 DCS 流程画面（一），在加热蒸汽罐内的压力 PI21015 升到 98 kPa 后，控制 FV21002 -1 的开度来维持压力稳定。

（21）精馏操作员打开精馏工段 DCS 流程画面（一），在蒸汽凝液罐 B2104 液位 LIC21016 达到 30% 后，打开 LV21016，开度设为 20%。

注意：在之后的操作中，调节阀 LV21016 开度，控制 B2104 液位在 30% 左右。

（22）现场操作员在精馏工段现场，启动泵 P2108，将冷凝液外送。

（23）精馏操作员在进行上述操作中，要时刻注意在精馏工段 DCS 流程画面（二）中的低压塔液位，低压塔塔釜的液位 LIC21071 达到 25% 后，打开阀 LV21071，开度设为 20%，向中压塔 F2103 进料。

注意：在之后的操作中，控制 LV21071 的开度来维持液位 LIC21071 在 25% 左右。

（24）现场操作员在精馏工段现场，启动泵 P2105。

（25）精馏操作员打开精馏工段 DCS 流程画面（三），观察中压塔液位 LIC21130，等待液位 LIC21130 达到 45%，再打开蒸汽自调阀 FV21144，开度设为 10%，对中压塔开始升温。

注意：在之后的操作中，调节 F2101 进料阀 FV21001 的开度，来维持 F2103 液位 LIC21130 在 45% 左右；相应地在调节阀 FV21001 开度时，F2101 液位控制阀 LV21004、F2102 液位控制 LV21071 也要做调节。建议先建立 F2103 液位，再建立 F2103 温度 TI21139。

（26）现场操作员在精馏工段现场，开启低压塔塔顶空冷器 E2104 开关。

（27）现场操作员在精馏工段现场，设置空冷机 E2104 负荷为 44.72%。

（28）精馏操作员打开精馏工段 DCS 流程画面（三），等待中压塔回流槽 B2103 液位 LI21150 达到 30%，打开 LV21150，开度设为 20%。

注意：在之后的操作中，调节阀 LV21150 的开度来维持回流罐 B2103 的液位 LIC21150 在 30% 左右。

（29）现场操作员在精馏工段现场，开启中压塔回流泵 P2106，中压塔建立回流。

（30）精馏操作员打开精馏工段 DCS 流程画面（四），打开中压塔采出自调 FV21153，开度设为 20%，采出后进粗醇槽 V2301。

（31）现场操作员在精馏工段现场，在中压塔塔压 PI21130 达到 100 kPa 时，打开阀 MV21650，开度约为 10%，排放塔内惰性气体到火炬中。

（32）精馏操作员打开精馏工段 DCS 流程画面（三），等待 AI21003 小于 5%，惰性气体置换降低，通知现场操作员关闭阀 MV21650。

（33）现场操作员在精馏工段现场，等待中压塔塔压 PI21130 达到 190 kPa，可打开阀 MV21650，开度设为 5%。

注意：在之后的操作中，调节阀 MV21650 的开度，来维持 PI21130 在 190 kPa 左右。

（34）精馏操作员打开精馏工段 DCS 流程画面（三），开大 FV21144 到 20%，等待 F2103 塔釜温度 TI21139 达到 138 ℃。

注意：在此后的操作中，调节阀 FV21144 开度，控制加热蒸汽的加入量，使得塔 F2103 温度 TI21139 为 138 ℃左右。建立温度时，F2103 进料不能过多，原料阀 FV21001 开度建议不超过 20%。

（35）精馏操作员打开精馏工段 DCS 流程画面（二），通过控制

PV21094A 的开度来维持压力 PIC21094A 在 5 kPa 左右。

（36）精馏操作员打开精馏工段 DCS 流程画面（三），等待蒸汽凝液罐 B2105 液位达到 37% 后，打开 LV21143，开度设为 20%，冷凝液外送。

注意：在之后的操作中，调节阀 LV21143 的开度，来维持蒸汽凝液罐 B2105 的液位 LIC21143 在 30% 左右。

（37）精馏操作员打开精馏工段 DCS 流程画面（二），等待低压塔回流槽 B2102 液位 LIC21090 达到 30% 后，打开回流自调阀 LV21090，开度设为 20%。

注意：在之后的操作中，通过控制 LV21090 的开度，来维持回流罐 B2102 的液位 LIC21090 在 30% 左右。

（38）现场操作员在精馏工段现场，开启低压塔回流泵 P2104，低压塔建立回流。

（39）精馏操作员打开精馏工段 DCS 流程画面（四），打开低压塔采出自调阀 FV21154，开度设为 20%，采出液体引至粗甲醇储槽 V2301。

（40）精馏操作员打开精馏工段 DCS 流程画面（二），打开轻组分采出自调阀 FV21093，开度设为 2%，将轻组分流入 B2101。

（41）精馏操作员等待 AI21002（精馏工段 DCS 流程画面（二）中）、AI21004（精馏工段 DCS 流程画面（三）中）取样分析合格，即甲醇含量 > 99.5%。

（42）现场操作员在精馏工段现场，关闭 MV23001，打开 MV23002，开度设为 20%，采出切换至精甲醇中间槽 V2302。

（43）精馏操作员打开精馏工段 DCS 流程画面（三），观察 AI21637/638/639 采样并分析确定采出高级醇的最优塔板（选浓度最高者采出）后，开启对应的采出开关阀。

（44）精馏操作员打开精馏工段 DCS 流程画面（四），打开 FV21171，开度设为 21.2%，甲醇油采出至 V2307。

（45）精馏操作员打开精馏工段 DCS 流程画面（三），待中压塔塔釜温度 TI21139 达标（138 ℃左右），分析废水中甲醇含量 AI21005 达标（小于 1.42%）。

（46）精馏操作员打开精馏工段 DCS 流程画面（四），打开泵出口流量自调阀 FV21170，开度设为 20%，排出废水；控制 FV21170 的开度来维持中压塔塔釜液位 LIC21130 在 50% 左右。

（47）三塔进行操作调整，将温度、压力、液位、流量稳定在正常指标内，待各塔温度、液位、压力指标稳定后，各控制系统投自动。

任务三　甲醇精馏工段稳定生产操作技能训练

一、甲醇精馏工艺流程简述

1. 甲醇精馏工艺流程简述

采用三塔双效精馏装置：预甲醇精馏塔、低压甲醇精馏塔、中压甲醇精馏塔。

甲醇合成系统的粗甲醇进入粗甲醇储槽 V2301A/B，用粗甲醇泵 P2301A/B 将粗甲醇原料（109 931 kg/h，0.3 MPa，42.3 ℃）送至精馏界区的预精馏塔 F2101 的第 26 块塔板。预塔 F2101 的作用是除去粗甲醇中残余溶解气体以及二甲醚回收、甲酸甲酯等为代表的轻于甲醇的低沸点物质。塔顶蒸汽（0.07 MPa，77.6 ℃）先进入预塔塔顶冷凝器 E2102（空冷器）冷却至 60 ℃，将塔内上升气中的甲醇大部分冷凝下来，产生的气液混合物在预塔塔顶回流罐 B2101 中被分离。气体部分即未冷凝的甲醇蒸气、不凝气及轻组分进入塔顶不凝气冷凝器 E2109 被冷却至 40 ℃，其中绝大部分的甲醇冷凝回收，不凝气则通过压力调节阀 PV21030B 控制，排至火炬总管焚烧处理或作为燃料使用。在预塔回流槽中，还加入少量的精馏废水（5 000 kg/h，40 ℃）对甲醇的共沸物进行萃取。

1）预甲醇精馏塔

来自预塔塔顶回流罐 B2101 的液体（107 645 kg/h，60.2 ℃）的绝大部分经预塔回流泵 P2101A/B 加压后回流至 F2101 的顶部，为防止轻组分在系统中累积，其中一小股液流被采出送至甲醇油罐 V2307。预塔 F2101 所需的热量由预塔再沸器 E2101A/B 的低压蒸汽（0.7 MPa，饱和蒸汽）来提供，预塔 F2101 塔底的富甲醇液（109 442 kg/h，0.10 MPa，84.5 ℃）中主要包含甲醇、水、少量的乙醇以及其他的高级醇，经预后甲醇泵 P2102A/B 送往低压甲醇精馏塔 F2102。

预塔 F2101 塔顶/塔底操作压力为 0.07 MPa/0.10 MPa，塔顶/塔底操作温度为 77.6 ℃/84.5 ℃。为了防止粗甲醇中酸性物质对设备的腐蚀及促进胺类和羰基物的分解，在预塔进料泵进口管线，通过加碱装置（X2003）加入适量的浓度为 10% 的 NaOH 溶液，碱液在配碱槽（SS，一台，1 m^3）中配制，由碱液泵（柱塞泵，1 开 1 备）加入。保持预塔底甲醇的 pH 值在 7.5 ~ 8.5。

2）低压甲醇精馏塔

塔顶的甲醇蒸气经低压塔塔顶冷凝器 E2104（空冷器）冷却至 63.6 ℃后进入低压塔回流槽 B2102。顶部的产品原则上是甲醇，然而比甲醇更易挥发的微量的副产物也在塔顶被浓缩，为了控制酮等微量副产物在低压甲醇塔顶部的浓缩累积，将少量回流液（182 889 kg/h，64 ℃）再送回到预塔回流罐

B2101。而甲醇产品（55 827 kg/h，67.8 ℃）在比塔顶塔板低几块塔板的地方以液态采出，在此位置挥发物杂质的浓度更低。低压甲醇塔塔底的产品（53 492 kg/h，80.1 ℃）是甲醇和水的混合物，但也含有少量的比甲醇更难挥发的副产重组分，塔底产品用中压甲醇精馏塔原料泵送往中压甲醇精馏塔F2103。低压塔 F2102 侧线采出的产品甲醇，经低压塔产品冷却器 E2108 冷却至 40 ℃以下作为精甲醇产品送至精甲醇中间槽（V2302A/B）。

低压塔 F2102 塔顶/塔底操作压力为 0.01 MPa/0.06 MPa，塔顶/塔底操作温度为 66.1 ℃/80.1 ℃。

3）中压甲醇精馏塔

F2103 塔顶甲醇蒸气进入冷凝器/再沸器（E2103A/B），作为低压塔（F2102）的热源，甲醇蒸气（190 592 kg/h，0.20 MPa，95 ℃）被冷凝后进入中压塔回流槽（B2103），一部分由中压塔回流泵（P2106A/B）升压后送至中压塔顶部作为回流液，其余部分（44 105 kg/h，94.3 ℃）经中压塔产品冷却器（E2107）冷却到 40 ℃以下作为精甲醇产品送至精甲醇中间槽（V2302A/B）。

比甲醇难挥发和比水易挥发的高级醇在中压甲醇塔 F2103 的下部被浓缩，为了避免高级醇在产品甲醇中含量太高，在中压塔下部高级醇浓度最高的第8、12、16 层塔板上设侧线采出口，采出一部分液体（2 209 kg/h，108 ℃），采出的这些高级醇连同从预塔塔顶提取的酮混合在一起后，混合物（2 334 kg/h，106 ℃）经甲醇油冷却器 E2106 中压塔的塔顶/塔底操作压力为 0.20 MPa/0.27 MPa，塔顶/塔底温度为 95 ℃/141 ℃。

当中压甲醇精馏塔 F2103 塔底水中甲醇浓度低于 50×10^{-6}（质量分数）后被送出界区。

在精馏塔塔顶，低沸点组分聚集，为防止在常压甲醇精馏塔 F2102 塔顶和中压甲醇精馏塔 F2103 塔顶聚积，将低沸点的气体组分排放。

中压甲醇塔 F2103 提高压力操作是为了能使塔顶蒸气的冷凝热被用于低压甲醇塔再沸器，中压甲醇塔 F2103 需要的热量由中压甲醇塔再沸器 E2105 中的低压蒸汽的冷凝热提供。

低压塔 F2102 和中压塔 F2103 采出的产品甲醇，在低压塔产品冷却器 E2107 和中压塔产品冷却器 E2108 被冷却后两股产品混合，然后送往甲醇产品中间槽 V2302A/B（99 932 kg/h，40 ℃），后经甲醇产品输送泵 P2302A/B 送往成品储槽。

精馏工段排出的甲醇蒸气或含醇废气汇集后排至火炬燃烧，本系统所有排净液收集于布置在地下的废液收集槽 V2305，经由废液泵 P2111 送至粗甲醇储槽 V2301。这样可避免设备、管道在检修时排出的甲醇对环境造成污染。

2. 三塔双效甲醇精馏工艺流程

三塔双效甲醇精馏工艺流程见图 7－12。

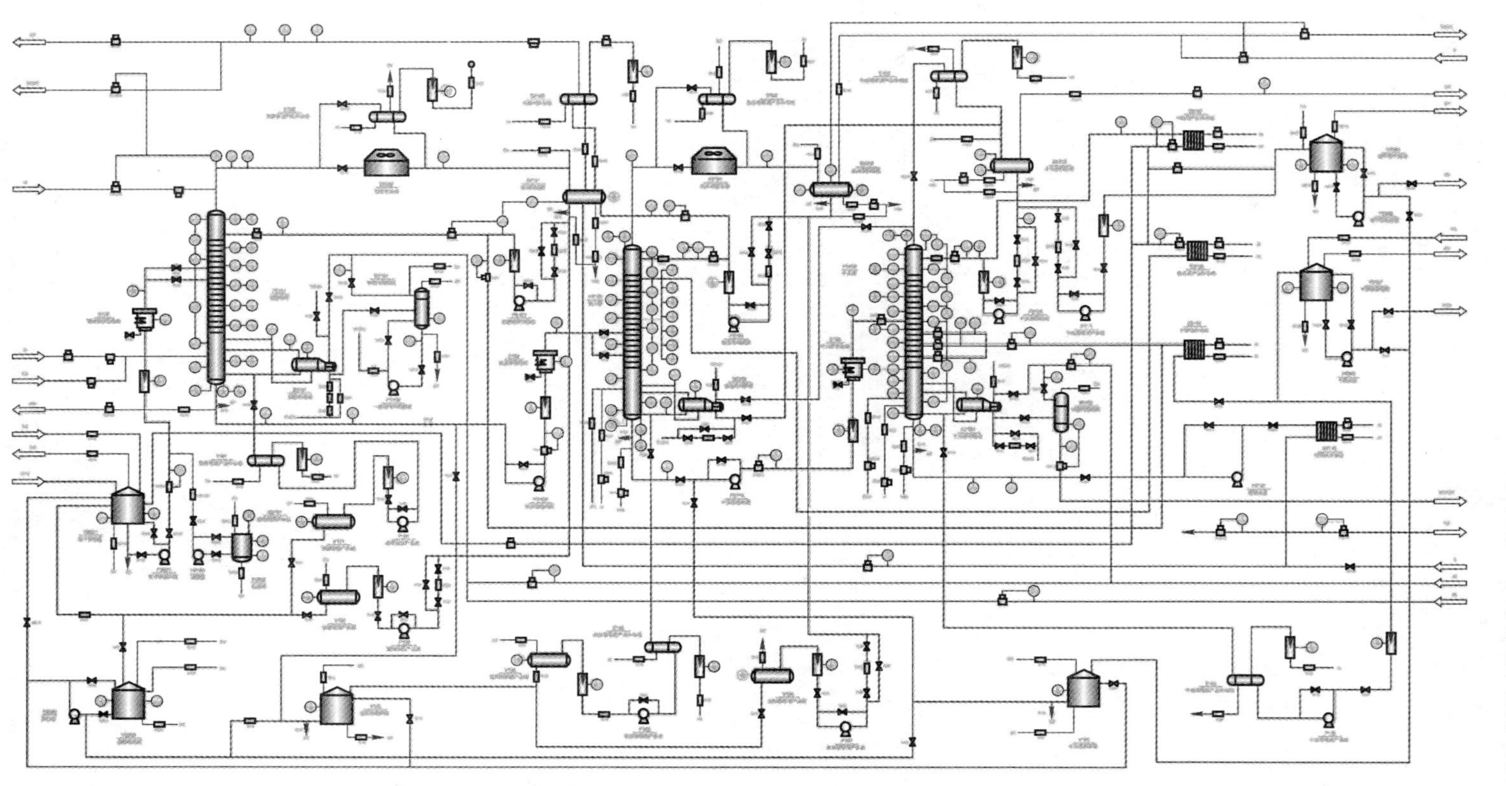

图7－12　三塔双效甲醇精馏工艺流程

二、甲醇精馏工段点位表

（1）甲醇精馏工段工艺指标一览表如表7－4所示。

表7－4　甲醇精馏工段工艺指标一览表

工段	位号	稳态值	单位	报警低限	报警高限
甲醇精馏	AI21001	6.95	%	/	/
	AI21002	99.98	%	/	/
	AI21003	0.01	%	/	/
	AI21004	99.71	%	/	/
	AI21005	1.44	%	/	/
	AI21006	99.13	%	/	/
	AI21637	3.54	%	/	/
	AI21638	3.40	%	/	/
	AI21639	1.80	%	/	/
	FI21032	57.78	Nm^3/h	/	/
	FI21036	263.66	Nm^3/h	/	/
	FI21070	123.04	m^3/h	/	/
	FI21090	220.18	m^3/h	/	/
	FI21110	56.22	m^3/h	/	/
	FI21150	188.65	m^3/h	/	/
	FI21172	0.00	m^3/h	/	/
	FIC21001	118.53	m^3/h	/	/
	FIC21002－1	27.24	t/h	/	/
	FIC21002－2	0.00	t/h	/	/
	FIC21031	0.03	m^3/h	/	/
	FIC21035	0.46	m^3/h	/	/
	FIC21093	0.15	m^3/h	/	/
	FIC21144	89.29	t/h	/	/
	FIC21153	38.54	t/h	/	/
	FIC21154	50.75	t/h	/	/
	FIC21170	6.50	m^3/h	/	/
	FIC21171	217.14	m^3/h	/	/
	LI21001	42.22	%	15	80
	LI21002	37.15	%	15	80

续表

工段	位号	稳态值	单位	报警低限	报警高限
甲醇精馏	LI21003	49.94	%	15	80
	LI21005	1.62	%	15	80
	LI21007	37.54	%	15	80
	LIC21004	50.06	%	30	80
	LIC21016	49.97	%	/	/
	LIC21032	34.37			
	LIC21071	49.72	%	30	80
	LIC21090	34.79	%	15	70
	LIC21130	50.12	%	30	80
	LIC21143	49.94	%	20	80
	LIC21150	44.17	%	20	75
	PDI21007	28.547	kPa	/	/
	PDI21009	21.421	kPa	/	/
	PDI21072	14.712	kPa	/	/
	PDI21074	8.839	kPa	/	/
	PDI21076	17.683	kPa	/	/
	PDI21131	18.112	kPa	/	/
	PDI21133	18.131	kPa	/	/
	PDI21135	15.543	kPa	/	/
	PDI21137	12.956	kPa	/	/
	PDI21139	15.148	kPa	/	/
	PI21006	8.477	kPa	/	/
	PI21008	32.268	kPa	/	/
	PI21010	58.447	kPa	/	/
	PI21015	95.486	kPa	/	/
	PI21036	1.030	kPa	/	/
	PI21071	9.019	kPa	/	/
	PI21073	23.747	kPa	/	/
	PI21075	32.586	kPa	/	/
	PI21077	50.269	kPa	/	/
	PI21078	59.052	kPa	/	/
	PI21130	189.463	kPa	140	360
	PI21132	207.575	kPa	/	/

续表

工段	位号	稳态值	单位	报警低限	报警高限
甲醇精馏	PI21134	225.706	kPa	/	/
	PI21136	241.249	kPa	/	/
	PI21138	254.205	kPa	/	/
	PI21140	269.353	kPa	/	/
	PI21142	616.098	kPa	/	/
	PIC21030	8.477	kPa	/	/
	PIC21094A	4.048	kPa	/	/
	PIC21094B	4.048	kPa	/	/
	TI21004	78.46	℃	70	86
	TI21005	69.76	℃	/	/
	TI21006	67.59	℃	/	/
	TI21007	73.92	℃	/	/
	TI21008	68.68	℃	/	/
	TI21009	76.12	℃	/	/
	TI21011	66.46	℃	58	71
	TI21012	78.46	℃	/	/
	TI21013	78.47	℃	/	/
	TI21014	79.21	℃	/	/
	TI21015	119.73	℃	/	/
	TI21032	57.69	℃	52	65
	TI21036	37.84	℃	/	/
	TI21071	68.07	℃	/	/
	TI21072	71.86	℃	/	/
	TI21073	75.15	℃	/	/
	TI21074	66.72	℃	/	/
	TI21075	80.35	℃	72	85
	TI21076	76.98	℃	/	/
	TI21078	80.31	℃	/	/
	TI21079	66.72	℃	/	/
	TI21080	81.94	℃	/	/
	TI21081	80.33	℃	/	/
	TI21092	65.48	℃	60	70
	TI21130	95.38	℃	/	/

续表

工段	位号	稳态值	单位	报警低限	报警高限
甲醇精馏	TI21131	96.71	℃	/	/
	TI21132	98.05	℃	/	/
	TI21133	98.97	℃	/	/
	TI21134	100.28	℃	/	/
	TI21135	102.24	℃	/	/
	TI21136	104.73	℃	/	/
	TI21137	107.44	℃	/	/
	TI21138	94.01	℃	/	/
	TI21139	137.98	℃	/	/
	TI21140	98.64	℃	/	/
	TI21141	138.01	℃	/	/
	TI21145	165.95	℃	/	/
	TI21152	92.95	℃	/	/

（2）甲醇精馏工段阀门一览表如表7-5所示。

表7-5　甲醇精馏工段阀门一览表

工段	位号	描述	属性
精馏工段	XV21637	1#中段采出电磁阀	电磁阀
	XV21638	2#中段采出电磁阀	电磁阀
	XV21639	3#中段采出电磁阀	电磁阀
	FV21001	原料进料调节阀	可控调节阀
	FV21002-1	1#蒸汽调节阀	可控调节阀
	FV21002-2	2#蒸汽调节阀	可控调节阀
	FV21031	去预塔回流槽流量调节	可控调节阀
	FV21035	预塔回流调节阀	可控调节阀
	FV21093	低压塔回流调节阀	可控调节阀
	FV21144	甲醇采出调节阀	可控调节阀
	FV21153	中压塔回流调节阀	可控调节阀
	FV21154	甲醇采出调节阀	可控调节阀
	FV21170	去气化废水调节阀	可控调节阀
	FV21171	去甲醇槽废水调节阀	可控调节阀
	PV21030A	预塔塔顶压力增压阀	可控调节阀

续表

工段	位号	描述	属性
精馏工段	PV21030B	预塔塔顶压力泄压阀	可控调节阀
	PV21094A	低压塔顶压力增压阀	可控调节阀
	PV21094B	低压塔顶压力泄压阀	可控调节阀
	LV21004	预塔液位调节阀	可控调节阀
	LV21016	预塔凝液罐液位调节阀	可控调节阀
	LV21032	预塔回流槽液位调节阀	可控调节阀
	LV21071	低压塔液位调节阀	可控调节阀
	LV21090	低压塔回流槽液位调节阀	可控调节阀
	LV21143	中压塔凝液罐液位调节阀	可控调节阀
	LV21150	中压塔回流槽液位调节阀	可控调节阀
	MV21001	预塔塔顶压力放空阀	手动调节阀
	MV21102	碱液调节阀	手动调节阀
	MV21103	预塔回流槽调节阀	手动调节阀
	MV21104	预塔排空调节阀	手动调节阀
	MV21105	低压塔回流槽调节阀	手动调节阀
	MV21106	低压塔排空调节阀	手动调节阀
	MV21107	中压塔回流槽调节阀	手动调节阀
	MV21108	中压塔排空调节阀	手动调节阀
	MV21109	预塔充压调节阀	手动调节阀
	MV21110	低压塔充压调节阀	手动调节阀
	MV21112	甲醇调节阀	手动调节阀
	MV21113	1#冷却水调节阀	手动调节阀
	MV21114	2#冷却水调节阀	手动调节阀
	MV21115	3#冷却水调节阀	手动调节阀
	MV21116	4#冷却水调节阀	手动调节阀
	MV21117	5#冷却水调节阀	手动调节阀
	MV21118	去 V2301 流量调节阀	手动调节阀
	MV21172	甲醇油储罐放空阀	手动调节阀
	MV21650	中压塔凝液罐压力调节阀	手动调节阀
	MV23001	粗甲醇补充调节阀	手动调节阀
	MV23002	精甲醇收集调节阀	手动调节阀

（3）甲醇精馏工段设备一览表如表7－6所示。

表7－6　甲醇精馏工段设备一览表

工段	点位	描述
精馏工段	B2101	预塔回流槽
	B2102	低压塔回流槽
	B2103	中压塔回流槽
	B2104	1#蒸汽凝液罐
	B2105	2#蒸汽凝液罐
	E2101	预塔再沸器
	E2102	预塔空冷器
	E2103	低压塔再沸器
	E2104	低压塔空冷器
	E2105	中压塔再沸器
	E2106	甲醇油冷却器
	E2107	中压塔产品冷却器
	E2108	低压塔产品冷却器
	E2109	不凝气冷却器
	E2110	精馏水冷却器
	F2101	预精馏塔
	F2102	低压塔
	F2103	中压塔
	V2301	粗甲醇储槽
	V2302	精甲醇中间槽
	V2303	配碱槽
	V2305	废液收集槽
	V2307	甲醇油存储槽
	P2101	预塔回流泵

续表

工段	点位	描述
精馏工段	P2102	预塔甲醇泵
	P2104	低压塔回流泵
	P2105	中压塔进料泵
	P2106	中压塔回流泵
	P2107	精馏水泵
	P2108	一级蒸汽冷凝液泵
	P2301	粗甲醇进料泵
	P2302	精甲醇输送泵
	P2303	液下泵
	P2304	甲醇油泵
	P2109	配碱槽出料泵

三、甲醇精馏工段设备

1. 精馏设备

塔设备主要用在气液或液液两相之间传质或传热过程，塔设备是提供气液两相或液相与液相之间充分接触的时间、面积及两相分离的空间；在操作过程中要尽可能减少塔内的动力和热量消耗；另外，还应使塔具有较大的传质弹性、较简单的结构，易于制造及安装维修等；因此，一般塔设备是根据实际的传质及操作条件来具体对待，针对主要问题，采取合理的塔设备结构。精馏塔有板式塔和填料塔两种类型。在此只介绍筛板塔和填料塔。

1）筛板塔

（1）筛板塔的结构（图 7－13）。

圆柱形，常用钢板焊接而成，有时也将其分成若干塔节，塔节间用法兰连接。

①有气液接触装置：筛板。

②溢流装置：溢流堰、降液管和受液盘。

③辅助设备：主要是各种类型的换热器，包括预塔、低压塔、中压塔再沸器；预塔、低压塔、中压塔冷凝器；不凝气冷却器、精馏水冷却器、产品

冷却器；产品储罐、废液收集槽等。

④管线以及流体输送设备等。

（2）筛板塔的主要作用及特点。

筛板的主要部件有筛孔（提供气体上升的通道）、溢流堰（维持塔板上一定高度的液层，以保证在塔板上气液两相有足够的接触面积）和降液管（作为液体从上层塔板流至下层塔板的通道），如图 7－13 所示。

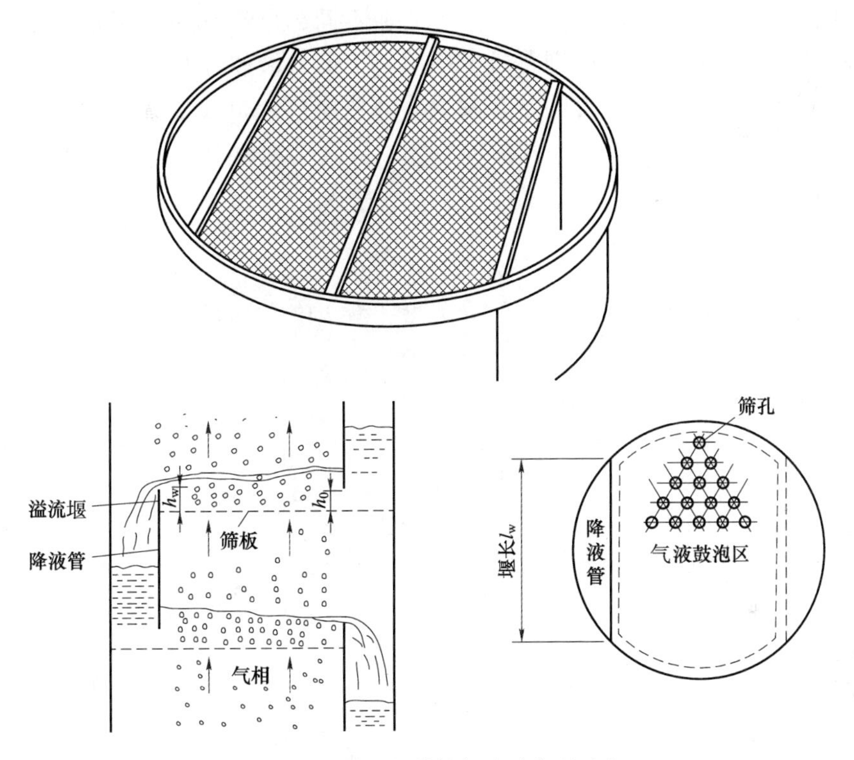

图 7－13　筛板的结构与流动状况示意

筛板塔的结构简单、造价低、生产能力大、塔板效率高、气体分散均匀、传质效率高、压降低，随着 DCS 控制技术在精馏中的应用，筛板塔的操作非常精确，已成为应用最广泛的一种精馏塔。

（3）筛板塔在操作上的要求。

筛板塔的塔板结构具有操作弹性小的特点，在操作上要求较为严格。

①气速不能低于最小值（约 0.1 m/s），否则液体易从筛孔漏掉，使传质效率下降。

②气速不能过大，否则塔板上的液体被气流吹散而形成干板。这一方面容易产生雾沫夹带，另一方面也会使塔板上没有传质过程，精馏效率下降。

③塔板的水平度要求严格，水平度差时，塔板的倾斜度大，容易产生气体从液面的浅处通过而不能与液体充分接触的现象，降低精馏效果。

2）填料塔

（1）填料塔的结构。

填料塔由塔体、喷淋装置、液体再分布器、填料支撑装置、支座以及进出口等部件组成。各层之间设置液体再分布器的目的是将液体重新均匀分布于塔截面上，以防止壁流的产生。在不同部位设置的液体分布装置作用相同，结构不同，为区别将最上层填料上部的液体分布装置称为喷淋装置，而将填料层之间设置的分布装置称为液体再分布器。填料塔的结构如图7－14所示。

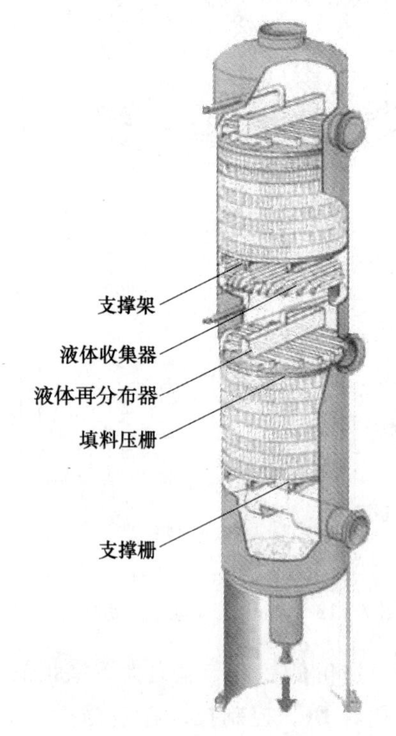

图7－14　填料塔的结构

（2）填料塔的工作原理。

液体自塔上进入，通过液体喷淋装置均匀淋洒在塔截面上，气体由塔底进入塔内，通过填料缝隙中的自由空间上升，从塔上部排出，气液两相在填料塔内呈逆流，得到充分接触，从而达到传热和传质的目的。

填料塔是以塔内的填料作为气液两相间接触构件的传质设备。填料塔的塔身是一直立式圆筒，底部装有填料支承板，填料以乱堆或整砌的方式放置在支承板上。填料的上方安装填料压板，以防被上升气流吹动。液体从塔顶经液体分布器喷淋到填料上，并沿填料表面流下。气体从塔底送入，经气体分布装置（小直径塔一般不设气体分布装置）分布后，与液体呈逆流连续通过填料层的空隙，在填料表面上，气液两相密切接触进行传质。填料塔属于连续接触式气液传质设备，两相组成沿塔高连续变化，在正常操作状态下，气相为连续相，液相为分散相。

当液体沿填料层向下流动时，有逐渐向塔壁集中的趋势，使得塔壁附近的液流量逐渐增大，这种现象称为壁流。壁流效应造成气液两相在填料层中分布不均，从而使传质效率下降。因此，当填料层较高时，需要进行分段，中间设置再分布装置。液体再分布装置包括液体收集器和液体再分布器两部分，上层填料流下的液体经液体收集器收集后，送到液体再分布器，经重新分布后喷淋到下层填料上。

（3）填料塔的特点。

填料塔具有生产能力大、分离效率高、压降小、持液量小、操作弹性大等优点。填料塔也有一些不足之处：填料造价高；当液体负荷较小时不能有效地润湿填料表面，使传质效率降低；不能直接用于有悬浮物或容易聚合的物料；对侧线进料和出料等复杂精馏不太适合等。

2. 丝网波网规整填料

该设备采用丝网波网规整填料，规整填料是按一定的几何构形排列，整齐堆砌的填料（图 7－15）。丝网波纹填料是网波纹填料的主要形式，它是由金属丝网制成的。金属丝网波纹填料的压降低，分离效率很高，特别适用于精密精馏及真空精馏装置，为难分离物系、热敏性物系的精馏提供了有效的手段。尽管其造价高，但因其性能优良仍得到了广泛的应用。如图 7－15 所示。

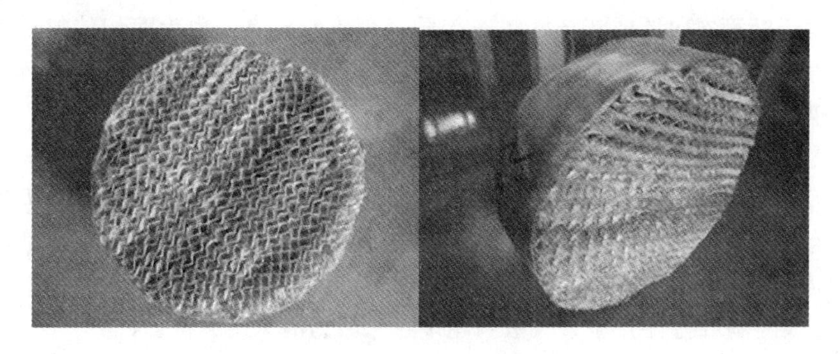

图 7－15　丝网波网规整填料

3. 塔板上气液流动和接触状态

塔板上气液接触有鼓泡接触状态、泡沫接触状态和喷射接触状态。塔板上气液接触状态如图 7－16 所示。

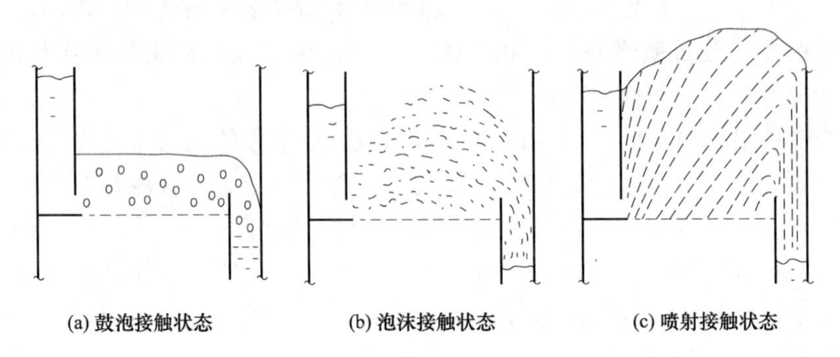

图 7－16 塔板上气液接触状况示意

（a）鼓泡接触状态；（b）泡沫接触状态；（c）喷射接触状态

1）鼓泡接触状态

气液的接触面积为气泡表面，液相为连续相，气相为分散相。由于气泡数量较少，气泡表面的湍动程度较低，因而传质阻力较大，传质表面积较小，表面更新率也低。此时的气体上升压力刚好能克服塔盘上液体静压，有漏液倾向，很显然，这种状态下的生产能力很低。

2）泡沫接触状态

由于泡沫层的高度湍动，液膜和气泡不断发生破裂与合并重新形成，为两相传热传质创造良好的条件。此时在保证效率的前提下，处理量大，但是液泛和雾沫夹带逐渐严重，只要控制适当的夹带量（通常认为 $<10\%$）可以适当提高处理量。

3）喷射接触状态

由于液滴多次形成与合并，使传质表面不断更新，也为两相传热传质创造良好的条件。此时气相过孔速度非常大，经过液层时，能将液体破碎，并大量携带上升，如果仅仅是过孔气速较大，适当提高板间距也能满足生产，但如果是空空塔气速过大，那就严重影响分离效率了。

鼓泡接触状态气速特别小；泡沫接触状态气速越大，效果越好；喷射接触状态气速承受最大，已到临界值，若再大则雾沫夹带严重。综述，泡沫接触状态是最好状态，此时气液接触较好、分离较好。

因此，在工业生产中，气液两相接触一般为泡沫接触状态。

4. 塔板上的不正常现象

（1）漏液：正常操作时，液体应横穿塔板，在与气体进行充分接触传质后流入降液管。但当气速较低时，液体从塔板上的开孔处下落，这种现象称为漏液。严重漏液会使塔板上建立不起液层，从而导致分离效率的严重下降。

漏液可以通过增加再沸器换热量、增加上升蒸汽的量或减少回流液的流量加以控制。

（2）液沫夹带（雾沫夹带）：液体在下降过程中，在塔板上与气体充分接触后的液流在翻越溢流堰进入降液管时含有大量气泡，同时，液体落入降液管时又卷入一些气体产生新气泡。若液体在降液管内的停留时间太短，所含气泡来不及分离，将被卷入下层塔板，这种现象称为气泡夹带。气体离开液层时带着一些小液滴，其中一部分可能随气流进入上一层塔板，这种现象称为液（雾）沫夹带。

（3）液泛：当塔板上液体流量很大，上升气体的速度很高时，液体被气体夹带到上一层塔板上的流量猛增，使塔板间充满气液混合物，最终使整个塔内都充满液体，这种现象称为夹带液泛。因降液管通道太小，流动阻力大，或因其他原因使降液管局部地区堵塞而变窄，液体不能顺利地通过降液管下流，使液体在塔板上积累而充满整个板间，这种液泛称为溢流液泛。夹带液泛是由液沫夹带引起，溢流液泛是由降液管通过液体能力不够引起。

液泛可以通过减少再沸器换热量、减少上升蒸汽的量或增加回流液的流量加以控制。

四、影响精馏操作的因素

将三大平衡作为操作的基础，温度的控制作为维持平衡的信号，除设备问题外，还有以下主要因素：

塔的温度和压力、进料状态、进料组分、进料温度、塔内上升蒸汽速度和蒸发釜的加热量、回流量、塔顶冷剂量、采出量。

1. 塔的温度和压力

1）塔的温度

（1）塔顶温度。精馏塔塔顶温度是决定甲醇产品质量的重要条件。常压精馏塔一般控制塔顶温度为 66 ℃ ~67 ℃。

（2）精馏段灵敏板温度。主精馏塔的灵敏板一般选在自塔底上数第 26 ~ 30 块板，温度控制在 70 ℃ ~76 ℃。

（3）塔釜温度。维持正常的塔釜温度，可以避免轻组分流失，提高甲醇的回收率和减少残液的污染。

（4）提留段灵敏板温度。一般选在自下而上数第 6 ~ 8 块板，温度控制在 86 ℃ ~92 ℃。可以进行预先调节。

2）塔的压力

塔的设计和操作都是基于一定的塔的压力进行的，因此一般精馏塔总是首先要保持压力的恒定。塔的压力波动对塔的操作将产生如下影响。

（1）影响产品质量和物料平衡。改变操作压力，将使每块塔板上汽液平衡的组成发生改变。压力升高，则气相中重组分减少，相应地提高了气相中轻组分的浓度；液相中轻组分含量较前增加，同时也改变了气液相的重量比，使液相量增加，气相量减少。总的结果是：塔顶馏分中轻组分浓度增加，但数量却相对减少；釜液中的轻组分浓度增加，釜液量增加。同理，压力降低，塔顶馏分的数量增加，轻组分浓度降低；釜液量减少，轻组分浓度减少。正常操作中，应保持恒定的压力，但若因操作不正常，引起塔顶产品中重组分浓度增加时，则可采用适当提高压力的办法，使产品质量合格，但此时釜液中的轻组分损失增加。

（2）改变组分间的相对挥发度。压力增加，组分间的相对挥发度降低，分离效率下降，反之，组分间的相对挥发度增加，效率提高。

（3）改变塔的生产能力。压力增加，组分的重度增大，塔的处理能力增大。

（4）塔的压力的波动将引起温度和组成间对应关系的混乱。我们在操作中经常以温度作为衡量产品质量的间接标准，但这只有在塔的压力恒定的前提下才是正确的。当塔的压力改变时，混合物的泡点、露点发生变化，引起全塔的温度发生改变，温度和产品质量的对应关系也将发生改变。

从以上分析可看出，改变操作压力，将改变整个塔的操作情况，因此在正常操作中应维持恒定的压力（工艺指标），只有在塔的正常操作受到破坏时，才可根据以上分析，在工艺指标允许的范围内，对塔的压力进行适当的调节。

2. 进料状态

当进料状态发生变化（回流比、塔顶馏出组成为定值）时，q 值发生变化，这直接影响到提留段回流量的改变，从而使提留段操作线发生改变，进料板的位置也随之改变。生产中多用泡点进料，此时，精馏段、提馏段上升蒸汽的流量相等。甲醇精馏塔进料和组成改变时，都会破坏塔内的物料平衡和气液平衡。

进料情况有五种：冷进料；泡点进料；气液混合进料；饱和蒸汽进料；过热蒸汽进料。进料热状况对 q 值的影响：

（1）冷进料时，$q>1$；泡点进料时，$q=1$；气液混合进料时，$0<q<1$；饱和蒸汽进料时，$q=0$；过热蒸汽进料时，$q<0$。

（2）在精馏塔内，进料口以上为精馏段，进料口以下为提馏段。精馏塔

总的物料平衡是单位时间内进料量（F）等于单位时间内塔顶馏出液量（D）与单位时间内塔底残液量（W）之和。即

$$F = D + W$$

（3）精馏段的物料平衡是单位时间内上升到精馏段的蒸汽量（V）等于单位时间内下降到提馏段的液量（L）与单位时间内塔顶馏出液量（D）之和。

$$V = L + D$$

（4）提馏段的物料平衡是单位时间内下降到提馏段的液量（L'）等于上升到精馏段的蒸汽量（V'）与单位时间内塔底残液量（W）之和。

$$L' = V' + W$$

（5）当回流比、塔顶馏出物的组成为规定值时，进料状况发生变化，q 值也将发生变化，这直接影响到提馏段回流液量的改变，最终 q 值的改变将引起理论塔板数和精馏段、提馏段的塔板数分配的改变，从而使进料塔板的位置也随之改变。生产中多用泡点进料，此时，精馏段、提馏段上升蒸汽的流量相等，故塔径一样，设计计算也比较方便。

3. 进料组分

进料组分的变化直接影响精馏操作，当进料中重组分的浓度增加时，精馏段的负荷增加。对于固定了精馏段塔板数的塔来说，将造成重组分带到塔顶，使塔顶产品质量不合格。若进料中轻组分的浓度增加时，此时精馏段的负荷增加。对于固定了提馏段塔板数的塔来说，将造成提馏段轻组分蒸出不完全，釜液中轻组分的损失加大。同时，进料组成的变化还将引起全塔物料平衡和工艺条件的变化。组分变轻，则塔顶馏分增加，釜液排出量减少。此时，全塔温度下降，塔压升高。组成变重，情况相反。

进料组成变化时，可采取如下措施：

（1）改进料口。组成变重时，进料口往下改；组成变轻时，进料口往上改。

（2）改变回流比。组成变重时，加大回流比；组成变轻时，减少回流比。

（3）调节冷剂和热剂量。根据组成的变动情况，相应地调节塔顶冷凝器的冷剂和塔釜热剂量，维持塔顶及塔底产品质量不变。

4. 进料温度

进料温度的变化对精馏操作的影响是很大的。总的来讲，进料温度降低，将增加塔底蒸发釜的热负荷，减少塔顶冷凝器的冷负荷；进料温度升高，则增加塔顶冷凝器的冷负荷，减少塔底蒸发釜的热负荷。当进料温度的变化幅度过大时，通常会影响整个塔身的温度，从而改变汽液平衡组成。例如，在进料温度过低，塔釜的加热蒸汽量没有富裕的情况下，将会使塔底馏分中轻组分含量增加。

进料温度的改变，意味着进料状态的改变，而进料状态的改变将影响精馏段、提馏段负荷的改变，进而产品质量、物料平衡都将发生改变。因此，进料温度是影响精馏塔操作的重要因素之一。

5. 塔内上升蒸汽速度和蒸发釜的加热量

塔内上升蒸汽的速度大小，直接影响着传质效果。一般地说，塔内最大上升蒸汽的速度应比液泛速度小一些。工艺上常选择最大允许速度为液泛速度的80%。速度过低会使塔板效率显著下降。

影响塔内上升蒸汽速度的主要因素是蒸发釜的加热量。在釜温保持稳定的情况下，加热量增加，内上升蒸汽的速度加大；加热量减少，内上升蒸汽的速度减少。应该注意，加热量调节范围过大、过猛，有可能造成液泛或泄漏。

6. 回流量

实际回流比介于最小回流比和无穷大回流比之间。

回流比是影响产品质量和精馏塔分离效果的重要因素，调节回流比也是精馏操作中控制产品质量的最主要和有效的手段。回流比变化会使塔内气、液负荷改变。甲醇主精馏塔的回流比为2.0～2.5。操作中以改变回流比的大小来保证产品的质量。当塔顶馏分中重组分含量增加时，常采用加大回流比的方法将重组分压下去，以使产品质量合格。当精馏段的轻组分下到提馏段造成塔下部温度降低时，可以用适当减少回流比的办法以使塔下部温度提起来。增加回流比，对从塔顶得到产品的精馏塔来说，可以提高产品质量，但是要降低塔的生产能力，增加水、电、气的消耗。回流比过大，将会造成塔内物料的循环量过大，甚至能导致液泛，破坏塔的正常操作。

7. 塔顶冷剂量

对采用内回流操作的塔，其冷剂量的大小，对精馏操作的影响比较显著；同时也是影响回流量波动的主要因素。

对于采用外回流的塔，同样会由于冷剂量的波动，在不同程度上影响精馏塔的操作。例如，冷剂量减少，将使冷凝器的作用变差，冷凝液量减少，而在塔顶产品的液相采出量作定值调节时，回流量势必减少。假如冷凝器还有过冷作用（即通常所称的冷凝冷却器）时，则冷剂量的减少，还会引起回流液温度的升高。这些都会使精馏塔的顶温升高，塔顶产品中重组分含量增多，质量下降。

8. 采出量

采出量包括塔顶采出量和塔底采出量。

①塔顶采出量。在冷凝器的冷凝负荷不变的情况下，减小塔顶产品采出

量，则回流量增加，塔的压力增加。

②塔底采出量。正常操作中，若进料量、塔顶采出量一定时，塔底采出量也就由总物料衡算式确定了。塔底采出量应以保证塔釜液位维持一定高度为原则。

粗甲醇精馏过程的正常操作，就是通过调节的手段，掌握好三个平衡。一般都是根据塔的负荷，给塔釜一定的供热量，建立起热量平衡；随之达到一定的气液平衡，然后用物料平衡作为经常的手段，控制热量平衡和气液平衡的稳定。操作中往往是物料平衡首先改变（负荷、组成），相应通过调节热量平衡（回流量、回流比），而达到气液平衡的目的（包括精甲醇质量、残液中含醇量、重组分的浓缩程度等）。自然，当塔釜供热量改变时使热量平衡遭受破坏，则应调节供热量（一般自动控制）使恢复平衡，同时辅以物料平衡的调节（甚至塔负荷），勿使塔内气液平衡受到严重破坏。

任务四　甲醇精馏工段停车操作技能训练

一、甲醇精馏工段停车操作员分工概述

甲醇精馏工段停车操作员根据操作内容不同，分为甲醇精馏操作员和现场操作员。精馏操作员负责对中控室甲醇精馏段 DCS 界面的自动阀和自动开关进行操作；现场操作员负责对甲醇精馏工段工艺现场部分的手动阀和现场开关进行操作。

二、甲醇精馏工段停车操作

甲醇精馏的三塔停车顺序依次是预塔、低压塔、中压塔。具体操作步骤如下：

（1）现场操作员在精馏工段现场，关闭加碱阀 MV21102，关闭碱液泵 P2109，停止碱液进料。

（2）精馏操作员打开精馏工段 DCS 流程画面（一），将 FIC21001 打手动，关闭阀 FV21001，停止原料供应。

（3）现场操作员在精馏工段现场，关闭加料泵 P2301，停止输送原料。

（4）精馏操作员打开精馏工段 DCS 流程画面（一），将 FIC21031 打手动，关闭阀 FV21031，停止预塔回流槽进液。

（5）现场操作员在精馏工段现场，打开阀 MV23001，开度设为 20%，同时关闭阀 MV23002，停止粗甲醇补充进储罐。

(6) 精馏操作员打开精馏工段 DCS 流程画面（一），将 FIC21035 打手动，关闭阀 FV21035，停止预塔回流。

(7) 精馏操作员打开精馏工段 DCS 流程画面（四），将 FIC21171 打手动，关闭阀 FV21171，停止中压塔去甲醇油存储槽。

(8) 精馏操作员打开精馏工段 DCS 流程画面（三），确定侧线采出阀 XV21637、XV21638 和 XV21639 全部关闭，停止侧线采出。

(9) 精馏操作员打开精馏工段 DCS 流程画面（二），将 FIC21093 打手动，关闭阀 FV21093，停止低压塔回流。

(10) 精馏操作员打开精馏工段 DCS 流程画面（四），将 FIC21170 打手动，关闭阀 FV21170，停止去废水去气化工段。

(11) 现场操作员在精馏工段现场，开启阀 MV21172，开度设为 2%，停止出料去粗甲醇储槽。

(12) 精馏操作员打开精馏工段 DCS 流程画面（一），将 FIC21002－1 打手动，关闭阀 FV21002－1，停止对预塔加热。

(13) 精馏操作员打开精馏工段 DCS 流程画面（一），将 LIC21032 打手动，设置阀 LV21032 的开度为 20%，待预塔回流槽 B2101 液位 LIC21032 低于 20% 时，关闭预塔回流阀 LV21032。

(14) 现场操作员在精馏工段现场，关闭预塔回流泵 P2101。

(15) 现场操作员在精馏工段现场，在预塔 F2101 塔顶压力 PIC21030 小于 2 kPa 时，微开氮气现场阀 MV21109，开度设为 5%，保持塔内正压；当压力大于 8 kPa 后，再关闭氮气现场阀 MV21109。

(16) 精馏操作员打开精馏工段 DCS 流程画面（一），将 LIC21004 打手动，设置阀 LV21004 的开度为 20%，待预塔塔釜液位 LIC21004 低于 20% 时，关闭阀门 LV21004，停止塔 F2101 出料。

(17) 现场操作员在精馏工段现场，关闭预塔甲醇泵 P2102，停止输送预塔甲醇。

(18) 精馏操作员打开精馏工段 DCS 流程画面（三），将 FIC21144 打手动，关闭甲醇采出阀 FV21144。

(19) 精馏操作员打开精馏工段 DCS 流程画面（四），将 FIC21154 打手动，关闭甲醇采出阀 FV21154。

(20) 现场操作员在精馏工段现场，在低压塔塔顶压力 PI21071 小于 2 kPa 时，微开氮气现场阀 MV21110，开度设为 5%，保持塔内正压；当压力大于 8 kPa 后，再关闭氮气现场阀 MV21110。

(21) 现场操作员在精馏工段现场，在中压塔塔顶压力 PI21130 小于 2

kPa 时，微开氮气现场阀 MV21112，开度设为 5%，保持塔内正压；当压力大于 8 kPa 后，再关闭氮气现场阀 MV21112。

（22）精馏操作员打开精馏工段 DCS 流程画面（三），将 LIC21150 打手动，设置中压塔回流槽出口阀 LV21150 开度为 20%。

（23）精馏操作员打开精馏工段 DCS 流程画面（四），将 FIC21153 打手动，关闭中压塔回流槽回流调节阀 FV21153。

（24）现场操作员在中压塔塔釜液位 LIC21130 有上升趋势后，在精馏工段现场，逐渐将阀 MV21172 开大，维持液位在 50%。

（25）精馏操作员打开精馏工段 DCS 流程画面（二），将 LIC21090 打手动，设置 LV21090 的开度为 20%，待低压塔回流槽 B2102 液位 LIC21090 低于 20% 时，关闭低压塔回流阀 LV21090。

（26）现场操作员在精馏工段现场，关闭回流泵 P2104。

（27）精馏操作员打开精馏工段 DCS 流程画面（三），在中压塔回流槽 B2103 液位 LIC21150 低于 15% 时，关闭中压塔回流阀 LV21150。

（28）现场操作员在精馏工段现场，关闭回流泵 P2106。

（29）精馏操作员打开精馏工段 DCS 流程画面（二），将 LIC21071 打手动，设置 LV21071 的开度为 20%，待低压塔塔釜液位 LIC21071 低于 15% 时，关闭阀 LV21071。

（30）现场操作员在精馏工段现场，关闭中压塔进料泵 P2105。

（31）现场操作员在精馏工段现场，开大 MV21172 对中压塔进行卸液，待中压塔塔釜液位 LIC21130 低于 20% 时，关闭阀 MV21172。

（32）现场操作员在精馏工段现场，关闭精馏水泵 P2107。

注意：中压塔与低压塔的回流槽液位下降速度相仿，应该同时观察，避免液位过低，来不及操作。

（33）精馏操作员打开精馏工段 DCS 流程画面（三），将 LIC21143 打手动，设置 LV21143 开度为 80%，在中压塔塔釜加热蒸汽的液位 LIC21143 低于 5% 时，关闭出料阀 LV21143。

（34）精馏操作员打开精馏工段 DCS 流程画面（一），将 LIC21016 打手动，设置 LV21016 开度为 80%，在预塔塔釜加热蒸汽的液位 LIC21016 低于 5% 时，关闭出料阀 LV21016。

（35）现场操作员在精馏工段现场，关闭泵 P2108。

（36）现场操作员在精馏工段现场，待系统降至常温时（即三塔塔顶温度接近 25 ℃），关闭预塔塔顶空冷器 E2102 及低压塔塔顶空冷器 E2104，停止对体系降温。

注意：如果温度难以下降，则在精馏工段现场打开相应塔的氮气阀，用来加速降温。

（37）现场操作员待系统降至常温后，在精馏工段现场，关闭预塔塔顶冷凝器 E2109 冷却水阀 MV21113；关闭 E2106 冷却水阀 MV21114，关闭 E2107 冷却水阀 MV21115，关闭 E2108 冷却水阀 MV21116，关闭 E2110 冷却水阀 MV21117。

(38) 现场操作员在精馏工段现场，打开 B2101 导淋阀 MV21103，开度设为 20%，待 B2101 液位 LIC21032 降到 0% 后，关闭 MV21103。

(39) 现场操作员在精馏工段现场，打开 F2101 导淋阀 MV21104，开度设为 20%，待 F2101 液位 LIC21004 降到 0% 后，关闭 MV21104。

(40) 现场操作员在精馏工段现场，打开 B2102 导淋阀 MV21105，开度设为 20%，待 B2102 液位 LIC21090 降到 0% 后，关闭 MV21105。

(41) 现场操作员在精馏工段现场，打开 F2102 导淋阀 MV21106，开度设为 20%，待 F2102 液位 LIC21071 降到 0% 后，关闭 MV21106。

(42) 现场操作员在精馏工段现场，打开 B2103 导淋阀 MV21107，开度设为 20%，待 B2103 液位 LIC21150 降到 0% 后，关闭 MV21107。

(43) 现场操作员在精馏工段现场，打开 F2103 导淋阀 MV21108，开度设为 20%，待 F2103 液位 LIC21130 降到 0% 后，关闭 MV21108。

任务五　精馏工段在运行过程中故障分析与处理操作技能训练

一、精馏工段在运行过程中的故障分析与处理操作

精馏工段在运行中故障部分主要包括：精馏塔塔顶温度偏高、预精馏塔塔顶压力偏高、中压精馏塔塔底部温度低、精甲醇初馏点不合格、精甲醇产品水分不合格，以及一些其他故障等。系统出现故障后可以自己尝试寻找故障点和故障原因。以下简单介绍几种故障的处理方法。

故障 1　精馏塔塔顶温度偏高

精馏塔塔顶温度偏高是由于回流比小，重组分上移造成的，应加大回流比，控制好温度指标。该处理均由精馏操作员在精馏工段 DCS 流程画面（一）上进行操作。

具体操作步骤如下：

(1) 精馏操作员调节空冷风机负荷，设为 80。

(2) 精馏操作员将泄压阀 PV21030B 投手动，开度设为 40%。

注意：如果温度、压力下降较慢，手动增加阀 PV21030B 的开度。

(3) 等待 F2101 塔顶温度 TI21011 降为 67℃，精馏操作员调节空冷风机

负荷，设为44.72。

（4）等待F2101塔顶压力PI21030到8.736 kPa，精馏操作员调节阀PV21030B，开度设为20%（此步骤与上步并列）。

（5）监视5分钟，调节空冷风机负荷，使F2101塔顶温度TI21011维持在66 ℃～67 ℃。

（6）监视5分钟，调节PV21030B开度，使F2101塔顶压力PI21030维持在8.736 kPa左右。

故障2　预精馏塔塔顶压力偏高

预精馏塔塔顶压力偏高是由于放空阀开度小造成的，应增加泄压阀开度。该故障处理均由精馏操作员在精馏工段DCS流程画面（一）上进行操作。

具体操作步骤如下：

（1）精馏操作员将泄压阀PV21030B投手动，开度设为40%。

（2）等待F2101塔顶压力PI21030回到8.736 kPa，精馏操作员调节阀PV21030，开度设为20%。

故障3　中压精馏塔塔底部温度低

中压精馏塔塔底部温度低是由于再沸器蒸汽加入量少造成的，应加大再沸器加热蒸汽量。除特别说明打开的画面外，该处理均由精馏操作员在精馏工段DCS流程画面（三）上进行操作。

具体操作步骤如下：

（1）精馏操作员将FV21144投手动，逐渐增加开度到20%。

（2）将回流阀LV21150投手动，开度设为20%。

（3）观察B2103液位LI21150，如果液位低于30%，打开精馏工段DCS流程画面（四），将阀FV21153投手动，减小阀门，开度设为10%；在此后的操作中，调节阀FV21153开度使B2103液位保持在40%左右。

（4）等待F2103塔底温度TI21139达到138 ℃，将阀FV21153开度设为20%。

（5）等待产品出口浓度AI21004达到99.70%。

故障4　精甲醇初馏点不合格

精甲醇初馏点不合格是由于预塔塔底温度偏低造成的，应提高预塔底部温度。该处理均由精馏操作员在精馏工段DCS流程画面（一）上进行操作。

具体操作步骤如下：

（1）将B2104蒸汽进口阀FV21002－1投手动，调节开度设为20%。

（2）将泄压阀PV21030B投手动，开度设为10%。

（3）等待压力PIC21030达到8.738 kPa后，调节阀PV21030B，开度设为20%；在此后的操作中，调节PV21030B开度使压力保持在8.7380 kPa左右。

（4）等待 F2101 塔底温度 TI21004 达到 78.00 ℃。

（5）等待 F2101 塔顶出口浓度 AI21006 达到 99.00%。

故障 5　精甲醇产品水分不合格

精甲醇产品水分不合格是由于回流比小，重组分上移造成的，应加大回流比，同时控制好温度指标。除特别说明打开的画面外，该处理均由精馏操作员在精馏工段 DCS 流程画面（三）上进行操作。

具体操作步骤如下：

（1）将回流阀 LV21150 投手动，调节开度设为 20%。

（2）将 B2105 蒸汽进料阀 FV21144 投手动，调节开度设为 20%。

（3）观察 F2103 液位，如果液位 LI21130 低于 30%，精馏操作员打开精馏工段 DCS 流程画面（一），将 F1301 的进料阀 FV21001 投手动，加大阀门，开度设为 30%。

注意：由于精馏塔反应时间长，在加大阀门开度，增加进料后，液位会在一定时间内继续下降，再上升。

（4）等 F2103 液位 LI21130 回升到 50% 后，精馏操作员打开精馏工段 DCS 流程画面（一），调节阀 FV21001，开度设为 20%。

（5）观察 B2103 液位，如果液位 LI21150 低于 30%，打开精馏工段 DCS 流程画面（四），将阀 FV21153 投手动，减小阀门开度，设为 10%；在此后的操作中，调节阀 FV21153 开度使 B2103 液位保持在 40% 左右（此步骤与（3）并列）。

（6）等待 F2103 塔底温度 TI21139 达到 138 ℃。

（7）等待出料浓度 AI21004 达到 99.50%。

二、精馏工段的运行

1. 开车准备及注意事项

1）开车准备

（1）公用工程确认：公用工程循环水、脱盐水已供至界区内；界区低压氮气管网已置换待用；开工用蒸汽供应正常；仪表气源、装置电力供应正常；火炬系统投用。

（2）装置内各类仪表、联锁、调节系统、安全装置调校、检查合格，处于备用状态。

（3）按确认表对装置内阀门及盲板进行确认。

（4）开工用的各种工器具准备齐全。

（5）投用各水冷器循环水，注意需高点排气。

（6）检查机泵油位、密封罐液位、轴承冷却水、备用等情况，盘泵，检查空冷器皮带、紧固件润滑等正常，联系调度各用电设备送电。

2）开车注意事项

（1）开车期间必须遵守“安全第一、预防为主”的方针，安全工作必须贯穿开车的整个过程，避免人员和设备伤害事故的发生。

（2）开车时必须做到“开工前检查确认，开工中勤调整，运行中定时巡检”的原则。

（3）发现装置的监控仪表误差较大，要及时联系仪表人员进行调校。

（4）在开车过程中，如需临时摘除相关联锁，要在检查确认的情况下，严格执行联锁摘除的审批程序。

（5）各塔应缓慢加热，适时排放惰性气体，防止系统超压及管线振动。

（6）严格执行生产管理的相关管理程序。

（7）在整个开车过程中，要对重点部位严加控制，加强巡回检查，及早发现问题，确保安全。

（8）如果装置在冬季开车时，要做好防冻防凝工作。

2. 精馏装置的正常开车

1）短期停车后的再开车

按以下步骤开车：

（1）三塔均先泄压至 3 ~ 5 kPa 后关放空阀。

（2）中控将各自控仪表切换为手动。

（3）开泵进料，补充调节各塔再沸器及塔釜液位至正常液位。

（4）暖管合格后，各塔再沸器通加热蒸汽开始加热。

（5）进料同时向预塔加碱。

（6）塔压接近正常压力时启动空冷器。

（7）根据各塔塔压情况适时开启放空阀排放惰性气体。

（8）预塔液位下降后通过粗甲醇进料泵 P2301A/B 向预塔进料。

（9）B2104、B2105 液位正常后，联系调度凝液外送。

（10）各回流槽建立液位后启动回流泵，各塔建立回流。

（11）预塔回流槽建立液位后根据预塔塔釜甲醇中含水量分析，向预塔回流槽加入适量萃取水，预塔、低压塔回流建立后轻组分开始采出。

（12）回流槽液位达到正常后，F2103、F2102 开始反采至 V2301A。

（13）F2103 甲醇油采出塔板温度接近正常时，甲醇油开始采出。

（14）待系统各指标正常，产品分析合格后，采出改至产品精甲醇储槽 V2302A。

(15) 指标稳定后，视情况仪表投自动。

2) 长期停车后的开车

如系统内排液，设备、管道检修过，则先用 N_2 置换合格，再按原始开车步骤开车。

如系统未排液，按短期停车后开车步骤开车。

3) 装置正常开车步骤及其说明

装置正常开车步骤及其说明见表 7 -7。

表 7 -7 装置正常开车步骤及其说明

步骤	步骤名称	主要工作内容	需要时间/h	备注
1	吹扫	吹扫检修设备管线	3 ~ 10	
2	气密	对检修系统进行气密	8	
3	氮气置换	对检修系统进行氮气置换	3 ~ 5	
4	开车前准备	(1) 低压蒸汽暖管 (2) 机泵、空冷器器检查确认 (3) 阀门盲板确认	3	如装置内未检修，以上 1、2、3 步不需进行
5	进料	启动各塔进料泵向各塔进料	1 ~ 5	
6	升温加热	(1) 引蒸汽加热 (2) 建立回流	5	
7	系统调整产品送出	对系统指标、产品质量进行调整	3 ~ 6	

4) 装置正常开车盲板

装置正常开车盲板见表 7 -8。

表 7 -8 装置正常开车盲板

序号	盲板位号/位置	应处状态	检查结果	存在问题	确认人	确认时间	备注
1	F2101 充氮双阀间	通					
2	F2102 充氮双阀间	通					
3	F2103 充氮双阀间	通					
4	F2103 塔底导淋阀后	通					
5	N_2 总管阀后	通					
6	脱盐水总管阀后	通					
7	0.7/0.35 MPa 蒸汽总管阀后	通					
8	工厂空气阀后	通					
9	生产用水总管阀后	通					
10	生活水总管阀后	通					

3. 精馏装置的正常停车

精馏装置停车分短期停车和长期停车。短期停车系统如蒸汽压力降低但未停、精馏减负荷全回流处理；蒸汽停、精馏停加热和回流保压处理；长期停车系统退液氮气置换后或保压或进行检修处理。

1）短期停车

（1）停车前的准备：中控及现场人员做好停车准备。

（2）停车步骤：

短期停车，系统全回流处理，停车步骤如下：

①中控各自动控制切换为手动控制状态。

②逐步减小至停预塔进料，停 X2003 加碱，关闭萃取水进 B2101 自调阀 FV21031。

③减少到各塔再沸器的加热蒸汽量。当平衡管压力低于冷凝液管网压力时冷凝液改现场排放。

④停预后甲醇泵 P2102A/B，关闭预塔塔釜液位自调阀 LV21004，关闭甲醇油采出 FV21035，预精馏塔进入全回流状态。

⑤停中压塔进料泵 P2105A/B，关闭中压塔进料自调 FV21110 及其前后切断阀，关闭低压塔产品采出自调 FV21154 及其前后切断阀，关闭低压塔轻组分采出自调 FV21093，使低压塔进入全回流状态。

⑥关闭中压塔产品采出自调 FV21153，关闭甲醇油采出 FV21171，停精馏水泵 P2107A/B，中压塔进入全回流状态。

⑦各换热器及泵的冷却水继续运行。

⑧通过调整再沸器蒸汽量、空冷器转速、塔顶回流量，保证各塔的温度压力指标正常。

⑨视情况给各塔充 N_2 保持系统正压。

⑩一旦开车条件具备，各塔可恢复入料和采出。

短期停车，系统停止加热，不退液，用氮气保压，停车步骤如下：

①中控各自动控制切换为手动控制状态。

②通知现场倒反采，关闭采出至 V2302 阀。低压塔、中压塔精甲醇采出改采至粗甲醇储槽 V2301。停预塔和中压塔甲醇油采出 FV21035 和 FV21171。停低压塔轻组分采出 FV21093。关闭 F2103 外排废水流量自调阀 FV21170，F2103 塔釜溶液改入 V2301。

③逐步减小直至全关 E2101A/B 加热蒸汽自调阀 FV21002 和 E2103A/B 加热蒸汽自调阀 FV21144，当 B2105 平衡管压力低于冷凝液管网压力时冷凝液改现场排放。

④停预塔入料泵 P2301，停加碱泵，关闭其出口阀。关闭萃取水流量调节阀 FV21031，停加萃取水，同时根据各塔釜液位情况调整各塔进料。

⑤停低压塔 F2102 进料泵 P2102，以免轻组分带入后系统。

⑥根据回流温度和塔压酌情调节频率或停止空冷器，防止塔超压。

⑦当 B2104 液位低报警时停 P2108 泵，开泵进口导淋排净冷凝液。

⑧当预塔回流温度至常温且回流槽液位 LIC21032 低报时，停回流泵 P2101，关闭 F2101 回流量调节阀 FV21032。

⑨关闭低压塔和中压塔采出阀 FV21153、FV21154 及其前后切断阀，停止采出。当低压塔回流温度降至常温且回流槽液位 LIC21090 低报时停回流泵 P2104。中压塔回流槽液位低报时停回流泵 P2106。

⑩若 F2102 和 F2103 塔釜液位低于塔釜低压氮进口时，停中压塔 F2103 进料泵 P2105 和精馏水泵 P2107，关闭 FV21172 塔釜液停止外送。

⑪若塔内压力下降，打开预塔、低压塔塔顶或者塔釜氮气阀门；中压塔塔釜氮气阀，向塔内充压。预塔和低压塔充至 0.15 MPa，中压塔充至 0.2 MPa。

⑫现场关闭：蒸汽大阀、副线阀、仪表根部阀、取样根部阀、界区手动阀、泵进出口阀、罐区各罐进出口阀。系统保压。

2）长期停车

（1）接调度长期停车通知，通知岗位相关人员做停车准备。

（2）中控各自动控制切换为手动控制状态。

（3）通知现场倒反采，关闭采出至 V2302 阀。低压塔、中压塔精甲醇采出改采至粗甲醇储槽 V2301。停预塔和中压塔甲醇油采出 FV21035 和 FV21171。停低压塔轻组分采出 FV21093。关 F2103 外排废水流量自调阀 FV21170，F2103 塔釜溶液改入 V2301。

（4）预塔停止入料，停止加碱，停加萃取水。

（5）逐步减小直至全关 E2101A/B 加热蒸汽自调阀 FV21002 和 E2103A/B 加热蒸汽自调阀 FV21144，当 B2105 平衡管压力低于冷凝液管网压力时冷凝液改现场排放。

（6）当 B2104 液位低报警时停 P2108 泵，开泵进出口导淋排净冷凝液。

（7）当预塔回流温度降至常温且回流槽液位低报时停回流泵 P2101。

（8）停空冷器 E2102。

（9）当预塔釜温度 40℃左右时，打开再沸器排液阀，排净再沸器甲醇溶液。当预塔塔釜液位低报时停预塔甲醇泵 P2102，关闭 LV21004 及其前后切断阀。

（10）关闭低压塔产品采出阀 F21154。当低压塔回流温度降至常温且回流槽液位低报时停回流泵 P2104。

（11）停空冷器 E2104。

（12）当低压塔塔釜温度 40℃左右且中压塔回流温度至常温时，打开再沸器排液阀，排净再沸器甲醇溶液。低压塔塔釜液位低报时停中压塔进料泵 P2105，关闭中压塔进料自调 FV21110 及其前后切断阀。

（13）中压塔回流槽液位有下降趋势后，关闭 FV21153 及其前后切断阀，停止采出。中压塔回流槽液位低报时停回流泵 P2106。

（14）当中压塔塔釜温度 40℃左右时，打开再沸器排液阀，排净再沸器甲醇溶液。中压塔塔釜液位低报时停精馏水泵 P2107，关闭 FV21172。

（15）若塔内压力下降，打开预塔、低压塔塔顶或者塔釜氮气阀门；中压塔塔釜氮气阀，向塔内充压，各塔保持微正压。

（16）各塔、泵、槽，泵冷却罐及管线内残余甲醇液通过各排污导淋，逐一排至废液收集槽 V2305，再经废液泵 P2303 泵送至粗甲醇储槽 V2301。

（17）按水联运流程水洗设备、管道。含醇清洗水送入 V2301。

（18）用 N_2 置换至甲醇含量小于 0.5% 后保正压。

（19）现场关闭：蒸汽大阀、副线阀、仪表根部阀、取样根部阀、界区手动阀、泵进出口阀、罐区各罐进出口阀。系统保压。

3）甲醇精馏装置停车盲板

甲醇精馏装置停车盲板见表 7－9。

表 7－9　甲醇精馏装置停车盲板

序号	盲板位号/位置	应处状态	检查结果	存在问题	确认人	确认时间	备注
1	F2101 充氮双阀间	盲					
2	F2102 充氮双阀间	盲					
3	F2103 充氮双阀间	盲					
4	F2103 塔底导淋阀后	通					
5	N_2 总管阀后	通					
6	脱盐水总管阀后	通					
7	0.7/0.35 MPa 蒸汽总管阀后	通					
8	工厂空气阀后	通					
9	生产用水总管阀后	通					
10	生活水总管阀后	通					

盲板管理要求：

（1）安排专人负责管理盲板的倒换。

（2）需经过各级确认后方可实施加盲板操作，以免对正常生产造成影响。

（3）关闭所加盲板处的前后截止阀后，再进行加盲板操作。

（4）在装置准备启动时，应首先将盲板倒至开通状态。

4）紧急停车

紧急停车是指装置或运行中的设备遇到突然的、无准备的、计划外的停车，包括异常情况下的人为打闸停车或内、外部原因联锁停车。

精馏装置当发生以下情况时，应实施装置紧急停车操作：

（1）冷却水中断；

（2）供电中断；

（3）仪表空气中断；

（4）蒸汽中断；

（5）设备或管道连接处严重泄漏，严重污染环境；

（6）本工序或其他工序发生着火爆炸事故。

紧急停车方案：

（1）立即关闭各再沸器加热蒸汽进口阀及蒸汽总阀。

（2）停采出及各塔入料。

（3）停止给预精馏系统加碱液和萃取水。

（4）将各泵电源切断，并关闭出口阀。

（5）在 DCS 系统上，将精馏单元各自调仪表切换为手动。关闭所有自调阀及其前后切断阀。

（6）各塔充氮保压或做进一步工艺处理。

（7）迅速查明原因或进行有效的隔离，防止事故的扩大或蔓延，待停车原因消除后，按精馏工序开车步骤开车。

4. 甲醇精馏单元装置的事故处理

1）事故处理的原则

（1）事故的处理必须分秒必争，做到及时、果断、正确，不得耽误拖延。

（2）发生事故应立即抢救，尽力减少事故的损失和伤害。

（3）发生事故应立即发出报警信号。

（4）如果有人伤亡或中毒应首先对受害人进行抢救，并通知医护部门及气体防护站。

2）事故处理的注意事项

（1）进入有毒气体事故现场抢救应佩戴齐全的防护用具，并有相应的监护措施。

（2）发生火灾、爆炸、触电、机械事故时，应立即切断电源、着火源，防止发生二次事故。

（3）抢救受伤人员应首先抢救重伤人员，在医护人员未到来之前不得停止对受伤害人员的抢救。

3）停原料粗甲醇

原料粗甲醇流量中断，按以下进行处理：

（1）适当减小 F2101/F2103 加热蒸汽量，防止各塔超压超温。

（2）中控关 F2101、F2102、F2103 的产品采出、进料、甲醇油采出自调阀，视回流槽液位调整回流量，装置全回流。

（3）停加碱及萃取水。

（4）其余按短期停车处理。

4）停水

（1）停循环水。精馏紧急停车，按以下进行处理；

①精馏装置停水，均按短期停车处理。

②关加热蒸汽自调，现场关闭 E2101、E2105 入口蒸汽阀。

③关产品及甲醇油采出、各塔进料、回流、压力控制阀；停加碱及萃取水。

④其余按短期停车处理。

（2）停脱盐水。若脱盐水中断，前系统停车，精馏按短期停车处理；若精馏萃取水短时中断，精馏可继续正常运行；若中断时间较长，中间产品质量分析指标呈上升趋势时，精馏按短期停车处理。

5）停电或晃电

发生停电，装置所有泵停、空冷器所有风机停，回流中断，塔压塔温升高，原料和系统公用工程各介质（除仪表风可短时供应外）均停止供应，按以下方案进行紧急停车处理：

（1）中控手动关闭各塔加热蒸汽、进料，采出、回流、萃取水、凝液外送及压力自调阀。现场关闭 F2101/F2103 塔加热用 S07、S03 蒸汽大阀。

（2）现场按 X2003、802 及 191B/A 各运行泵及空冷器停车按钮，确认其已停，关闭各泵出口阀。

（3）注意各塔压力，防止系统超压。关闭 191A/B 的氮封切断阀门。

（4）其余按短期停车处理，低压氮气正常供应后各塔及时充氮保正压，191A/B 氮封供氮气。

如仅精馏系统内电力系统发生故障，则停 F2101/F2103 塔加热蒸汽，按正常短期停车处理。

6）低压蒸汽故障

蒸汽总管压力降低，各塔塔温、塔压陡降，塔釜液位陡涨，按以下进行处理：

（1）若蒸汽供应减小，视蒸汽供应量减负荷运行或全回流。

（2）若蒸汽供应停止，按正常短期停车处理。

7）停仪表空气

停仪表气源使调节阀自动按气开、气闭动作，精馏做以下处理：

（1）将所有的控制器投手动位置，自调阀手动关闭。

（2）然后按短期停车处理。

注意各塔压力，防止系统超压。

8）泵、空冷器故障

如果运行泵发生故障，备用泵必须立即启动。如果备用泵不能投用，按以下进行处理：

（1）进料泵P2301A/B或P2102A/B或P2105A/B故障、废水泵P2107A/B故障：

①泵P2301A/B或P2102A/B或P2105A/B两台都发生故障，塔进料中断；废水泵P2107A/B故障，废水外送中断，F2103塔釜液位上涨。适当减小F2101/F2103加热蒸汽量，防止各塔超压超温。

②中控关F2101、F2102、F2103的产品采出、进料、甲醇油采出自调阀，视回流槽液位调整回流量，装置全回流。

③其余按短期停车处理。

（2）回流泵P2101A/B或P2104A/B或P2106A/B故障：以上泵两台都发生故障，由于塔回流中断，为防止塔超压，中控停止F2101/F2103加热蒸汽，必要时开放火炬阀适当泄压，精馏按短期停车处理。

（3）空冷器E2102或E2104风机故障：当E2102或E2104风机故障台数较多，不能满足工艺需要，塔压超标时，精馏适当降低负荷运行，必要时精馏按短期停车处理。

（4）冷凝液泵P2108A/B故障：冷凝液泵P2108两台都发生故障，冷凝液外送中断，凝液罐液位上涨。应将塔加热量减小或加热中断，精馏按短期停车处理。

9）其他

回路中发生爆炸、着火、大量泄漏等严重情况。

（1）周围现场禁止无关人员进入事故区域。

（2）精馏装置紧急停车处理。

10）DCS故障处理

（1）DCS操作站故障。

现象：如鼠标、键盘不好用；部分电脑黑屏或死机。

处理：黑屏或死机后不能继续在电脑上随意点击，用其他电脑监控该岗位。迅速联系现场检查各调节阀状态。联系仪表人员处理。

（2）全部黑屏。

现象：DCS 操作站所有电脑显示黑屏。

处理：①及时向调度及车间值班领导汇报情况，同时联系仪表人员处理。

②迅速联系现场检查调节阀状态，能改手动的改手动，保持原状态。

③精馏各塔、罐的液位按现场液位计指示为准，各泵的流量参考泵的电流。

（3）DCS 系统断电。

现象：①操作站和工程师站电脑显示黑屏。

②输入/输出卡件停止工作，控制站和操作站无法运行、显示及操作，现场电磁阀失电，联锁动作，调节阀将回到失气时的状态（气开阀全关，气关阀全开）。

处理：及时向调度及车间值班领导汇报，同时联系仪表人员处理，装置按紧急停车处理。

（4）DCS 操作站死机。

现象：DCS 操作站显示屏有显示但数据不变，键盘失灵。现场的阀门处于死机前的状态。

处理：①迅速联系现场检查调节阀状态，能改手动的改手动，保持原状态。

②精馏各塔、罐的液位按现场液位计指示为准，各泵的流量参考泵的电流。

在这种情况下停车时，在原 DCS 上控制的调节阀必须在现场用调节阀手轮进行开关或用其切断控制，各参数看现场变送器和就地仪表。

三、甲醇精馏装置冬季防冻措施

甲醇精馏装置的冬季防冻措施如表 7－10 所示。

表 7－10　甲醇精馏装置冬季防冻措施

项目	序号	易冻凝部位	运行方式			生产上采取的防冻凝措施
			连续运行	间断运行	备用	
易冻凝设备	1	X2003 加碱 1#、2#槽	√		√	投蒸汽伴热盘管；停车时排净槽内液体，投加热蒸汽盘管
	2	X2003 加碱 1#、2#泵体及进出口管线	√		√	投伴热蒸汽；停车时排净泵体及进出口管线内液体
	3	冷凝液泵 P2108A/B 泵体及进出口管线，泵机封 RW 冷却水	√		√	停用时排净泵体及进出口管线内液体，机封冷却水适度连续排放

续表

项目	序号	易冻凝部位	运行方式			生产上采取的防冻凝措施
			连续运行	间断运行	备用	
易冻凝设备	4	废水泵 P2107A/B 泵体及进出口管线，泵机封 RW 冷却水	√		√	停用时排净泵体及进出口管线内液体，机封冷却水适度连续排放
	5	不凝气冷却器 E2109 管程及上回水管线	√			排净管程及上回水管线内冷却水，然后开上水阀副线阀及微开其阀后导淋，连续排放
	6	F2102 产品采出冷却器 E2108 内及相关水管线	√			排净板式换热器内及进出口管线内冷却水，然后开上水阀副线阀及微开其阀后导淋，连续排放
	7	F2103 产品采出冷却器 E2107 内及相关水管线	√			排净板式换热器内及进出口管线内冷却水，然后开上水阀副线阀及微开其阀后导淋，连续排放
	8	F2103 废水冷却器 E2110 内及相关水管线	√			排净板式换热器内及进出口管线内冷却水，然后开上水阀副线阀及微开其阀后导淋，连续排放
	9	甲醇油冷却器 E2106 内及相关水管线	√			排净板式换热器内及进出口管线内冷却水，然后开上水阀副线阀及微开其阀后导淋，连续排放
	10	界区内洗眼器		√		适度开水阀，维持长流
	11	B2104 冷凝液罐	√			从 P2108 泵进口导淋排净罐内冷凝液
	12	B2105 冷凝液罐	√			从 FV21144 自调阀后导淋排净罐内冷凝液
	13	AP21508 预塔底甲醇取样冷却器	√			适度开冷却水上回水阀，连续排放
	14	AP21610 低压塔采出取样冷却器	√			适度开冷却水上回水阀，连续排放
	15	AP21651 中压塔采出取样冷却器	√			适度开冷却水上回水阀，连续排放
	16	AP21641 中压塔废水取样冷却器	√			适度开冷却水上回水阀，连续排放
易冻凝管线	1	F2101 加碱管线	√			生产时投用伴热蒸汽；停车时排净加碱管线
	2	F2101 萃取水管线	√			停车时稍开脱盐水手动阀，开自调阀前切断阀，微开自调阀前导淋，维持脱盐水常流
	3	F2101 蒸汽冷凝液外送管线	√			停车时开自调阀后切断阀和自调阀后导淋，打开管廊凝液导淋排净管线
	4	E2101A/B 蒸汽管线	√			停车时蒸汽大阀关闭，微开副线阀，打开自调阀前导淋，漏少量蒸汽

续表

项目	序号	易冻凝部位	运行方式			生产上采取的防冻凝措施
			连续运行	间断运行	备用	
易冻凝管线	5	F2103 废水外送管线	√			停车时开自调阀后导淋和其后切断阀，排管线中废水，排不出时，从导淋接临时低压氮对废水外送管线进行吹扫，吹净管中废水
	6	F2103 蒸汽冷凝液外送管线	√			停车时开自调阀后切断阀和自调阀后导淋，排净管线中冷凝液
	7	E2103A/B 蒸汽管线	√			停车时蒸汽大阀关闭，微开副线阀，打开自调阀前导淋，漏少量蒸汽
	8	伴热站各蒸汽伴热管线		√		适度开各伴热阀
	9	公用工程软管站 RW 、PW 、LS 管线		√		适度开各手动小阀，维持常流

四、岗位操作法

1. 正常操作法

1）开车的工艺调节

（1）F2101 的工艺调节：

①当预塔压力和温度偏高时，总控减少 FIC21002 蒸汽量，使塔釜温度降低。

②当塔釜压力、温度偏低，则增加 FIC21002 量，使压力、温度升至正常。

③釜温正常，但顶温偏低，应考虑 E2102、E2109 冷却量过大，这一点在骤然降温的天气应多注意。

④天气骤然变热，使塔顶温度、压力偏高，应考虑 E2102、E2109 冷却效果变差，增大空冷器风量，开大 E2109 上水阀。

⑤当工艺参数调整至设计值，F2101 塔釜液 pH 值 =7 ~ 9，抽样分析，若塔釜液不合格，应调整 X2003 向 F2101 加碱量，观察效果。

⑥若釜液合格，但 PIC21030 过大，为减少损耗，在保证合格的前提下，适当减少 FIC21002 的量，使得 PIC21030B 开度 <50%，这一点在入料量、含水量低时应特别注意。

（2）F2102、F2103 塔的工艺调节：由于 F2102 和 F2103 工艺上的串联关系，两塔的工艺相互影响，且 F2103 的入料重组分百分比比 F2102 塔几乎高 1 倍，使其操作条件远不及 F2102 优越，所以必须首先做好 F2103 塔的三个平衡，当F2103处于平衡时，F2102一般也会处于平衡状态。

①F2103塔釜温度，压力偏高，将使重组分上移。其原因及处理如下：

a. E2105供热量太大，应适当减少供热量，其方法：F2103再沸器E2105蒸汽减量为原量的0.5%/次，保持F2102回流，控制塔顶温度。

b. F2103回流比过小，应提高回流量，使回流比达到正常值。

②F2103塔釜温度（包括提馏段）偏低，塔釜损失增大，同时使E2103供热不足。其原因及处理如下：

a. E2105供热不足，塔顶蒸发量少，F2102塔釜采出多，其方法：E2105蒸汽量加量为原量的0.5%/次，用回流量控制F2102塔顶温度正常。

b. F2103回流量过大，采出量太小，F2103回流比远远超过正常值，应逐渐减少回流量，控制0.5%/次递减，使塔釜温度恢复正常。

③F2103塔顶温度偏高。其原因及处理方法如下：操作不当，塔釜供热量太大或回流比太小，其方法：F2103再沸器E2105蒸汽减量为原量的0.5%/次，或增加F2103回流，控制塔顶温度稳定。

④F2103塔顶温度低。其原因及处理方法如下：操作不当，塔釜供热量太小或回流比太大，其方法：F2103再沸器E2105蒸汽加量为原量的0.5%/次，或减少F2103回流，控制塔顶温度稳定。

⑤在调节F2103塔的同时，要注意F2102塔的工艺情况。

塔顶温度低，应检查塔釜温度是否正常，F2102回流比是否太大，做出相应调整，塔釜温度以0.5 ℃/次递升或减少回流量。

⑥F2103、F2102各工艺参数均达到以上要求，产品质量仍长期不合格，若是轻组分超标，重新调整预塔工况或调整加碱量，若是水含量引起不合格、应采用：

a. 减少E2105蒸汽量，使塔釜温度<0.5 ℃/次，取样分析观察效果。

b. 回流量增加1%/次，取样分析观察效果。

⑦产品分析合格前，回流槽液面保持20%~30%。

⑧当F2102、F2103工艺已达平衡稳定，应在E2108、回流槽B2103处取样分析，连续两次分析合格，即可向V2302送精甲醇产品。

（3）加减负荷调节：

①合成系统的负荷波动时，由于有粗甲醇储槽作为缓冲，不会很快影响到精馏，故不必频繁地变更精馏的操作负荷。当粗甲醇储槽液位下降较快，表明合成产量降低，应适当缓慢减少FIC21001给定，保证粗甲醇储槽液位均不低于1 000 mm。从合成产量增加时，将FIC21001给定值调高，调节频率1次/h。

②在加减负荷的过程中，进料的增减幅度要小，一般小于设定值的3%，不能太大，以免引起工况剧烈波动。在进料增减的同时，要配合塔釜再沸器的蒸汽量、塔顶回流量的调整同步进行，并应遵循以下原则：

a. 预精馏塔加量时应先加蒸汽量后加给料量；减量时，应先减入料量后减蒸汽量。

b. 低压塔、中压塔加量时，应先加给料量再加回流量，后加蒸汽量；减量时，应先减蒸汽量再减给料量，后减回流量，保证两塔产品质量。

③进料水含量变化，将引起塔釜温度变化，水含量多，引起塔釜温度升高（混合物沸点升高），水含量变化不大时，工况可不做调整，当补充的不合格甲醇占入料量15%以上时，E2101可适当增加些蒸汽，保持各点温度正常。

④增加或减少入料量的同时，调节萃取水加入量，保证预塔釜液中水含量在6%~10%。

⑤增加或减少入料量的同时，碱液量也随之调整，保证预塔釜液pH值为8左右。

（4）蒸汽流量控制调节：

①再沸器蒸汽加入量增大，应同步增加回流量，这会使精馏塔回流比增大，对重组分脱除有利，但蒸汽加入量有上限，如超负荷将会造成液沫夹带，降低效率，甚至会引起液泛。

②再沸器蒸汽加入量减少，应同步减少回流量，这将使精馏塔回流比减少，分离能力下降，精甲醇产品质量受影响，废水中甲醇含量增加。

③正常操作过程中，应对蒸汽量、回流量、塔的各点温度以及产品质量有一个综合的判断，相应调整蒸汽量和回流量。

（5）压力控制调节：

①F2101可通过PIC21030调节不凝气量，同时调节E2102风量、E2109冷却水量及E2101蒸汽加入量来调节塔压。

②F2102、F2103主要通过塔釜E2105蒸汽加入量调节塔压。当塔压过低时可适当增加塔釜蒸汽加入量。当F2102、F2103塔压过高时，可适当减少塔釜蒸汽量。

（6）液位控制调节：

①塔釜液位：

a. 塔釜液位给定过低，会导致泵跳车。

b. 塔釜液位给定过高，高至再沸器回流口，不仅会影响甲醇液的循环，而且易造成液泛，严重时会损坏塔内件，分离效果也受到影响。

②回流槽液位：为保证正常调节，产品塔F2102和F2103回流槽应有

足够的合格甲醇以供回流。开车初期，为了使生产的不合格甲醇回流液尽快置换，回流槽液位可给定20%～30%。正常时液位一般控制在设计值投自动。

（7）低压塔、中压塔回流比控制调节：

①回流比的控制指标：低压塔回流比为3.0～3.3；中压塔回流比为3.2～3.4。

②影响回流比指标的因素：中压塔蒸汽流量的大小；蒸汽压力的高低；蒸汽温度的高低；回流量和采出量控制的高低；系统负荷高低间接影响回流比指标；塔内温度点的分布状况；中压塔和低压塔的设备内件状况；仪表指示的准确程度；中压塔回流泵和低压塔回流泵的运行状况。

③控制方法：严格控制两塔的回流量和精醇采出量比值；定期检验、检查、检修设备，保持设备的良好运行状态；调整好蒸汽流量；定期校验仪表，确保其工作灵敏准确；保持系统负荷在合理的范围之内；尽量减少系统加减量的频率和幅度。

（8）中压塔和低压塔塔釜温度控制调节：

①影响中压塔和低压塔塔釜温度的因素：中压塔再沸器蒸汽量的大小；中压塔和低压塔塔釜液位的高低；中压塔和低压塔负荷的高低；中压塔和低压塔回流量控制的大小；进入精馏系统粗甲醇成分的变化；粗甲醇中水含量的高低；预精馏塔加入的萃取水量的大小。

②控制方法：严格控制中压塔再沸器蒸汽流量以及蒸汽温度、压力；严格控制两塔的回流比指标；根据粗甲醇质量的变化情况及时调节工艺条件；稳定预精馏塔萃取水的加入量。

注意两个精馏塔之间的物料以及热量平衡调节。

（9）预精馏塔放空温度控制调节：

①预精馏塔不凝气放空温度指标：预精馏塔放空温度38℃～45℃。

②影响预精馏塔放空温度的因素：预精馏塔再沸器蒸汽加入量的大小；预精馏塔二级冷凝器循环水加入量的大小；预精馏塔二级冷凝器的循环水温度和压力；预精馏塔回流温度的高低；进入预精馏塔中粗甲醇质量的变化情况；预精馏塔中萃取水加入量的大小；预精馏塔塔顶温度的高低。

③控制方法：严格控制预精馏塔再沸器的蒸汽加入量；严格控制预精馏塔的塔釜和塔顶温度；根据放空温度的变化趋势及时调节二级冷凝器的循环水加入量；稳定循环水压力和温度；根据粗甲醇质量的变化情况及时调节工艺条件；严格控制预精馏塔回流温度和萃取水的加入量。

2. 异常操作

装置异常现象及处理方法见表 7－11。

表 7－11　装置异常现象及处理

序号	现象	原因	处理方法
1	精馏塔塔底无液面	入料量小	增加入料量
		蒸汽量大	减少蒸汽量
		塔顶或塔底采出量大	减少采出量
		液面指示失灵	检修液位计
2	精馏塔塔顶温度偏高	再沸器蒸汽量大	减小蒸汽量
		回流量小	加大回流量
		回流液温度高	加大塔顶空冷器风量或冷凝器循环水流量
3	预精馏塔塔顶压力偏高	再沸器 E2101 蒸汽加入量大	减小蒸汽量
		回流比小，采出量大	加大回流比，减小采出量
		塔顶冷却效果差，回流液温度高	提高冷却效果，降低回流温度
		放空阀开度小	适当开大放空阀
4	中压精馏塔塔底部温度低	再沸器 E2105 蒸汽加入量少	加大再沸器加热蒸汽量
		精甲醇采出少，回流量大，轻组分压入塔釜	调节回流比
		中压塔负荷过重	减少中压塔入料量
5	精甲醇初馏点不合格	预塔塔底温度偏低	提高预塔底部温度
		预塔回流温度低	提高回流温度
		低压塔轻组分采出量少	增大低压塔轻组分采出量
6	精馏塔液泛	入料量大	减少入料量
		精甲醇采出量小	加大精甲醇采出量
		加热蒸汽量大	减少加热蒸汽量
7	精甲醇水溶性不合格	预塔萃取水加入量小	加大萃取水量
		预塔放空温度低	提高放空温度
		产品采出塔回流量小，重组分上移	加大回流量
8	精甲醇产品水分不合格	回流比小，重组分上移	加大回流比，控制好温度指标
		精馏塔顶冷凝冷却器漏水	停车堵漏
		精馏塔内件损坏，分离效率降低	加大回流比，适时停车检修
		塔釜温度偏高	调节塔釜温度至正常

续表

序号	现象	原因	处理方法
9	精甲醇产品高锰酸钾值不合格	预塔处理不当，轻组分带入产品	控制好预塔各工艺指标
		低压塔轻组分采出量过小，轻组分下移，带入产品	加大低压塔轻组分采出量
		中压塔或低压塔回流比小，重组分带入产品	加大回流比，控制好塔顶温度
		中压塔甲醇油采出量少	加大甲醇油采出量
10	精甲醇产品酸值不合格	低压塔或中压塔回流比小，重组分上移	严格控制预塔釜 pH 值在指标范围
		低压塔或中压塔塔釜温度偏高，重组分上移	加大回流比，控制好塔顶温度
		预塔加碱量过小或过大	调节塔釜温度至正常
		粗甲醇酸值过高	联系合成调节合成操作
11	精甲醇产品乙醇含量高	低压塔或中压塔回流比小，乙醇上移	加大回流比，控制好塔顶温度
		中压塔甲醇油采出量少	加大甲醇油采出量
		塔釜温度偏高，乙醇上移	调节塔釜温度至正常
		粗甲醇乙醇含量偏高，超过设计值	合成调节气体组分或更换催化剂

3. 装置动设备操作法

1）离心泵操作

（1）准备工作：

①检查泵地脚螺栓是否紧固、机泵联轴器护罩是否完好。

②检查泵的润滑油，油位不足 1/2 ~ 2/3 或有乳化变质现象，应增加或更换润滑油。

③给机封冷却罐内注入甲醇，保证其液位在 50% 以上；并确认机封冷却罐进出口针型阀打开。

④盘泵 2 ~ 3 圈，检查有无卡涩等异常情况。

⑤检查泵进出口阀的开关状态，并检查是否灵活好用。

⑥开冷却水进口阀，检查冷却水系统是否畅通。

（2）开泵步骤：

①打开压力表根部阀。

②灌液排气：打开泵的入口阀，无排气阀打开出口阀，灌液结束后关出口阀。

③启动电动机，检查泵及电动机运转状况（如声响、振动等），检查电动

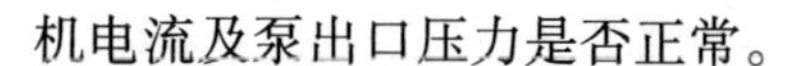
机电流及泵出口压力是否正常。

④待泵运转正常后，缓慢打开泵出口阀，调节流量至正常值。检查泵的出口压力，流量达到规定的数值，同时注意电流变化，避免电动机过载。

⑤待泵运转平稳后，检查泵进出口压力，流量电流值，用测温枪测量轴承和机封处的温度，检查润滑油的油位，泵的噪声和机封有无泄漏情况。

（3）停泵步骤：

①缓慢关闭出口阀。

②停电动机，关泵进口阀。

③若机封泄漏，则关闭机封冷却罐进出口针型阀，防止机封冷却罐内甲醇流失。

④若需检修的泵，要在停泵后排液，使泵内的压力为零，所有阀门关闭，则将泵内积液排尽。

（4）倒泵步骤：若运行泵出现异常，则需开启备用泵。备用泵按正常开泵程序进行检查，启动电动机，检查备用泵的压力、电流、振动、泄漏、温度等情况，如果都正常可逐渐开大出口阀，在打开备用泵出口阀的同时关闭原运行泵的出口阀，尽量保持总打液量不变。当备用泵的压力、流量正常后，关闭运行泵出口阀，当原运行泵出口阀已关闭，停下原运行泵，关闭进口阀，排尽泵内积液断电并交出检修。

（5）紧急停泵：若运行泵出现剧烈振动或介质大量泄漏、电动机冒烟或着火等紧急情况时，运行泵要紧急停车，先按停泵按钮，再迅速关闭进出口阀。

注意事项：

①必须用出口阀调节流量，不可用入口阀调节流量，以免抽空。

②运转泵运转时，备用泵应处于合理的备用状态。

③随时检查泵进口过滤网状态，防止过滤网堵塞，造成泵打不上量。

（6）离心泵故障及处理如表 7－12 所示。

表 7－12　离心泵故障及处理

故障	原因	处理方法
不能自吸或自吸时间太长	泵体内没有液体或液体太少	重灌液体
	超过泵的吸上高度	降低吸上高度
	吸入排出管路安装不当	按要求重新安装管路
	吸入管漏气	维修管路
	空气从填料函内吸入	重新安装填料，检查密封水
	口环间隙或叶轮与泵盖间间隙过大	重新调整间隙

续表

故障	原因	处理方法
不能自吸或自吸时间太长	转向反	调整旋转方向
	介质的比重比设计比重大	降低吸上高度
	吸入管、排出管或泵体被杂物阻塞	清除杂物
	排出管路被封闭	打开排出管阀门或排气阀
	吸入管水平距离太长，泵体内液体气化	缩短吸入管距离，向泵体内通入冷却液体
流量不够	总扬程超过泵的设计扬程	重新选型
	吸入管径过小或有杂物阻塞	换粗管，清除杂物
	口环间隙或叶轮与盖板之间间隙太大	重新调整间隙
	叶轮腐蚀或磨损严重	换新叶轮
	吸入管漏气	维修管路
扬程不够	叶轮腐蚀或磨损严重	换新叶轮
	吸入管漏气	维修管路
	口环间隙或叶轮与盖板之间间隙太大	重新调整间隙
泵振动严重	泵轴与电动机轴不同心	重新调整电动机和泵轴，使轴线对准
	泵轴弯曲	校直或换新轴
	转动部件与固定部件相接触	重新调整间隙
	轴承磨损	换新轴承
泵轴承过热	润滑油不足	加注适量润滑油
	电动机轴与泵轴不同心	调整轴心
	轴承损坏	更换新轴承
机械密封泄漏	密封材料不耐腐蚀	更换新材料
	动静密封环磨损严重或密封面划伤	换新密封环或重新研磨
	机械密封的滑动部分被杂物卡住	清除杂物
电动机消耗功率大	吸入液体比重大于设计比重	更换电动机
	电动机轴与泵轴不同心	调整轴心
	泵轴弯曲	校直或换新轴
	转动部件与固定部件相接触	重新调整间隙
	填料压得过紧	放松填料或更换新填料
填料函泄漏大	水封环安装位置不当	使水封环对准密封冲洗孔
	泵轴弯曲	校直或换新轴
	轴套磨损	换新轴套
	填料失效	更换填料

2）空冷器操作

（1）准备工作：

①检查空冷器螺栓紧固件有否松动，皮带是否完好，有无跑偏，发现异常联系检修处理。

②检查确认轴承润滑脂正常。

③给空冷器送电。

（2）启动步骤：

①按空冷器风机启动按钮。

②启动时尽量选择隔号启动。

③启动后中控人员应严密监测风机振动值，现场人员注意电动机电流是否正常，若出现电流过大或是电流波动太大时应联系处理。

（3）停车步骤：

①按中控人员要求按相应风机的停车按钮。

②中控人员注意对应的电动机运行灯是否变色，风机振动是否降到零。

③停止空冷器后现场人员还应上操作台逐个检查，确保良好备用。

④若需检修，风机停止后联系电气断电。

（4）紧急停车：若运行风机出现振动过大、电流过大、电流波动较大或皮带跑偏、紧固件松动等异常时应紧急停车，然后通知控制室联系检修事宜。

（5）注意事项：

①空冷器易出现皮带脱落、皮带跑偏、皮带断裂电动机空转、振动过大、摩擦异响、电流波动大、加油管松动、紧固件松动等现象，巡检人员应定时上操作平台检查，发现异常及时处理。

②注意安全，防止踏板不稳、紧固件松动造成事故。

知识拓展

甲醇成品罐区操作规程

1. 装置任务

本岗位的任务是接收、储存和输送合格甲醇产品。负责精甲醇灌装泵的开停工作，并将不合格甲醇回收液送至甲醇精馏中间罐区 V2301A/B。

2. 岗位职责

（1）负责甲醇产品入库验收及发放工作。

（2）及时掌握产品入库量、销售量及库存量，并做好台账记录。

（3）负责成品罐区内所有槽、泵、管道、阀门等设备的维护保养工作。

（4）严格遵守甲醇安全操作技术规程，工作场地严禁烟火。

(5) 按照规定穿戴劳保用品，装车必须佩戴气防用具。

(6) 定时巡检，检查氮封是否正常，检查跑、冒、滴、漏情况并及时处理，检查各消防、安全设施是否好用。

(7) 熟悉本岗位设备及工艺流程，严格执行操作规程，及时与上、下工段保持联系，避免不必要的污染和浪费。

3. 工艺流程

精甲醇中间槽（V2302A/B）中合格甲醇通过精甲醇泵（P2302A/B）加压、FIQ23001 计量后送至甲醇储槽（V5001A/B）。产品甲醇经由 P5003 送至汽车灌装站充装销售，由 P5001A/B/C 送至火车灌装站充装销售。成品罐区另设有甲醇地下槽（V5002），用来收集储槽、泵或管道检修时需要排净的甲醇，V5002 中甲醇可用地下槽泵 P5002 送至粗甲醇储槽（V2301A/B）。

4. 工艺指标

工艺指标、报警和联锁一览表见表 7-13。

表 7-13　工艺指标、报警和联锁一览表

序号	仪表位号	名称	量程	报警设定		联锁值	
				低报	高报	LL	HH
1	LIA50001A/B	V50001A/B 储槽液位指示报警联锁	0~20 m		17.5m		
2	LIA50002A/B	V50001A/B 储槽液位指示报警联锁	0~136.432 kPa	1.0 m			
3	LIAS50003	V5002 液位指示报警联锁	0~21.705 kPa	1.0 m	2.0 m		
4	HIC50001	至火车罐装遥控调节	0~216 m^3/h				
5	HIC50002	至火车罐装遥控调节	0~216 m^3/h				
6	GIA50001A/B/C	可燃气体检测	0~100% LEL		20%		
7	GIA50002	可燃气体检测	0~100% LEL		20%		
8	GIA50003	可燃气体检测	0~100% LEL		20%		

5. 岗位操作

1) 准备工作

(1) 检查设备、管道、阀门安装是否正确。

(2) 制定储槽及相关工艺管线清理、吹扫、化学清洗、试漏、置换方案并组织实施。

(3) 仪表调试正常，各泵电动机转向正确，盘车轻便，油位正常。

(4) 各储槽内积水清理干净，管道内积水用氮气吹扫干净。

(5) 消防器材、气防用具、工具、备品备件配备齐全。

（6）确认杂水、氮气、消防水、泡沫消防水、电、生活水等正能常供应。

（7）所有阀门均处于关闭位置。

2）开车步骤

（1）打开甲醇进工段双阀及进槽 V5001 阀门，接收甲醇。

（2）及时掌握甲醇入库量并做好记录。

（3）需要销售产品时，按如下步骤开泵，并做好正常维护工作。

①开泵前的检查准备工作：检查泵地脚螺栓是否紧固；电动机与泵联轴器找正良好，护罩完好；手动盘车轻快无卡涩；润滑油位正常；联系调度给机泵送电。

②正常开泵：灌液排气（打开泵入口阀，从泵出口排气阀排气，无排气阀则开出口阀）；关闭泵出口阀，启动电动机，观察泵出口压力是否正常；缓慢打开出口阀；检查泵机械密封是否泄漏；观察电流是否超标，若超标应及时调节负荷或查明原因。

3）泵启动后的检查维护工作

（1）每小时巡检一次，听运转泵声音是否正常。

（2）测电动机温度是否正常。

（3）查看泵机械密封有无泄漏。

（4）检查润滑油位是否正常。

（5）定期加油或换油。

4）停车

（1）销售完毕后关泵出口阀，停电动机，并做好库存量记录。

（2）若储槽内产品不合格，可由排液管线放入 V5002，再经 P5002 送至 V2301，重新精馏。

（3）夏季储罐内甲醇温度超过 30 ℃时应打开喷淋水阀门，给罐体降温。

（4）夏季停灌装泵后，应将泵最小回流阀微开，以免液体受热膨胀造成灌装泵进出口管线设备及法兰损坏而发生泄漏。

5）喷淋水泵

（1）启泵：

①打开压力表根部阀。

②灌泵：先打开泵体水箱的排气阀，再打开泵进口的原水补水阀门，待水箱排气阀出水后关补水阀门。

③启动电动机，检查泵及电动机运转状况（如声响、振动等），检查电动机电流及泵出口压力是否正常。

④待泵运转正常后，缓慢打开泵出口阀，检查泵的出口压力约 0.8 MPa 时打开泵的出口阀，同时注意电流变化，避免电动机过载。

⑤待泵运转平稳后，检查泵进出口压力，流量电流值，用测温枪测量轴承和机封处的温度，检查润滑油的油位，泵的噪声和机封有无泄漏情况。

（2）停泵步骤：

①缓慢关闭出口阀。

②停电动机。

③若需检修的泵，要在停泵后排净泵体水箱水，所有阀门关闭，则将泵体水箱水排尽。

（3）注意事项：

①启泵时可微开出口阀防止泵超压损坏。

②启泵后若出现泵打不上量、出口振动，可能的原因是泵排气未净，或是泵进口底阀漏水，此时应对泵灌水排气，若底阀漏水严重则需要检修。

项目测评

一、填空题

1. 甲醇精馏采用三塔精馏，分别从________和________产出产品。

2. 甲醇精馏为萃取精馏萃取剂是________。

3. 预塔的作用是：________；加压塔、常压塔的作用是：________。

4. 不凝气进排放槽的作用是：________。

5. 精馏缓冲槽的作用是：________。

二、选择题

1. 精馏塔中自上而下（　　）。

A. 分为精馏段、加料板和提留段

B. 温度依次降低

C. 易挥发组分浓度依次降低

2. 在一定操作压力下，塔釜、塔顶温度可以反映出（　　）。

A. 生产能力　　B. 产品质量　　C. 回流量

3. 精馏配置碱液中的水是（　　）。

A. 自来水　　B. 脱盐水　　C. 消防水　　D. 蒸馏水

4. 精馏三塔再沸器的类型是（　　）。

A. 夹套式　　B. 蛇管式　　C. 列管式　　D. U 型管式

5. 在精馏预塔的操作过程中减负荷应（　　）。

A. 加大蒸汽量　　B. 加大回流量

C. 减少回流量　　D. 减少蒸汽量

三、思考题

1. 为什么要进行甲醇精馏?
2. 回流量的大小对产品质量有何影响?
3. 精馏操作主要控制调节什么?
4. 再沸器的蒸汽加入量过大对精馏有何影响?
5. 为什么要用三塔精馏?
6. 精馏的塔釜液位调节对精馏操作有何影响?
7. 甲醇精馏工序可能出现哪些故障?
8. 简述甲醇的工作流程。

四、技能操作题

1. 能规范操作甲醇精馏工段岗位的开车。
2. 能规范操作甲醇精馏工段岗位的停车。
3. 预精馏塔放空温度的操作控制调节。
4. 低压塔、中压塔回流比的操作控制调节。

项目八

硫回收工段操作实训

教学目标

总体技能目标		能够根据生产要求正确分析工艺条件；能进行本工段所属动静设备的开停、置换、正常运转、常见生产事故处理、日常维护保养和有关设备的试车及配合检修，具备岗位操作的基本技能；能初步优化生产工艺过程
具体目标	能力目标	（1）能根据生产任务查阅相关书籍与文献资料； （2）能进行工艺参数的选择、分析，具备操作过程中工艺参数的调节能力； （3）能进行本工段所属动静设备的开车、置换、正常运转、停车操作； （4）能对生产中的异常现象进行分析诊断，具有事故判断与处理的技能； （5）能进行设备的日常维护保养和有关设备的试车及配合检修； （6）能正确操作与维护相关机电、仪表
	知识目标	（1）掌握克劳斯脱硫的基本原理、工艺过程及主要设备的结构组成； （2）掌握生产工艺流程图的组织原则、分析评价方法； （3）了解岗位相关机电、仪表的操作与维护知识
	素质目标	（1）培养学生的自我学习能力和信息获取能力； （2）培养学生化工生产规范操作意识及观察力、判断力和紧急应变能力； （3）培养学生综合分析问题和解决问题的能力； （4）培养学生职业素养、安全生产意识、环境保护意识及经济意识； （5）培养学生沟通表达能力和团队精神

项目导入

硫回收是将低温甲醇洗岗位分离出来的酸性气中的 H_2S 转化为单质硫，回收硫黄，同时使排放尾气中的 SO_2 低于到 550 mg/Nm，减少环境污染，符合环保要求。

任务一　开车前准备工作

一、硫回收工段的基础知识

1. 硫回收工段的岗位任务

本岗位的主要任务：负责本工段所属动静设备的开停、置换、正常运转、日常维护保养和有关设备的试车及配合检修等，保证设备处于完好状态，确保本工序正常稳定生产。

2. 硫回收工段的工艺原理

超优克劳斯工艺，是从含 H_2S 的酸气中回收元素硫。此工艺是传统克劳斯工艺与荷兰荷丰工艺的结合，通过催化还原 SO_2 成为 H_2S 和硫黄蒸气（即通常所说的超优克劳斯工艺）及选择性地氧化硫化氢来得到硫（即通常所说的超级克劳斯工艺）。

硫回收装置由一个分流的主燃烧炉、两个克劳斯催化反应器、一个超优克劳斯催化反应器和一个超级克劳斯催化反应器组成。最后的尾气被输送到焚烧炉燃烧。

1）热反应段

本装置采用的硫黄回收工艺，即通常所说的超优克劳斯工艺，是基于硫化氢与控制比例的氧气进行的部分燃烧。氧气流量自动控制，以实现酸性原料气中所有碳氢化合物的完全氧化。

传统克劳斯工艺中，氧气（空气）与酸气的比率应保证催化反应段工艺气中的 H_2S 与 SO_2 的比率刚好为2:1。这个 H_2S 与 SO_2 的比率是克劳斯反应的最佳比率。而超优克劳斯工艺的操作则是基于不同的原理。在此工艺中，氧气与酸气的比率将调整，以便在超级克劳斯催化反应段的入口处获得适当的 H_2S 浓度。为适应此要求，前端的主燃烧炉燃烧要在非克劳斯比率（H_2S 与 SO_2 的比率高于 2:1）下进行。换言之，前端燃烧的操作是基于对 H_2S 的控制，而非传统的对 H_2S/SO_2 比率的控制。

工艺气分析仪将测量超优克劳斯反应段来的工艺气中的 H_2S 浓度。分析控制器将调整通往燃烧器的氧气流量来获得理想的 H_2S 浓度。

此控制原理可以归纳如下：

（1）如果进入超级克劳斯反应段的 H_2S 的浓度太高，需要向主燃烧器供给更多的氧气。

（2）如果进入超级克劳斯反应段的 H_2S 的浓度太低，需要向主燃烧器供给相对较少的氧气。

主燃烧器和反应炉中发生的主要反应如下：

$$H_2S + 3/2O_2 \longrightarrow SO_2 + H_2O + Q$$

根据平衡反应，剩余 H_2S 中的大部分将与 SO_2 燃烧并生成硫。

$$2H_2S + SO_2 \longrightarrow 3/2S_2 + 2H_2O + Q$$

通过这个反应，即通常所说的克劳斯反应，在主燃烧器和反应炉中生成气态的硫。

2）克劳斯催化反应段

克劳斯催化反应段将进一步提高总硫转化率。在第一和第二反应器中，将发生下列反应：

$$2H_2S + SO_2 \longrightarrow 3/xS_x + 2H_2O + Q$$

在克劳斯催化剂的作用下，反应平衡往生成硫的一方移动。第一和第二反应器之后，将气态的硫黄冷凝和回收，使 H_2S 在下一个反应段中进一步转化。

3）超优克劳斯反应段

由于反应平衡不能完全将 H_2S 转化为硫，来自第一和第二反应器的工艺气含有 SO_2。由于 SO_2 在超级克劳斯反应段不发生反应，SO_2 的存在造成总硫回收的损失，同时又对环境造成污染。因此，SO_2 在超级克劳斯反应段必须还原为 H_2S，然后才能再转化成硫，这就需要在超优克劳斯反应器中通过超优克劳斯催化剂将 SO_2 与 H_2 和 CO 反应，使其转化成硫蒸气和 H_2S，从而减少 SO_2。

$$SO_2 + 2H_2 \longrightarrow 1/xS_x + 2H_2O$$

$$SO_2 + 3H_2 \longrightarrow H_2S + 2H_2O$$

$$SO_2 + 2CO \longrightarrow 1/xS_x + 2CO_2$$

4）超级克劳斯反应段

来自于超优克劳斯反应段的工艺气与空气混合。在超级克劳斯反应器中使用一种特殊催化剂，进行 H_2S 的选择氧化，以得到元素硫。将发生下列反应：

$$H_2S + 1/2O_2 \longrightarrow 1/xS_x + H_2O$$

此反应在热力学上是完全反应的，因而可得到较高收率的单质硫。

5）焚烧炉

来自超级克劳斯反应段的尾气以及来自硫黄脱气工艺的排出气体仍然含有微量的硫化合物。这些硫化合物在焚烧炉内高温下被氧化。主要反应为：

$$H_2S + 3/2O_2 \longrightarrow SO_2 + H_2O$$

$$1/xS_x + O_2 \longrightarrow SO_2$$

$$COS + 3/2O_2 \longrightarrow SO_2 + CO_2$$

3. 硫回收工艺流程说明

1）进气系统

酸性气原料气通过甲醇洗涤塔 T1701 用新鲜水洗涤，除去原料气中大部分的甲醇。塔顶出口的气体进入酸气气液分离器 D1701，将夹带的水分离。分离器中收集的酸水回流至甲醇洗涤塔 T1701。通过泵 P1701A/B 持续将甲醇洗涤塔中的酸水输送出界区。

酸性原料气在进入主燃烧器前，在酸气预热器中通过中压蒸汽预热到 230 ℃，以提高主燃烧器的温度。

2）热反应段

100%纯氧作为助燃气进入主燃烧器 Z1701，以提高燃烧温度。对于开车和停车，用风机 B1701 提供空气，进入燃烧器的氧气完全能满足原料气中所有碳氢化合物的完全氧化及所需 H_2S 的燃烧。

进入燃烧器的氧气流量由燃烧器控制系统控制。为了保持适当的燃烧温度，燃烧温度必须足够高（高于 1 000℃）。原料气不含有足够的可燃物质，为了达到所需的温度。必须通过中压蒸汽预热进料酸性气，而且还应分流原料气。部分原料气（正常约为 25%，设计为 10% ~42%）旁路经过主燃烧器，直接进入主燃烧室 F1701。

为了移走在主燃烧器和燃烧室内产生的热量，工艺气通过废热锅炉 E1701 的管束。经锅炉给水冷却，产生低压饱和蒸汽。锅炉给水在液位控制下送入废热锅炉的壳程。

工艺气中的硫蒸气被冷凝，液态硫从工艺气中分离出来。废热锅炉中的液态硫通过硫锁斗 D1703A，直接进入液硫池 V1701。废热锅炉出口管道安装有除雾器，回收工艺气中夹带的雾状的液态硫。

3）克劳斯催化反应段

来自废热锅炉的工艺气通过第一反应器 R1701 上游的第一工艺气再热器 E1708，以获得催化转化的最佳温度。第一反应器上层装填的是氧化铝型催化剂，底层是氧化钛型催化剂。

通过调整对再热器 E1708 中压蒸汽的供给，使反应器进口的温度保持在 230℃。以便在催化床底部获得良好的 COS 和 CS_2 转化。在反应器中，工艺气中的 H_2S 和 SO_2 通过催化剂发生反应，直到达到平衡。

来自第一反应器的工艺气体在第一硫冷凝器 E1702 中被冷却。工艺气通过第二工艺气再热器 E1709，然后在第二反应器 R1702 中转化（通过氧化钛催化剂进一步转化 COS/CS_2）。第二反应器的入口温度约为 220 ℃，低于第一反应器内的温度，以提高 H_2S 和 SO_2 的硫转化。处于装置低负荷时（低于 40%），入口温度应提高到 220 ℃ ~225 ℃，以避免硫黄在催化剂床层冷凝。接着工艺气在第二硫冷凝器 E1703 中被冷却。硫蒸气在两个克劳斯冷凝器中被冷凝。液态硫通过硫锁斗 D1703B/C，排入液硫池 V1701。

4）超优克劳斯反应段

来自于第二硫冷凝器的工艺气在第三再热器 E1710 中再次加热，以获得最佳温度（205 ℃），以便在超优克劳斯反应器 R1703 中催化转化。

超优克劳斯反应器装有三个不同类型的催化剂。上层由氧化铝型催化剂组成，促进 H_2S 和 SO_2 转化成硫。由于超级克劳斯的最后反应段不转化除 H_2S 以外的成分，这些成分进入超级克劳斯段造成回收率降低。因此第二层是超优克劳斯催化剂，这是一种加氢催化剂。这种催化剂还原 SO_2 成为 H_2S

和硫蒸气。最后，底层由氧化钛型催化剂组成，水解 COS。

来自于超优克劳斯反应器的工艺气经过第三硫冷凝器被冷却，工艺气中的硫被冷凝并分离出来。液态硫通过硫锁斗 D1703D 直接被送到液硫池。第一、二、三硫冷凝器组合在一个外壳里。锅炉给水在液位控制下送入冷凝器的壳程。废热锅炉和冷凝器产生低压蒸汽，用于装置加热，其余输出至界区外蒸汽管网。每一个出口管道都安装有除雾网，回收工艺气中夹带的雾状液态硫。

5）超级克劳斯反应段

为获得较高的硫黄回收率，工艺气将通往第四个催化反应段，即超级克劳斯段。工艺气将在第四级工艺气再热器 E1711 中被加热，之后经过预热的氧化空气（蒸汽夹套管线）将被注入工艺气。氧化空气由风机 B1701 提供。工艺气和空气将在静态混合器 A1701 中达到适当混合。H_2S 在超级克劳斯反应器 R1704 中被选择氧化成硫。它含有一种特殊的选择性氧化催化剂。空气采用过量供给，以维持反应器内的氧化条件，防止催化剂硫化。因此对空气流量进行控制。流量控制器的设定值取决于装置的相对负荷（根据计算出的主燃烧器的空气需求量）以及超级克劳斯段上游尾气中 H_2S 的浓度。超级克劳斯反应器入口温度的范围为 210 ℃～230 ℃。离开超级克劳斯反应器的气体进入超克硫冷凝器 E1705。为了尽可能多地冷凝硫蒸气，超克硫冷凝器在工作时保持较低的温度。通过在低压下产生蒸汽可以做到这一点。超克硫冷凝器产生的蒸汽通过空气冷却器被冷凝。蒸汽压力由调整蒸汽冷凝器风扇速度的控制器来控制。0.18 MPa 的压力与 117 ℃的蒸汽温度相对应，比硫的凝固温度稍高。控制系统将确保高于硫凝固温度的安全限度。

来自于超克硫冷凝器的液态硫通过硫锁斗 D1703E，被输送到液硫池。像克劳斯部分中的冷凝器一样，超克硫冷凝器出口管道也配有一个除雾网，来回收夹带在工艺气中的雾状的液态硫。工艺气从超克硫冷凝器进如下游的液硫捕集器 D1702，其带有一个除雾网。在此捕集器中，最后的微量液态硫将同气体分离。捕集器中的液态硫通过硫斗装置 D1703F，被输送到液硫池。如超级克劳斯装置发生故障，可绕过超级克劳斯反应段，而不必停运克劳斯。超优克劳斯反应段的工艺气可通过超级克劳斯旁路被输送到焚烧炉。

6）液硫存储

硫回收装置产生的液态硫将被存储在液硫池 V1701 中。吹扫空气持续鼓入液硫池气相空间，防止由于溶解于液硫的 H_2S 的释放而形成爆炸或中毒。吹扫空气通过位于液硫池上的空气入口进入液硫池。空气和液硫释放出的微量的 H_2S 被液硫喷射器 J1701 吸走排至焚烧炉。在低负荷时，液硫池内的温度通过位于液硫池底部的蒸汽盘管维持在高于硫凝固点的温度之上。液硫池中的硫将通过液硫泵 P1702，被送出界区外进行进一步处理。

7）焚烧炉

超级克劳斯尾气（或者旁路操作的情况下的克劳斯尾气）和液硫池排出气体中含有残余的 H_2S 和其他硫的化合物，它们都不能直接被排放到大气中去。因此两个系统的气体采用与燃料气混合的方式加热将其在焚烧炉中被焚烧，将残余的 H_2S 和硫化物在热焚烧炉 F1702 中通过过量空气氧化转化成 SO_2。进入燃烧器的燃料气通过焚烧炉的温度控制进行调整。燃料气的燃烧空气来自焚烧炉的风机 B1701。风机亦被用来为超级克劳斯反应段提供氧化硫化合物需要的空气，为燃料气管道提供急冷空气（只适用于开车、停车和热备条件），为热反应段提供燃烧空气。

在焚烧炉的烟道气中有一个氧气分析仪，可以调节空气进量，使氧气在焚烧炉的烟道气中过量 8.0%（体积分数）。氧气过量能确保烟道气中含有的 SO_2 小于 550 mg/Nm。离开焚烧炉的烟道气在进入通往烟囱 X1701 的烟道前，通过与急冷空气混合被冷却。急冷空气部分来自于风机，部分来自于自然进风的大气。混合后的温度通过调节急冷空气的供给而得到自动控制。

8）公用工程

高压蒸汽：过热的高压蒸汽（9.8 MPa）来自于界区外蒸汽管网，通过高压锅炉给水减温减压至 4.4 MPa，作为酸气再热器和工艺气预热器的加热介质。

低压蒸汽：低压饱和蒸汽（0.7 MPa）产生于废热锅炉 E1701 以及硫冷凝器 E1702/03/04 和闪蒸罐 D1705，用于设备加热（比如：管道和设备的吹扫、夹套伴热以及液硫池的加热）及液硫池灭火蒸汽。低压蒸汽同样也用作液硫储存系统蒸汽喷射器的动力蒸汽及 R1704 加热氧化空气。剩余的低压蒸汽将被排放至管网中。在热备过程中，当环境不允许空气冷却时，低压蒸汽被送至主燃烧器用于冷却燃料气火焰。当装置中的设备处于冷态（低于100 ℃）时，无论是为了冷却还是吹扫，都不要将蒸汽引至装置，以防受热聚变。

低压锅炉给水：低压锅炉给水被送至废热锅炉和硫黄冷凝器。在开车过程中，低压锅炉给水还被送至超克硫冷凝器。

高压锅炉给水：高压锅炉给水用于减温高压蒸汽至饱和温度。

新鲜水：新鲜水被持续送至甲醇洗涤塔 T1701。新鲜水也用于冷却从废水罐 D1704 排出的液体。

氮气：主燃烧器的点火器、火焰扫描器和视镜，以及主燃烧室的温度计需要少量的氮气进行连续的吹扫。焚烧炉的火焰扫描仪也需要少量的氮气进行连续的吹扫。在点火之前，主燃烧器和燃烧室需要间断性的氮气吹扫。在超克硫冷凝器入口灭火时，需要间断性的氮气吹扫。

4. 硫回收工段点位表

(1) 硫回收工段工艺指标一览表如表8－1所示。

表8－1　硫回收工段工艺指标一览表

工段	位号	稳态值	单位	报警低限	报警高限
硫回收工段	AI17003	8.63	%	7	11
	AI17004	117.73	$\times 10^{-6}$	350	1 000
	FI17042	2 974.24	kg/h	/	/
	FI17043	109.31	kg/h	/	/
	FI17065	372.59	kg/h	/	/
	FI17068	465.11	kg/h	/	/
	FIC17001	1 809.19	kg/h	1 600	2 500
	FIC17002	38.93	kg/h	37	41
	FIC17003	2 814.01	kg/h	2 600	3 000
	FIC17005	312.60	kg/h	750	1 400
	FIC17015	480.16	kg/h	470	490
	FIC17020	0.00	kg/h	/	/
	FIC17021	0.00	kg/h	20	70
	FIC17033	0.00	kg/h	/	/
	FIC17034	0.00	kg/h	/	/
	FIC17037	134.82	kg/h	/	/
	FIC17061	964.62	kg/h	/	/
	FIC17062	1 543.28	kg/h	/	/
	FIC17064	3 973.23	kg/h	/	/
	FIG17049	489.39	kg/h	/	/
	LI17015	35.79	%	20	70
	LIC17001	33.35	%	20	70
	LIC17004	35.17	%	20	70
	LIC17012	34.904	%	20	70
	LIC17016	51.503	%	20	70
	LIC17017	34.19	%	20	70
	LIC17021	30.86	%	20	70

续表

工段	位号	稳态值	单位	报警低限	报警高限
硫回收工段	PDI17002	0. 001	MPa	0	0. 1
	PDI17016	0. 00	MPa	0	0. 1
	PI17001	0. 18	MPa	/	/
	PI17008	0. 16	MPa	/	/
	PI17009	0. 35	MPa	/	/
	PI17010	0. 24	MPa	/	/
	PI17013	0. 15	MPa	/	/
	PI17025	0. 19	MPa	/	/
	PI17030	0. 35	MPa	/	/
	PI17032	0. 35	MPa	/	/
	PI17033	4. 51	MPa	/	/
	PI17051	0. 10	MPa	/	/
	PI17111	0. 12	MPa	/	/
	PIC17034	0. 59	MPa	/	/
	PIC17035	0. 79	MPa	/	/
	PIC17045	4. 51	MPa	/	/
	TI17001	42. 00	℃	/	/
	TI17002	36. 05	℃	15	50
	TI17003	229. 78	℃	/	/
	TI17004	39. 56	℃	/	/
	TI17005	154. 07	℃	290	330
	TI17006	30. 00	℃	/	/
	TI17007	1 246. 82	℃	750	1 400
	TI17008	1 246. 82	℃	750	1 400
	TI17009	1 246. 82	℃	750	1 400
	TI17012	190. 54	℃	/	/
	TI17015A	263. 018	℃	/	370
	TI17015B	295. 079	℃	/	370
	TI17015C	327. 14	℃	/	370
	TI17021	359. 201	℃	/	400
	TI17024	196. 646	℃	/	250
	TI17026A	206. 375	℃	/	280
	TI17026B	211. 093	℃	/	280

续表

工段	位号	稳态值	单位	报警低限	报警高限
硫回收工段	TI17026C	215.811	℃	/	280
	TI17027	272.90	℃	/	/
	TI17032	177.185	℃	/	260
	TI17033	217.193	℃	/	260
	TI17035A	203.90	℃	/	260
	TI17035B	207.92	℃	/	260
	TI17035C	211.88	℃	/	260
	TI17036A	208.90	℃	/	260
	TI17036B	212.92	℃	/	260
	TI17036C	216.91	m^3/h	/	260
	TI17041	217.57	℃	/	260
	TI17042	176.99	℃	/	240
	TI17044A	227.34	℃	/	250
	TI17044B	242.47	℃	/	280
	TI17044C	273.74	℃	/	300
	TI17047A	229.34	℃	/	250
	TI17047B	244.47	℃	/	280
	TI17047C	275.74	℃	/	300
	TI17050	164.72	℃	/	/
	TI17051	170.91	℃	/	200
	TI17052	118.50	℃	/	135
	TI17053	133.00	℃	/	/
	TI17055	152.10	℃	160	/
	TI17056	134.24	℃	160	/
	TI17057	150.08	℃	160	/
	TI17058	150.59	℃	170	/
	TI17061	907.67	℃	900	/
	TI17066	29.80	℃	/	/
	TI17067	540.00	℃	/	/
	TI17070	118.71	℃	/	/
	TI17073	151.52	℃	/	/
	TI17111	30.53	℃	/	/
	TIC17014	228.412	℃	210	250

续表

工段	位号	稳态值	单位	报警低限	报警高限
硫回收工段	TIC17025	218.925	℃	200	230
	TIC17034	202.00	℃	190	215
	TIC17043	211.36	℃	190	230
	TIC17063	811.54	℃	/	/
	TIC17064	609.60	℃	/	/
	TIC17068	262.18	℃	/	275
	TV17034	0.00	℃	/	/

（2）硫回收工段阀门一览表如表8－2所示。

表8－2　硫回收工段阀门一览表

工段	位号	描述	属性
硫回收工段	XV17001	新鲜水进脱甲醇塔切断阀	电磁阀
	XV17002	酸水出脱甲醇塔切断阀	电磁阀
	XV17003	预热酸气进料切断阀	电磁阀
	XV17006	空气进主燃烧塔切断阀	电磁阀
	XV17007	混合燃料气进料第一道切断阀	电磁阀
	XV17008	混合燃料气进料第二道切断阀	电磁阀
	XV17009	低压蒸汽进主燃烧室切断阀	电磁阀
	XV17010	低压氮气进主燃烧室切断阀	电磁阀
	XV17011	工艺气进静态混合器切断阀	电磁阀
	XV17012	工艺气排空阀	电磁阀
	XV17013	低压蒸汽进液硫喷射器阀	电磁阀
	XV17014	液硫喷射器出口阀	电磁阀
	XV17015	燃料气进焚烧炉第一道切断阀	电磁阀
	XV17016	燃料气进焚烧炉第二道切断阀	电磁阀
	XV17019	鼓风机出口切断阀	电磁阀
	XV17020	排污罐排污切断阀	电磁阀
	XV17021	氧气进主燃烧室切断阀	电磁阀
	FV17001	新鲜水进脱甲醇塔调节阀	可控调节阀
	FV17002	氧气进主燃烧室支路调节阀	可控调节阀
	FV17003	酸气进主燃烧室调节阀	可控调节阀
	FV17005	酸气进主燃烧室支路调节阀	可控调节阀

续表

工段	位号	描述	属性
硫回收工段	FV17015	氧气进主燃烧室调节阀	可控调节阀
	FV17020	空气进主燃烧塔调节阀	可控调节阀
	FV17021	混合燃料气进料调节阀	可控调节阀
	FV17033	低压蒸汽进主燃烧室调节阀	可控调节阀
	FV17034	低压氮气进主燃烧室调节阀	可控调节阀
	FV17037	空气进静态混合器调节阀	可控调节阀
	FV17049	燃料气进焚烧炉调节阀	可控调节阀
	FV17061	空气进焚烧炉 1#调节阀	可控调节阀
	FV17062	空气进焚烧炉 2#调节阀	可控调节阀
	FV17064	空气进焚烧炉 3#调节阀	可控调节阀
	LV17001	脱甲醇塔液位调节阀	可控调节阀
	LV17004	废热锅炉液位调节阀	可控调节阀
	LV17012	第一硫冷凝器液位调节阀	可控调节阀
	LV17016	液硫池排硫阀	可控调节阀
	LV17017	闪蒸罐液位调节阀	可控调节阀
	LV17021	排污罐液位调节阀	可控调节阀
	PV17034	低压蒸汽压力调节阀	可控调节阀
	PV17035	低压蒸汽支路压力调节阀	可控调节阀
	PV17045	高压蒸汽压力调节阀	可控调节阀
	TV17005	自然通风口 1#阀	可控调节阀
	TV17007	自然通风口 2#阀	可控调节阀
	TV17008	高压锅炉给水温度调节阀	可控调节阀
	TV17014	第一再热器中压蒸汽进料阀	可控调节阀
	TV17025	第二再热器中压蒸汽进料阀	可控调节阀
	TV17034	第三再热器中压蒸汽进料阀	可控调节阀
	TV17043	第四再热器中压蒸汽进料阀	可控调节阀
	TV17063	焚烧炉温度调节阀	可控调节阀
	MV17001	酸气进料调节阀	手动调节阀
	MV17002	中压蒸汽进酸气预热器调节阀	手动调节阀
	MV17003	酸气预热器冷凝液调节阀	手动调节阀
	MV17004	废热锅炉进排污罐阀	手动调节阀
	MV17005	废热锅炉进液硫锁斗 A 阀	手动调节阀
	MV17006	液硫锁斗 A 排硫阀	手动调节阀

续表

工段	位号	描述	属性
硫回收工段	MV17007	第一硫冷凝器进液硫锁斗 B 阀	手动调节阀
	MV17008	第一硫冷凝器排污阀	手动调节阀
	MV17009	第二硫冷凝器进液硫锁斗 C 阀	手动调节阀
	MV17010	液硫锁斗 B 排硫阀	手动调节阀
	MV17011	液硫锁斗 C 排硫阀	手动调节阀
	MV17012	第一再热器中压蒸汽冷凝液排污阀	手动调节阀
	MV17013	第二再热器中压蒸汽冷凝液排污阀	手动调节阀
	MV17014	超克硫冷凝器锅炉给水阀	手动调节阀
	MV17015	第三硫冷凝器进液硫锁斗 D 阀	手动调节阀
	MV17016	超克硫冷凝器进液硫锁斗 E 阀	手动调节阀
	MV17017	液硫捕捉器进液硫锁斗 F 阀	手动调节阀
	MV17018	进静态混合器空气旁路阀	手动调节阀
	MV17019	超克硫冷凝器排污阀	手动调节阀
	MV17020	液硫锁斗 D 阀排硫阀	手动调节阀
	MV17021	液硫锁斗 E 阀排硫阀	手动调节阀
	MV17022	液硫锁斗 F 阀排硫阀	手动调节阀
	MV17023	第三再热器中压蒸汽冷凝液排污阀	手动调节阀
	MV17024	第四再热器中压蒸汽冷凝液排污阀	手动调节阀
	MV17026	液硫冷凝器低压锅炉给水阀	手动调节阀
	MV17027	氧气进料压力调节阀	手动调节阀
	MV17028	排污罐增压阀	手动调节阀
	MV17029	排污罐泄压阀	手动调节阀

（3）硫回收工段设备一览表如表 8－3 所示。

表 8－3　硫回收工段设备一览表

工段	点位	描述
硫回收工段	A1701	静态混合器
	B1701	鼓风机
	D1701	酸气分液罐
	D1702	液硫捕集器
	D1703A	1#液硫锁斗
	D1703B	2#液硫锁斗

续表

工段	点位	描述
硫回收工段	D1703C	3#液硫锁斗
	D1703D	4#液硫锁斗
	D1703E	5#液硫锁斗
	D1703F	6#液硫锁斗
	D1704	排污罐
	D1705	闪蒸罐
	E1701	废热锅炉
	E1702	第一硫冷凝器
	E1703	第二硫冷凝器
	E1704	第三硫冷凝器
	E1705	超克硫冷凝器
	E1706	蒸汽硫冷凝器
	E1707	酸气预热器
	E1708	第一再热器
	E1709	第二再热器
	E1710	第三再热器
	E1711	第四再热器
	E1712	液硫冷却器
	F1701	主燃烧室
	F1702	焚烧炉
	J1701	硫池喷射器
	M1702	冷风机
	P1701	算水泵
	P1702	液硫泵
	R1701	第一反应器
	R1702	第二反应器
	R1703	超优克劳斯反应器
	R1704	超级克劳斯反应器
	T1701	脱甲醇塔
	V1701	液硫池
	X1701	烟囱
	Z1701	主烧嘴
	Z1702	焚烧炉烧嘴

任务二　硫回收工段开车操作技能训练

一、硫回收工段开车操作员分工概述

硫回收工段开车操作员根据操作内容不同，分为硫回收操作员和现场操作员。硫回收操作员负责对中控室硫回收段 DCS 画面的自动阀和自动开关进行操作；现场操作员负责对硫回收工段工艺现场部分的手动阀及现场开关进行操作。

二、硫回收工段开车操作注意事项

硫回收工段开车操作主要包括装填催化剂后的开车立烘炉、原料气通入前准备工作、酸气进料、启动硫储存系统和运行超级克劳斯。在开车操作中需要注意以下事项：

（1）硫回收工段的开车，不要求建立冷凝器液位以及冷凝液收集罐的液位。如果在开车过程中有液位达到 30%，则打开相应出口阀（现场阀），开度设为 5%。

（2）在开车过程中，如果换热器 E1708、E1709、E1710、E1711 的凝液量（计算值）达到 30%，则打开相应出口阀（现场阀），开度设为 5%。

（3）在启动主燃烧器之前需要建立液位，如果液位没有建立会导致工艺气温度过高，且温度不容易下降。

三、硫回收岗位的操作画面

硫回收岗位的操作画面如图 8－1～图 8－7 所示。

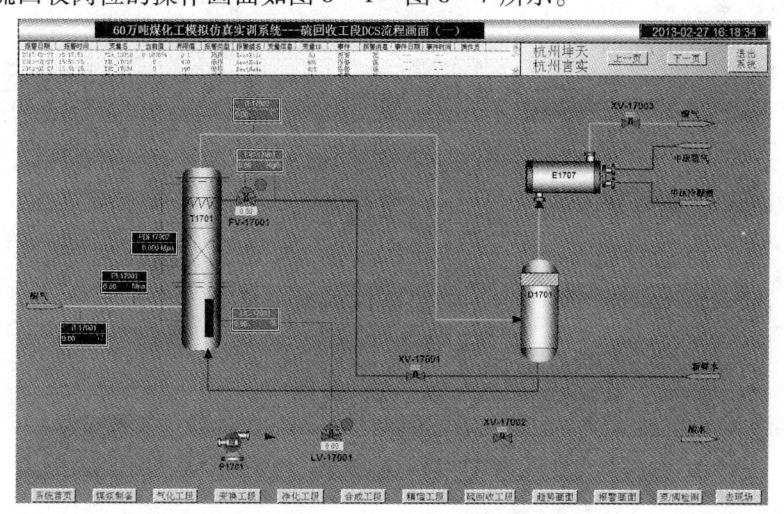

图 8－1　硫回收工段 DCS 流程画面（一）

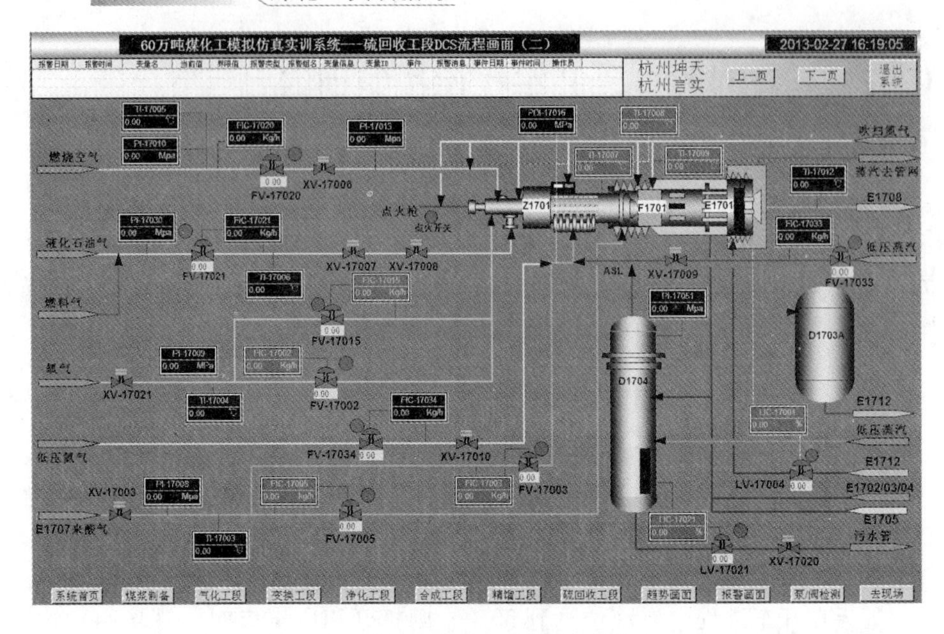

图 8－2　硫回收工段 DCS 流程画面（二）

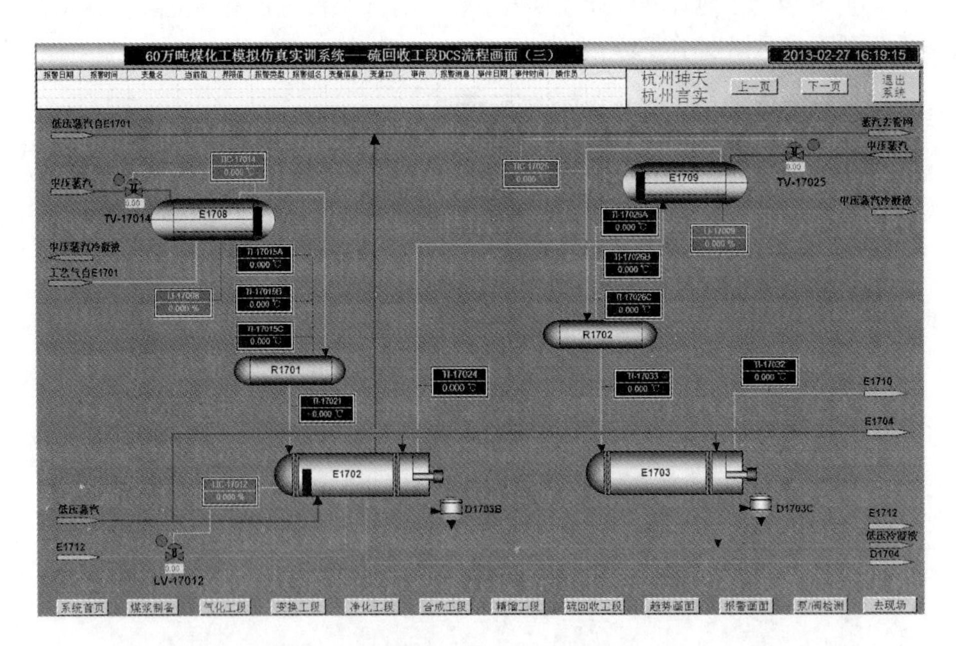

图 8－3　硫回收工段 DCS 流程画面（三）

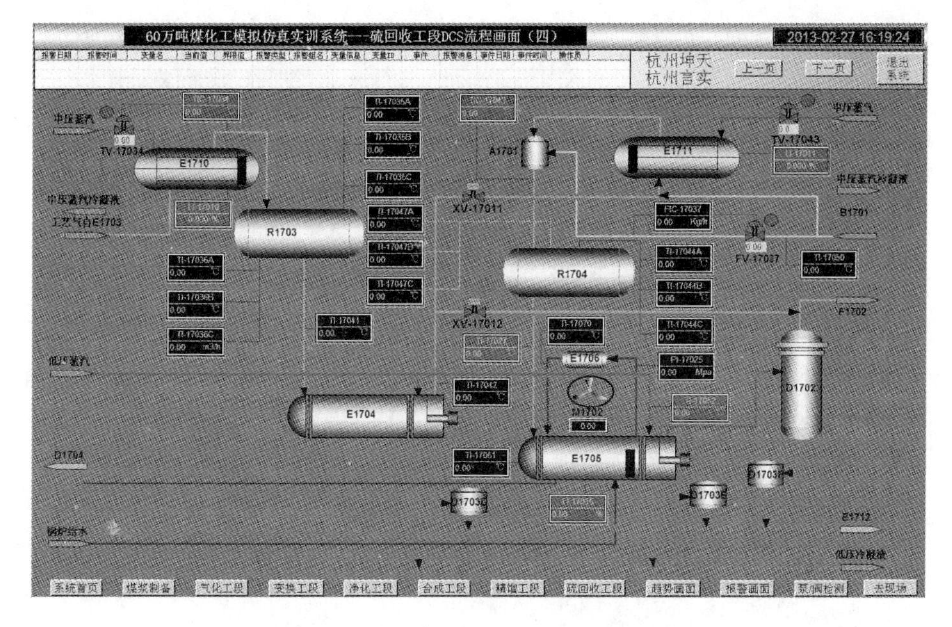

图 8－4　硫回收工段 DCS 流程画面（四）

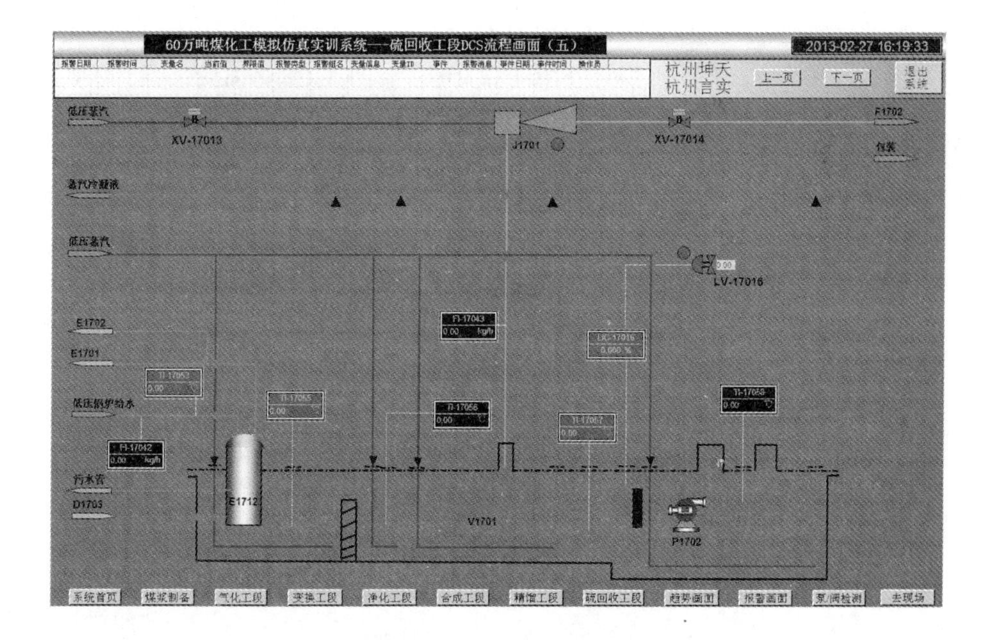

图 8－5　硫回收工段 DCS 流程画面（五）

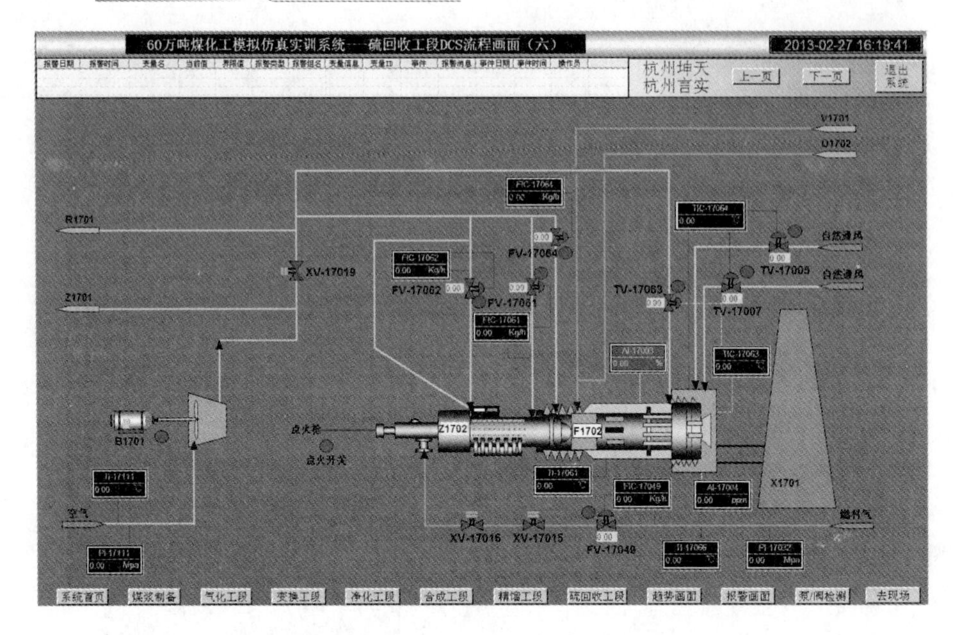

图 8－6　硫回收工段 DCS 流程画面（六）

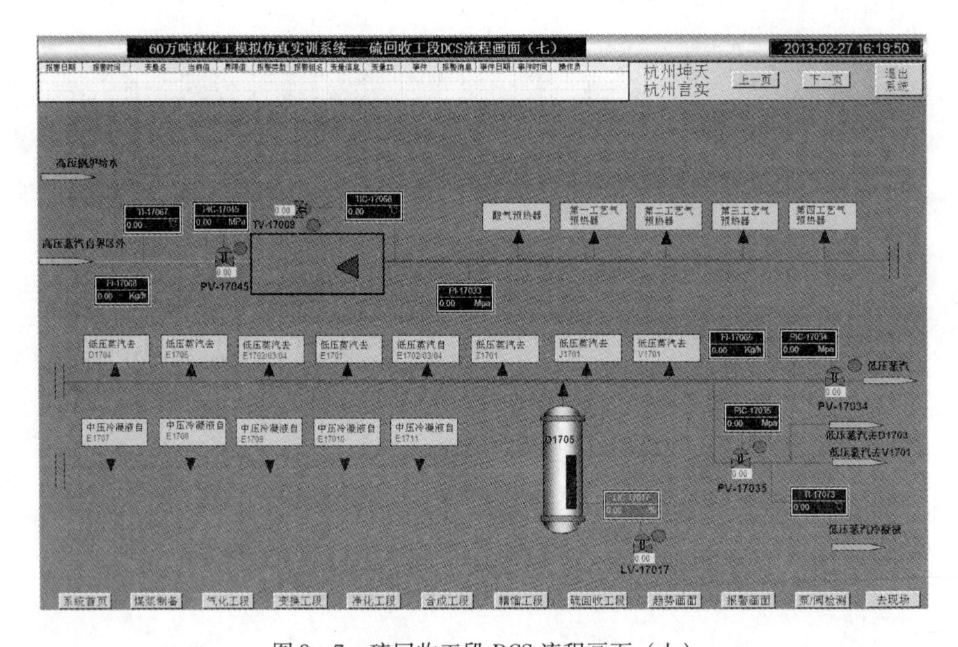

图 8－7　硫回收工段 DCS 流程画面（七）

四、硫回收工段开车操作

1. 装填催化剂后的开车立烘炉

1）启动焚烧炉

启动焚烧炉前需要开启空气鼓风机，进行吹扫。具体操作步骤如下：

（1）硫回收操作员进入硫回收工段 DCS 流程画面（六），打开空气鼓风机出口阀 XV17019。

（2）现场操作员在硫回收现场开启鼓风机 B1701，确保鼓风机运行。

（3）硫回收操作员进入硫回收工段 DCS 流程画面（六），打开空气进料阀 FV17062，开度设为 10%；打开空气进料阀 FV17061，开度设为 25% 进行吹扫；等待 3 分钟，完成吹扫。

（4）硫回收操作员进入硫回收工段 DCS 流程画面（六），点击点火按钮，燃料气阀打开（XV17015，XV17016 自动打开）。

（5）硫回收操作员进入硫回收工段 DCS 流程画面（六），逐渐打开燃料气进焚烧炉阀 FV17049，最终开度设为 50%。

（6）硫回收操作员进入硫回收工段 DCS 流程画面（六），调节阀 FV17062，开度设为 50%；调节阀 FV17061，开度设为 50%；打开阀 FV17064，开度设为 50%，过量空气燃烧。

（7）硫回收操作员进入硫回收工段 DCS 流程画面（六），打开阀 TV17063，开度设为 50%，打开阀 TV17005，开度设为 50%，使烟道气管道供应急冷空气。

2）建立反应器/燃烧炉的冷却水液位

建立反应器/燃烧炉的冷却水液位可与克劳斯/超优克劳斯反应器加热一起进行，在启动燃烧炉前完成。在建立液位和反应器加热前，需要在体系内通入空气。具体操作步骤如下：

（1）硫回收操作员进入硫回收工段 DCS 流程画面（二），打开 XV17006，引进主燃烧器空气。

（2）硫回收操作员进入硫回收工段 DCS 流程画面（二），调节阀 FV17020，开度设为 17.6%，通入空气。

（3）现场操作员在硫回收现场，打开 E1712 锅炉给水进料阀 MV17026，开度设为 50%。

（4）硫回收操作员进入硫回收工段 DCS 流程画面（二），打开 E1701 进液阀 LV17004，开度设为 100%。

（5）硫回收操作员进入硫回收工段 DCS 流程画面（三），打开 E1702 进液阀 LV17012，开度设为 100%。

（6）硫回收操作员进入硫回收工段 DCS 流程画面（二），等待 E1701 液位 LIC17004 达到 30%，将阀 LV17004 开度设为 50%。

注意：在开车过程中，如果液位 LI17004 超过 45%，打开 E1701 出口阀（现场阀）MV17004，开度设为 5%，可在一定范围内调节，维持液位稳定。

（7）硫回收操作员进入硫回收工段 DCS 流程画面（三），等待 E1702 液位 LIC17012 达到 30%，将阀 LV17012 开度设为 50%。

注意：在开车过程中，如果液位 LI17012 超过 45%，打开 E1702 出口阀（现场阀）MV17008，开度设为 5%，可在一定范围内调节，维持液位稳定。

（8）现场操作员在硫回收现场，调节 E1712 锅炉给水进料阀 MV17026 开度设为 5%。

3）克劳斯/超优克劳斯反应器加热

克劳斯/超优克劳斯反应器加热可与建立反应器/燃烧炉的冷却水液位一起进行，在启动燃烧炉前完成。具体操作步骤如下：

（1）硫回收操作员进入硫回收工段 DCS 流程画面（三），调节 E1708 蒸汽进料阀 TV17014，开度设为 50%。

（2）硫回收操作员进入硫回收工段 DCS 流程画面（三），调节 E1709 蒸汽进料阀 TV17025，开度设为 50%。

（3）硫回收操作员进入硫回收工段 DCS 流程画面（四），调节 E1710 蒸汽进料阀 TV17034，开度设为 50%。

（4）硫回收操作员进入硫回收工段 DCS 流程画面（四），调节 E1711 蒸汽进料阀 TV17043，开度设为 50%。

（5）硫回收操作员进入硫回收工段 DCS 流程画面（三），等待第一克劳斯反应器温度 TIC17014 达到 240 ℃。

（6）硫回收操作员进入硫回收工段 DCS 流程画面（三），等待第二克劳斯反应器温度 TIC17025 达到 220 ℃。

（7）硫回收操作员进入硫回收工段 DCS 流程画面（四），等待超级克劳斯反应器的温度 TIC17034 达到 220 ℃。

（8）硫回收操作员进入硫回收工段 DCS 流程画面（四），等待超优克劳斯反应器的温度 TIC17043 达到 210 ℃。

注意：如果反应器温度达不到要求，则操作各反应器对应的蒸汽进料阀来调节。

（9）硫回收操作员进入硫回收工段 DCS 流程画面（二），关闭 XV17006，停止供应主燃烧器 F1701 空气。

4）启动主燃烧器

检查启动主燃烧器的许可条件：

（1）确定超级克劳斯反应段入口阀 XV17011 处于关闭状态，旁路的 XV17012 处于开启状态（需手动开启）；

（2）出酸气预热器 E1707 的酸气总阀 XV17003 和调节阀 FV17003、FV17005 关闭；

（3）进主燃烧器的氧气总阀 XV17021 关闭；

（4）进主燃烧器的燃料气/LPG 总阀 XV17007、XV17008 关闭。

具体操作步骤如下：

（1）硫回收操作员进入硫回收工段 DCS 流程画面（二），打开 XV17010，引进氮气。

（2）硫回收操作员进入硫回收工段 DCS 流程画面（二），缓慢打开氮气进料阀 FV17034，开度设为 50%，开始吹扫，确保氮气流量在 97 kg/h 以上。

（3）硫回收操作员进入硫回收工段 DCS 流程画面（二），等待 5 min，完成吹扫，关闭阀 XV17010，停止氮气进料。

（4）硫回收操作员进入硫回收工段 DCS 流程画面（二），关闭氮气进料阀 FV17034。

（5）硫回收操作员进入硫回收工段 DCS 流程画面（二），点击点火按钮，燃料气气阀打开（XV17007、XV17008 自动打开）。

（6）硫回收操作员进入硫回收工段 DCS 流程画面（二），打开 XV17006，引进燃烧空气。

（7）硫回收操作员进入硫回收工段 DCS 流程画面（二），调节阀 FV17020，开度设为 20%，在一定范围内手动调节阀 FV17020，使空气流量 FIC17020 为 722 kg/h 左右。

（8）硫回收操作员进入硫回收工段 DCS 流程画面（二），调节阀 FV17021，开度设为 42%；在一定范围内手动调节阀 FV17021，使燃料气流量 FIC17021 为 176 kg/h 左右。

2. 原料气通入前准备工作

具体操作步骤如下：

（1）现场操作员在硫回收现场，缓慢打开硫冷凝器 D1701A 后阀 MV17006，开度设为 50%；打开前阀 MV17005，开度设为 50%。

（2）现场操作员在硫回收现场，缓慢打开硫冷凝器 D1701B 后阀 MV17010，开度设为 50%；打开前阀 MV17007，开度设为 50%。

（3）现场操作员在硫回收现场，缓慢打开硫冷凝器 D1701C 后阀 MV17011，开度设为 50%；打开前阀 MV17009，开度设为 50%。

（4）现场操作员在硫回收现场，缓慢打开硫冷凝器 D1701D 后阀

MV17020，开度设为50%；打开前阀MV17015，开度设为50%。

（5）现场操作员在硫回收现场，缓慢打开硫冷凝器D1701E后阀MV17021，开度设为50%；打开前阀MV17016，开度设为50%。

（6）现场操作员在硫回收现场，缓慢打开硫捕捉器D1701F后阀MV17022，开度设为50%；打开前阀MV17017，开度设为50%。

（7）调节供给酸气预热器的中压蒸汽，现场操作员在硫回收现场打开阀MV17002，开度设为50%；打开冷凝液出料阀MV17003，开度设为50%。

（8）硫回收操作员进入硫回收工段DCS流程画面（一），打开新鲜水进料阀XV17001。

（9）硫回收操作员进入硫回收工段DCS流程画面（一），打开阀FV17001，开度设为50%，使新鲜水以正常流量进入甲醇洗涤塔。

（10）硫回收操作员进入硫回收工段DCS流程画面（一），等待T1701液位LIC17001达到30%，打开阀LV17001，开度设为30%。

（11）硫回收操作员进入硫回收工段DCS流程画面（一），打开酸水出口阀XV17002。

（12）现场操作员在硫回收现场，启动酸水泵P1701。

注意：在此后的操作中，调节阀LV17001的开度维持液位LIC17001平衡，最终开度稳定在5%。

3. 酸气进料

具体操作步骤如下：

（1）硫回收操作员进入硫回收工段DCS流程画面（二），打开氧气进料阀XV17021。

（2）硫回收操作员进入硫回收工段DCS流程画面（二），预调整氧气进料，打开阀FV17002，开度设为50%，打开主进料阀FV17015，开度设为50%。

（3）现场操作员在硫回收现场，逐渐打开氧气进料阀MV17027，最终开度设为50%。

（4）硫回收操作员进入硫回收工段DCS流程画面（二），打开酸性原料气管线上的界区阀门XV17003，向主燃烧器供应酸性原料气。

（5）硫回收操作员预调整酸性原料气进料，打开主进料阀FV17003，开度设为50%，打开阀FV17005，开度设为50%。

（6）现场操作员在硫回收现场，逐渐打开酸气进料阀MV17001，最终开度设为50%，实现原料气与氧气进料比为5:1。维持燃烧室中的温度TI17007（硫回收工段DCS流程画面（二））高于1 000 ℃。确保供给燃烧器的原料气流量FIC17015、FIC17002总和不低于500 kg/h。

（7）硫回收操作员进入硫回收工段 DCS 流程画面（二），逐渐减小阀 FV17021 开度，最后为 0，停止向主燃烧器供应燃料气。

（8）硫回收操作员进入硫回收工段 DCS 流程画面（二），关闭燃料气切断阀 XV17007 和 XV17008。

（9）硫回收操作员进入硫回收工段 DCS 流程画面（二），逐渐减小阀 FV17020 开度，最后减小到 0，停止向主燃烧器供应燃烧空气。

（10）硫回收操作员进入硫回收工段 DCS 流程画面（二），关闭阀 XV17006。

注意：燃料气只能和燃烧空气一起燃烧，酸气只能和氧气一起燃烧。

4. *启动硫储存系统*

鼓风机运行后，即可启动 J1701 喷射器。由于吹扫空气会立即排放出大量的 H_2S，因此喷射器运行应先通入酸气。

具体操作步骤如下：

（1）硫回收操作员进入硫回收工段 DCS 流程画面（五），调节液硫池喷射器的蒸汽开关 XV17013，始向喷射器供应蒸汽。

（2）硫回收操作员进入硫回收工段 DCS 流程画面（五），启动蒸汽喷射器，开 J1701。

（3）现场操作员在硫回收现场，打开喷射器排气阀 XV17014。

5. *运行超级克劳斯*

具体操作步骤如下：

（1）现场操作员在硫回收现场，打开 E1705 锅炉给水阀 MV17014，开度设为 50%。

（2）现场操作员在硫回收现场，开启冷风机 M1702，效率设为 50。

（3）硫回收操作员进入硫回收工段 DCS 流程画面（四），打开阀 XV17011，关闭 XV17012。

（4）硫回收操作员进入硫回收工段 DCS 流程画面（四），打开阀 FV17037，开度设为 50%，进行吹扫。

（5）硫回收操作员进入硫回收工段 DCS 流程画面（三），调整进口蒸汽阀 FV17014 开度，使第一克劳斯反应器 R1701 入口温度 TIC17014 在正常值 240 ℃左右。

（6）硫回收操作员进入硫回收工段 DCS 流程画面（三），调整进口蒸汽阀 FV17025 开度，使第二克劳斯反应器 R1702 入口温度 TIC17025 在正常值 220 ℃左右。

（7）硫回收操作员进入硫回收工段 DCS 流程画面（四），调整进口蒸汽阀 FV17034 开度，使超优克劳斯反应器 R1703 入口温度 TIC17034 在正常值 200 ℃左右。

(8) 硫回收操作员进入硫回收工段 DCS 流程画面（四），调整进口蒸汽阀 FV17043 开度，使超级克劳斯反应器 R1704 入口温度 TIC17043 在正常值 210 ℃左右。

(9) 现场操作员在硫回收现场，调整阀 MV17026 开度，使液硫槽储存室里的液硫温度 TI17055（硫回收工段 DCS 流程画面（五））保持低于 165 ℃。

(10) 硫回收操作员进入硫回收工段 DCS 流程画面（六），确保 AI17003 为 8.76% 左右。

(11) 硫回收操作员进入硫回收工段 DCS 流程画面（六），等待 AI17004 小于 150×10^{-6}。开车以 AI17004 低于 150×10^{-6} 为结束标志，如果达不到要求，温度的考评会一直持续。

任务三　硫回收工段停车操作技能训练

一、硫回收工段停车操作员分工概述

硫回收工段停车操作员根据操作内容不同，分为硫回收操作员和现场操作员。硫回收操作员负责对中控室硫回收段 DCS 画面的自动阀和自动开关进行操作；现场操作员负责对硫回收工段工艺现场部分的手动阀及现场开关进行操作。

二、硫回收工段停车操作注意事项

硫回收工段停车操作主要包括降低进料气流量、增加反应器入口温度、停止原料气供应、将硫从催化剂中汽提出来以及装置冷却。在停车操作中需要注意以下事项：

(1) 硫回收工段 DCS 流程画面（七）作为硫回收工段公用工程，冷凝液收集罐 D1705 不进行排液。

(2) 如果罐内液位低于 5%，则需将相应的出排液泵关闭，确保泵不会空转。

(3) 在关闭换热器 E1708、E1709、E1710、E1711 各自排液阀后，由于温度降低，罐内蒸汽会冷凝成液体，可手动打开出口阀进行二次排液。

三、硫回收工段停车操作

1. 降低进料气流量、增加反应器入口温度

具体操作步骤如下：

（1）现场操作员在硫回收现场，调节阀 MV17001，开度设为 8%，降低酸性原料气流量。

（2）硫回收操作员进入硫回收工段 DCS 流程画面（三），将阀 TV17014 投手动，调节开度，设为 100%，增加第一克劳斯反应器进口温度。

（3）硫回收操作员进入硫回收工段 DCS 流程画面（三），将阀 TV17025 投手动，调节开度，设为 100%，增加第二克劳斯反应器进口温度。

（4）硫回收操作员进入硫回收工段 DCS 流程画面（四），将阀 TV17034 投手动，调节开度，设为 100%，增加超优劳斯反应器进口温度。

（5）硫回收操作员进入硫回收工段 DCS 流程画面（四），关闭阀 XV17011，打开 XV17012，打开超级克劳斯反应段旁路。

（6）现场操作员在硫回收现场，按 25%—50%—100% 的开度，缓慢打开阀 MV17018，将空气引入第四再热器 E1711，从而使保持超级克劳斯入口温度。

（7）现场操作员在硫回收现场，调节阀 MV17001，开度设为 5.6%，再次降低酸性原料气流量。

（8）硫回收操作员进入硫回收工段 DCS 流程画面（二），打开燃料气气阀 XV17007、XV17008。

（9）硫回收操作员进入硫回收工段 DCS 流程画面（二），打开阀 FV17021，开度设为 50%，向主燃烧器供应燃料气；等待燃料气进料稳定，确认流量 FIC17021 稳定在 200 kg/h 左右。

（10）硫回收操作员进入硫回收工段 DCS 流程画面（二），打开燃烧空气切断阀 XV17006。

（11）硫回收操作员进入硫回收工段 DCS 流程画面（二），打开阀 FV17020，开度设为 50%，向主燃烧器供应燃烧空气。

2. 停止原料气供应

具体操作步骤如下：

（1）为避免燃烧室形成高温，硫回收操作员进入硫回收工段 DCS 流程画面（二），打开 XV17009。

（2）硫回收操作员进入硫回收工段 DCS 流程画面（二），打开阀 FV17033，开度设为 50%，开始向主燃烧器引入蒸汽。

（3）现场操作员在硫回收现场关闭阀 MV17001。

（4）硫回收操作员进入硫回收工段 DCS 流程画面（二），关闭 XV17003，停止酸气进料。

（5）硫回收操作员进入硫回收工段 DCS 流程画面（二），将主流路阀 FV17003 投手动，并关闭；将支路阀 FV17005 投手动，并关闭。

（6）硫回收操作员进入硫回收工段 DCS 流程画面（二），关闭 XV17021，停止氧气进料。

（7）硫回收操作员进入硫回收工段 DCS 流程画面（二），关闭氧气进料总阀 MV17027。

（8）硫回收操作员进入硫回收工段 DCS 流程画面（二），将氧气进料主流路阀 FV17015 投手动，并关闭；将支路阀 FV17002 投手动，并关闭。

（9）现场操作员在硫回收现场关闭 E1707 进口阀 MV17002，关闭出口阀 MV17003。

（10）硫回收操作员进入硫回收工段 DCS 流程画面（一），关闭阀 XV17001，切断供应甲醇洗涤塔 T1701 的新鲜水。

（11）硫回收操作员进入硫回收工段 DCS 流程画面（一），将进水调节阀 FV17001 投手动，并关闭。

（12）硫回收操作员进入硫回收工段 DCS 流程画面（一），将阀 LV17001 投手动，增加开度，设为 50%，加快甲醇洗涤塔 T1701 排液速度。

（13）等待 T1701 液位 LIC17001 降到 5%，现场操作员在硫回收现场关闭泵 P1701。

（14）硫回收操作员进入硫回收工段 DCS 流程画面（一），关闭阀 XV17002。

（15）硫回收操作员进入硫回收工段 DCS 流程画面（一），关闭酸水排放阀 LV17001。

3. 将硫从催化剂中汽提出来

在停车前，将克劳斯反应器的入口温度增加至高于正常工作温度 15 ℃ ~ 30 ℃，并运行一段时间。这样就会将吸收的硫从较大的催化剂毛细孔中分离出来，超级克劳斯反应器入口温度控制在正常值。（无须操作）

4. 装置冷却

具体操作步骤如下：

（1）硫回收操作员进入硫回收工段 DCS 流程画面（二），将 E1701 进口阀 LV17004 投手动，并关闭。

（2）现场操作员在硫回收现场，调节 E1701 出口阀 MV17004，开度设为

100%。

（3）等待液位 LIC17004 降为 0，现场操作员在硫回收现场关闭阀 MV17004。

注意：在等待液位排空的同时，可以先进行后面的操作，等液位降为 0 后，将相应的现场阀关闭即可。

（4）硫回收操作员进入硫回收工段 DCS 流程画面（三），关闭阀 TV17014，停止蒸汽进入换热器 E1708，冷却第一克劳斯反应器。

（5）现场操作员在硫回收现场，增大 E1708 出口阀 MV17012，开度设为 100%，加速排液。

（6）硫回收操作员进入硫回收工段 DCS 流程画面（三），关闭阀 TV17025，停止蒸汽进入换热器 E1709，冷却第二克劳斯反应器。

（7）现场操作员在硫回收现场，增大 E1709 出口阀 MV17013，开度设为 100%，加速排液。

（8）硫回收操作员进入硫回收工段 DCS 流程画面（四），关闭阀 TV17034，停止蒸汽进入换热器 E1710，冷却超优克劳斯反应器。

（9）现场操作员在硫回收现场，增大 E1710 出口阀 MV17023，开度设为 100%，加速排液。

（10）硫回收操作员进入硫回收工段 DCS 流程画面（四），将阀 TV17043 投手动并关闭，停止蒸汽进入换热器 E1711，冷却超级克劳斯反应器。

（11）现场操作员在硫回收现场，增大 E1711 出口阀 MV17024，开度设为 100%，加速排液。

（12）等待换热器 E1708 内液体排空（即凝液量为 0），现场操作员在硫回收现场关闭阀 MV17012。

（13）等待换热器 E1709 内液体排空（即凝液量为 0），现场操作员在硫回收现场关闭阀 MV17013。

（14）等待换热器 E1710 内液体排空（即凝液量为 0），现场操作员在硫回收现场关闭阀 MV17023。

（15）等待换热器 E1711 内液体排空（即凝液量为 0），现场操作员在硫回收现场关闭阀 MV17024。

注意：在等待换热器排液的同时，可以先进行后面的操作，等排空后，将相应的现场阀关闭即可。

（16）现场操作员在硫回收现场，关闭硫冷凝器 D1701A 后阀 MV17006，前阀 MV17005。

（17）现场操作员在硫回收现场，关闭硫冷凝器 D1701B 后阀 MV17010，前阀 MV17007。

（18）现场操作员在硫回收现场，关闭硫冷凝器 D1701C 后阀 MV17011，前阀 MV17009。

（19）现场操作员在硫回收现场，关闭硫冷凝器 D1701D 后阀 MV17020，前阀 MV17015。

（20）现场操作员在硫回收现场，关闭硫冷凝器 D1701E 后阀 MV17021，前阀 MV17016。

（21）现场操作员在硫回收现场，关闭硫捕捉器 D1701F 后阀 MV17022，前阀 MV17017。

（22）硫回收操作员进入硫回收工段 DCS 流程画面（二），关闭阀 XV17007 和 XV17008，停止燃料气进料。

（23）硫回收操作员进入硫回收工段 DCS 流程画面（二），关闭阀 FV17021，停止供应燃料气。

（24）硫回收操作员进入硫回收工段 DCS 流程画面（六），关闭燃料气进焚烧炉阀 XV17016 和 XV17015。

（25）硫回收操作员进入硫回收工段 DCS 流程画面（六），将燃料气进焚烧炉控制阀 FV17049 投手动，并关闭。

（26）硫回收操作员进入硫回收工段 DCS 流程画面（六），将阀 TV17063 投手动，并关闭，停止急冷气进料。

（27）硫回收操作员进入硫回收工段 DCS 流程画面（二），关闭蒸汽进 F1701 开关阀 XV17009。

（28）硫回收操作员进入硫回收工段 DCS 流程画面（二），关闭阀 FV17033，停止蒸汽进料。

（29）硫回收操作员进入硫回收工段 DCS 流程画面（二），调节空气进料阀 FV17020，开度设为 80%，进行吹扫，以防潮湿的工艺气留在设备里引起腐蚀。

（30）硫回收操作员进入硫回收工段 DCS 流程画面（五），将阀 LV17016 投手动，调节开度，设为 100%，清空液碱池。

（31）现场操作员等待 V1701 液位 LIC17016 降为 5% 时在硫回收现场关闭泵 P1702。

（32）硫回收操作员进入硫回收工段 DCS 流程画面（五），关闭出液阀 LV17016。

注意：在等待液位排空的同时，可以先进行后面的操作，等液位达到要求，再关闭相应的出口阀 LV17016 以及排液泵 P1702。

（33）现场操作员在硫回收现场，关闭喷射机 J1701。

（34）硫回收操作员进入硫回收工段 DCS 流程画面（五），关闭喷射机蒸汽进口阀 XV17013、出口阀 XV17014。

（35）现场操作员在硫回收现场，关闭 E1712 锅炉供给水阀 MV17026。

（36）现场操作员在硫回收现场，将冷风机 M1702 功率设为 0，停止运转。

（37）现场操作员在硫回收现场，打开 E1705 出口阀 MV17019，开度设为 50%。

（38）现场操作员在硫回收现场，等待液位 LI17015 降为 0，关闭阀 MV17019。

注意：在等待液位排空的同时，可以先进行后面的操作，等液位达到要求，再关闭相应的出口阀 MV17019。

（39）硫回收操作员进入硫回收工段 DCS 流程画面（三），将 LV17012 投手动，并关闭。

（40）现场操作员在硫回收现场调节 E1702 出口阀 MV17008，开度设为 100%。

（41）等待液位 LIC17012 降为 0，现场操作员在硫回收现场关闭阀 MV17008。

（42）硫回收操作员进入硫回收工段 DCS 流程画面（二），确认所有换热器的液位均已排空后，将 D1704 出口阀 LV17021 投手动，并调节开度，设为 20%。

注意：如果液位 LIC17021 下降速度过慢，则增加出口阀 LV17021 开度。

（43）硫回收操作员进入硫回收工段 DCS 流程画面（二），等待 D1704 液位 LIC17021 降为 0，关闭排液阀 LV17021。

（44）现场操作员在硫回收现场，关闭排污泄压阀 MV17029。

（45）硫回收操作员进入硫回收工段 DCS 流程画面（二），关闭排水开关阀 XV17020。

（46）现场操作员在硫回收现场，关闭主风机 B1701，停止供应空气。

（47）硫回收操作员进入硫回收工段 DCS 流程画面（六），关闭空气进 F1702 切断阀 XV17019。

（48）硫回收操作员进入硫回收工段 DCS 流程画面（六），将阀 FV17061 投手动，并关闭；将阀 FV17062 投手动，并关闭；将阀 FV17064 投手动，并关闭，停止空气进 F1702。

（49）硫回收操作员进入硫回收工段 DCS 流程画面（二），关闭空气进 F1701 切断阀 XV17006。

（50）硫回收操作员进入硫回收工段 DCS 流程画面（二），关闭空气进料阀控制阀 FV17020。

（51）硫回收操作员进入硫回收工段 DCS 流程画面（四），将空气进混合气阀 FV17037 投手动，并关闭，停止空气进入超级克劳斯反应段。

（52）硫回收操作员进入硫回收工段 DCS 流程画面（四），关闭排空阀 XV17012。

（53）现场操作员在硫回收现场，关闭空气进口阀 MV17018。

（54）硫回收操作员进入硫回收工段 DCS 流程画面（六），将阀 TV17007 投手动，并关闭；将阀 TV17005 投手动，并关闭。

（55）确认所有的停车阀均已关闭，停车结束。

任务四　硫回收工段故障操作技能训练

硫回收工段故障分为工艺故障与机械故障两部分，工艺故障包括：燃烧室 F1701 温度过高、反应器 R1701 温度过低、液硫池 V1701 温度过高及一些其他故障等。故障操作主要针对工艺故障进行处理，系统出现故障后可以自己尝试寻找故障点和故障原因。以下简单介绍几种故障的处理方法。

1. 工艺故障

故障 1　燃烧室 F1701 温度过高

燃烧室 F1701 温度过高是由于进入燃烧室的氧气过多，需要立即减少氧气进料来量，避免燃烧室 F1701 温度过高对燃烧室造成破坏。

具体操作步骤如下：

（1）硫回收操作员进入硫回收工段 DCS 流程画面（二），将氧气主阀 FV17015 投手动，确认开度为 50%；将氧气支阀 FV17002 投手动，确认开度为 50%；（如果开度不为 50%，则手动调节）。

（2）现场操作员减小氧气总阀 MV17027，开度设为 50%。

（3）硫回收操作员进入硫回收工段 DCS 流程画面（二），等待氧气总量（FI17015 与 FIC17002 总和）降至 520 kg/h。

（4）观察 5 分钟，调节 MV17027 开度，确保燃烧室温度 TI17007 在 1 255 ℃左右。

故障 2　反应器 R1701 温度过低

反应器 R1701 温度过低是由蒸汽进口阀 TV17014 开度太小造成的，应增加开度，使温度上升，该操作均由硫回收操作员都在硫回收工段 DCS 流程画面（三）上操作。

具体操作步骤如下：

（1）将蒸汽进口阀 TV17014 投手动，增大开度直到 100%。

（2）等待 R1701 温度 TIC17014 回升到 227 ℃，调节阀 TV17014，开度设为 50%。

（3）观察 5 分钟，调节阀 TV17014 开度，确保温度 TI17014 在 227 ℃左右。

故障 3　液硫池 V1701 温度过高

液硫池 V1701 温度过高是由于换热器 E1712 冷却不足，应开启锅炉给水阀，降低液硫池温度，避免对液硫泵造成损坏，该操作均由硫回收操作员都在硫回收工段 DCS 流程画面（五）上操作。

具体操作步骤如下：

（1）现场操作员打开 E1712 锅炉给水阀 M17026，开度设为 5%。

（2）等待液硫池温度 TI17055 降至 153 ℃。

（3）观察 5 分钟，确保液硫池温度 TI17055 在 152 ℃左右。

（4）观察 5 分钟，确保液硫槽气体温度 TI17056 在 133 ℃左右。

2. 机械故障

故障 1　温度失控

超级克劳斯冷凝冷却器内起火：由于管程中堵塞（壳程中冷水温度过低）或硫输送管线堵塞，在超级克劳斯冷凝器中会累积液态硫。这一问题会通过位于入口管道的热电偶低温警报进行监测。如果发生这种情况，旁路打开，热硫暴露在空气中硫就会自燃，提高入口和出口管道的温度。通过冷凝器的上游连接，注入氮气，扑灭火焰。

故障 2　锅炉或冷凝器泄漏

这些问题尽管不常发生，但是要辨别故障出现征兆并不容易。蒸汽生产下降、锅炉出口气体温度较低以及设备压降较高是最初的迹象。检测是否有泄漏的方法是停止排放锅炉水，分析锅炉或冷凝器水中的磷酸盐和盐含量。如果确有泄漏，应立即停止运行装置，以防止突然停车。

故障 3　腐蚀

克劳斯装置在正常运转下的腐蚀是很轻微的。如果克劳斯装置长期不运行，没有进行足够的吹扫，也没有用惰性气体进行干燥处理，就可能发生由 H_2O、O_2、SO_2 和 CO_2 造成的严重腐蚀。正确的停车程序以及采用干燥惰性气体进行吹扫可以止严重的腐蚀问题。必须防止酸气泄漏，以免造成外部腐蚀。

项目测评

一、填空题

1. 硫回收是将酸性气中的________转化为________，回收________，同时使排放尾气中的________低于到 550mg/Nm，减少环境污染，符合环保要求。

2. 硫回收装置由一个分流的________和两个________以及一个________和一个超级克劳斯催化反应器组成。最后的尾气被输送到________。

3. 工艺气分析仪测量超优克劳斯反应段来的工艺气中的 H_2S 浓度。如果进入超级克劳斯反应段的 H_2S 的浓度太高，需________________________；如果进入超级克劳斯反应段的 H_2S 的浓度太低，需____。

4. 主燃烧器和反应炉中发生的主要反应：________________________、____________________。

5. 克劳斯催化反应式：____

6. 超优克劳斯反应器装有三个不同类型的催化剂。上层由________催化剂组成，促进 H_2S 和 SO_2 转化成硫。第二层是________催化剂，还原 SO_2 成为 H_2S 和硫蒸气；底层由 ________催化剂组成，水解 COS。

7. 燃烧室 F1701 温度过高是由于进入燃烧室的________过多，需要立即减少________，避免燃烧室温度过高对燃烧室造成破坏。

8. 锅炉或冷凝器泄漏的最初迹象有__________________、锅炉出口气体温度较低以及__________________。

二、思考题

1. 简述硫回收工段的岗位任务。
2. 分析克劳斯装置发生腐蚀的原因。
3. 液硫池 V1701 温度过高是什么原因造成的？
4. 分析引起超级克劳斯冷凝冷却器内起火的原因。

三、操作题

1. 规范进行硫回收岗位的开车操作。
2. 规范进行硫回收岗位的停车操作。
3. 若反应器 R1701 温度过低，请操作调节。
4. 若超级克劳斯冷凝冷却器内起火，请操作调节。

参考文献

[1] 宋维瑞，肖任坚，房鼎业．甲醇工学[M]．北京：化学工业出版社，1991.

[2] 张子锋，张凡军．甲醇生产技术[M]．北京：化学工业出版社，2008.

[3] 马金才，葛亮．化工设备操作与维护[M]．北京：化学工业出版社，2013.

[4] 陈五平．无机化工工艺学[M]．北京：化学工业出版社，2004.